# 초등 수해력

## 도형·측정

다음 학년 수학이 쉬워지는

2 단계

초등 2학년 권장

정답과 풀이는 EBS 초등사이트(primary.ebs.co.kr)에서 다운로드 받으실 수 있습니다.

**교재 내용 문의** 교재 내용 문의는 EBS 초등사이트 (primary.ebs.co.kr)의 교재 Q&A 서비스를 활용하시기 바랍니다.

**교재 정오표 공지** 발행 이후 발견된 정오 사항을 EBS 초등사이트 정오표 코너에서 알려 드립니다. 강좌/교재 → 교재 로드맵 → 교재 선택 → 정오표

**교재 정정 신청** 공지된 정오 내용 외에 발견된 정오 사항이 있다면 EBS 초등사이트를 통해 알려 주세요. 강좌/교재 → 교재 로드맵 → 교재 선택 → 교재 Q&A

## 강화 단원으로 키우는
# 초등 수해력

수학 교육과정에서의 **중요도와 영향력**, 학생들이 특히 **어려워하는 내용을 분석**하여
**다음 학년 수학이 더 쉬워지도록 선정**하였습니다.

향후 수학 학습에 **영향력이 큰 개념 요소를 선정**했습니다.
**탄탄한 개념 이해**가 가능하도록 꼭 집중하여 학습해 주세요.

무엇보다 문제 풀이를 반복하는 것이 중요한 단원을 의미합니다.
**충분한 반복 연습**으로 계산 실수를 줄이도록 학습해 주세요.

실생활 활용 문제가 자주 나오는, **응용 실력**을 길러야 하는 단원입니다.
다양한 유형으로 **문제 해결 능력**을 길러 보세요.

## 수·연산과 도형·측정을 함께 학습하면 학습 효과 상승!

수·연산

수의 특성과 연산을 학습하는 영역으로 자연수, 분수, 소수 등
수의 체계 확장에 따라 수와 사칙 연산을 익히며
수학의 기본기와 응용력을 다져야 합니다.

수와 연산은 학년마다 개념이 점진적으로 확장되므로
개념 연결 구조를 이용하여 사고를 확장하며 나아가는 나선형 학습이 필요합니다.

도형·측정

여러 범주의 도형이 갖는 성질을 탐구하고, 양을 비교하거나 단위를 이용하여
수치화하는 학습 영역입니다.
논리적인 사고력과 현상을 해석하는 능력을 길러야 합니다.

도형과 측정은 여러 학년에서 조금씩 배워 휘발성이 강하므로 도출되는 원리
이해를 추구하고, 충분한 연습으로 익숙해지는 과정이 필요합니다.

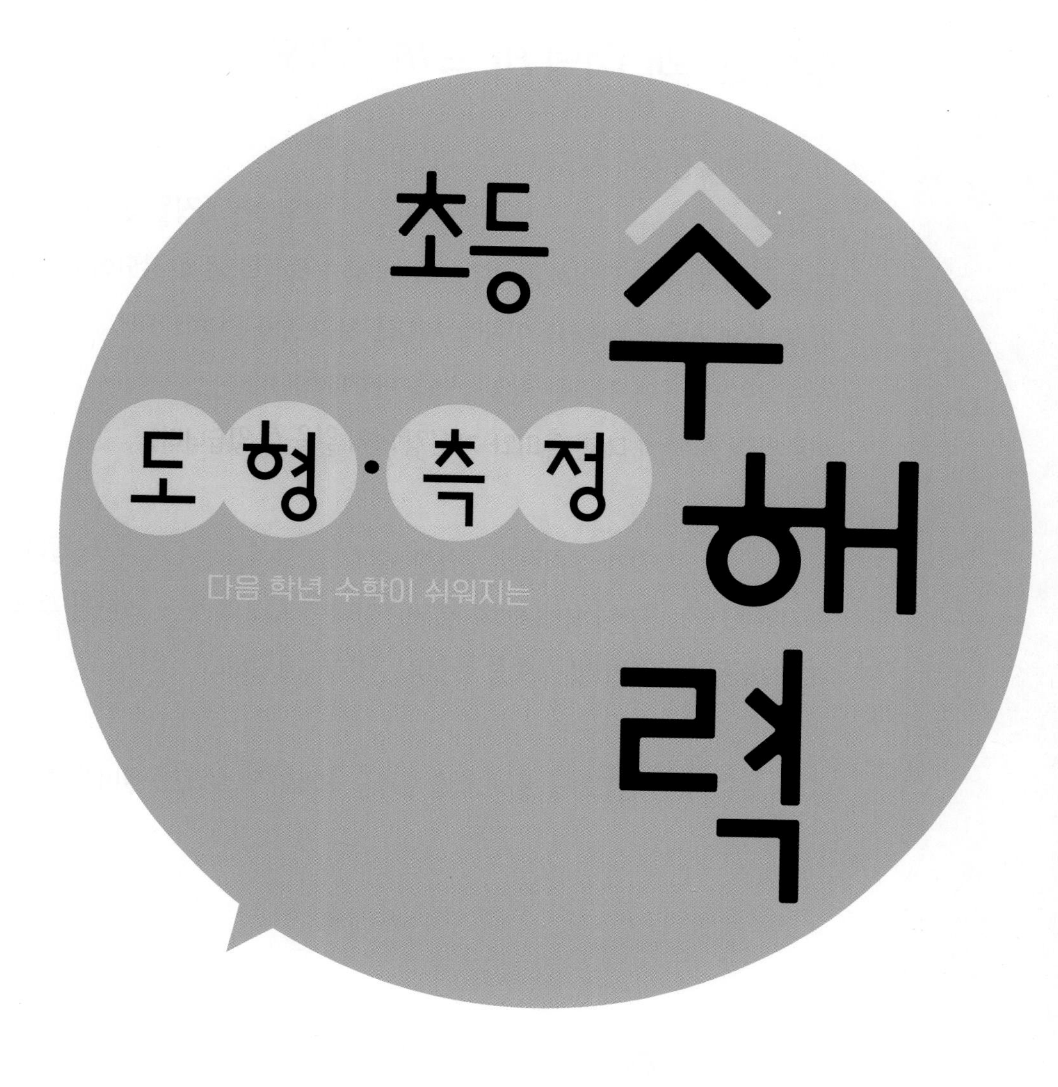
초등
수해력
도형·측정
다음 학년 수학이 쉬워지는

2단계

| 초등 2학년 권장 |

# 수해력 향상을 위한 **학습법 안내**

## 수학은 왜 어렵게 느껴질까요?

가장 큰 이유는 수학 학습의 특성 때문입니다.
수학은 내용들이 유기적으로 연결되어 학습이 누적된다는 특징을 갖고 있습니다.
내용 간의 위계가 확실하고 학년마다 개념이 점진적으로 확장되어 나선형 구조라고도 합니다.
이 때문에 작은 부분에서도 이해를 제대로 하지 못하고 넘어가면,
작은 구멍들이 모여 커다란 학습 공백을 만들게 됩니다.
이로 인해 수학에 대한 흥미와 자신감까지 잃을 수 있습니다.

수학 실력은 한 번에 길러지는 것이 아니라 꾸준한 학습을 통해 향상됩니다.
하지만 단순히 문제를 반복적으로 풀기만 한다면 사고의 폭이 제한될 수 있습니다.
따라서 올바른 방법으로 수학을 학습하는 것이 중요합니다.

EBS 초등 수해력 교재를 통해 학습 효과를 극대화할 수 있는 올바른 수학 학습을 안내하겠습니다.

### 1 걸려 넘어지기 쉬운 내용 요소를 알고 대비해야 합니다.

학습은 효율이 중요합니다. 무턱대고 시작하면 힘만 들 뿐 실력은 크게 늘지 않습니다.
쉬운 내용은 간결하게 넘기고, 중요한 부분은 강화 단원의 안내에 따라 집중 학습하세요.

* 학교 선생님들이 모여 학생들이 자주 걸려 넘어지는 내용을 선별하고, 개념 강화/연습 강화/응용 강화 단원으로 구성했습니다.

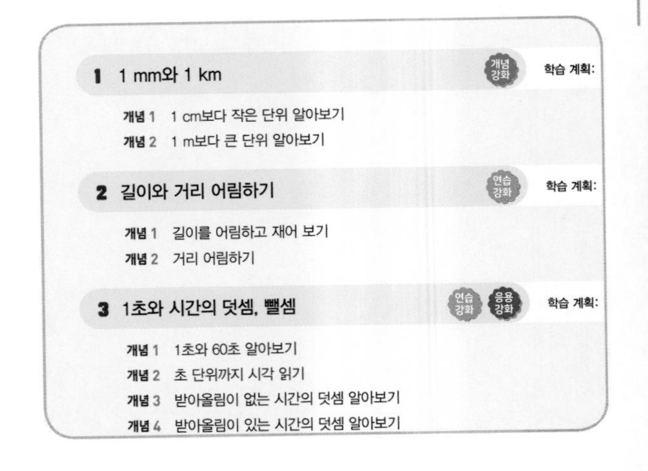

**1** 1 mm와 1 km 개념 강화 학습 계획:
개념 1 1 cm보다 작은 단위 알아보기
개념 2 1 m보다 큰 단위 알아보기

**2** 길이와 거리 어림하기 연습 강화 학습 계획:
개념 1 길이를 어림하고 재어 보기
개념 2 거리 어림하기

**3** 1초와 시간의 덧셈, 뺄셈 연습 강화 응용 강화 학습 계획:
개념 1 1초와 60초 알아보기
개념 2 초 단위까지 시각 읽기
개념 3 받아올림이 없는 시간의 덧셈 알아보기
개념 4 받아올림이 있는 시간의 덧셈 알아보기

## 2 새로운 개념은 이미 아는 것과 연결하여 익혀야 합니다.

학년이 올라갈수록 수학의 개념은 점차 확장되고 깊어집니다. 아는 것과 모르는 것을 비교하여 학습하면 새로운 것이 더 쉬워지고, 개념의 핵심 원리를 이해할 수 있습니다.

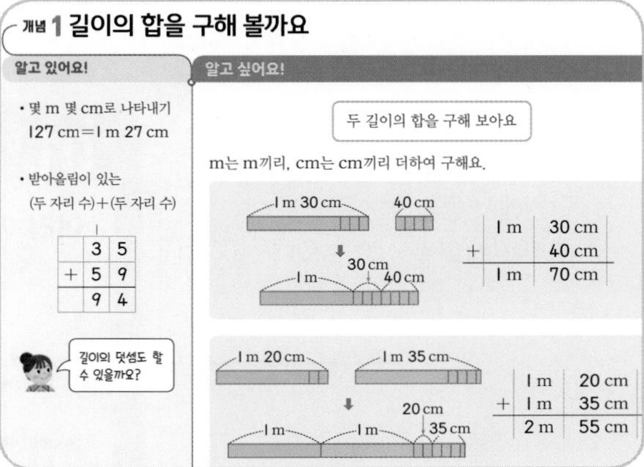


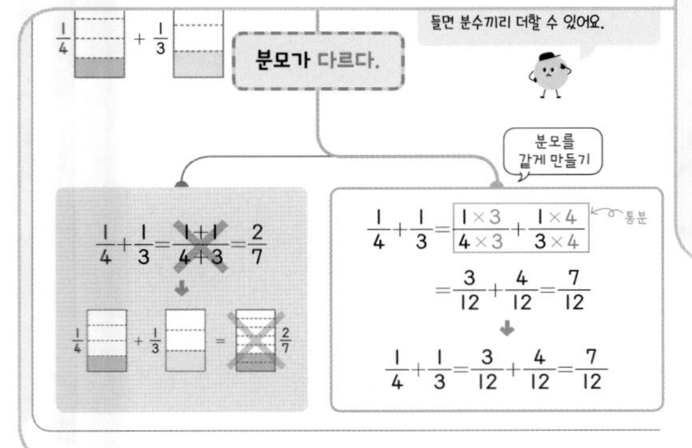


특히, 오개념을 형성하기 쉬운 개념은 잘못된 풀이와 올바른 풀이를 비교하며 확실하게 이해하고 넘어가세요.

## 3 문제 적응력을 길러 기억에 오래 남도록 학습해야 합니다.

단계별 문제를 통해 기초부터 응용까지 체계적으로 학습하며 문제 해결 능력까지 함께 키울 수 있습니다.

수해력을 확인해요

수해력을 높여요

수해력을 완성해요

넘어지지 않는 것보다 중요한 것은, 넘어졌을 때 포기하지 않고 다시 나아가는 힘입니다.
EBS 초등 수해력과 함께 꾸준한 학습으로 수학의 기초 체력을 튼튼하게 길러 보세요.
어느 순간 수학이 쉬워지는 경험을 할 수 있을 거예요.

# 이 책의 구성과 특징

## 단원 열기

이번 단원에서 배울 내용을 만화를 통해 확인할 수 있습니다.

단원에서 등장하는 주요 수학 어휘를 살펴볼 수 있습니다.

중단원별로 강화된 부분을 확인할 수 있습니다.

학습 계획 날짜를 체크하며 과정을 스스로 관리할 수 있습니다.

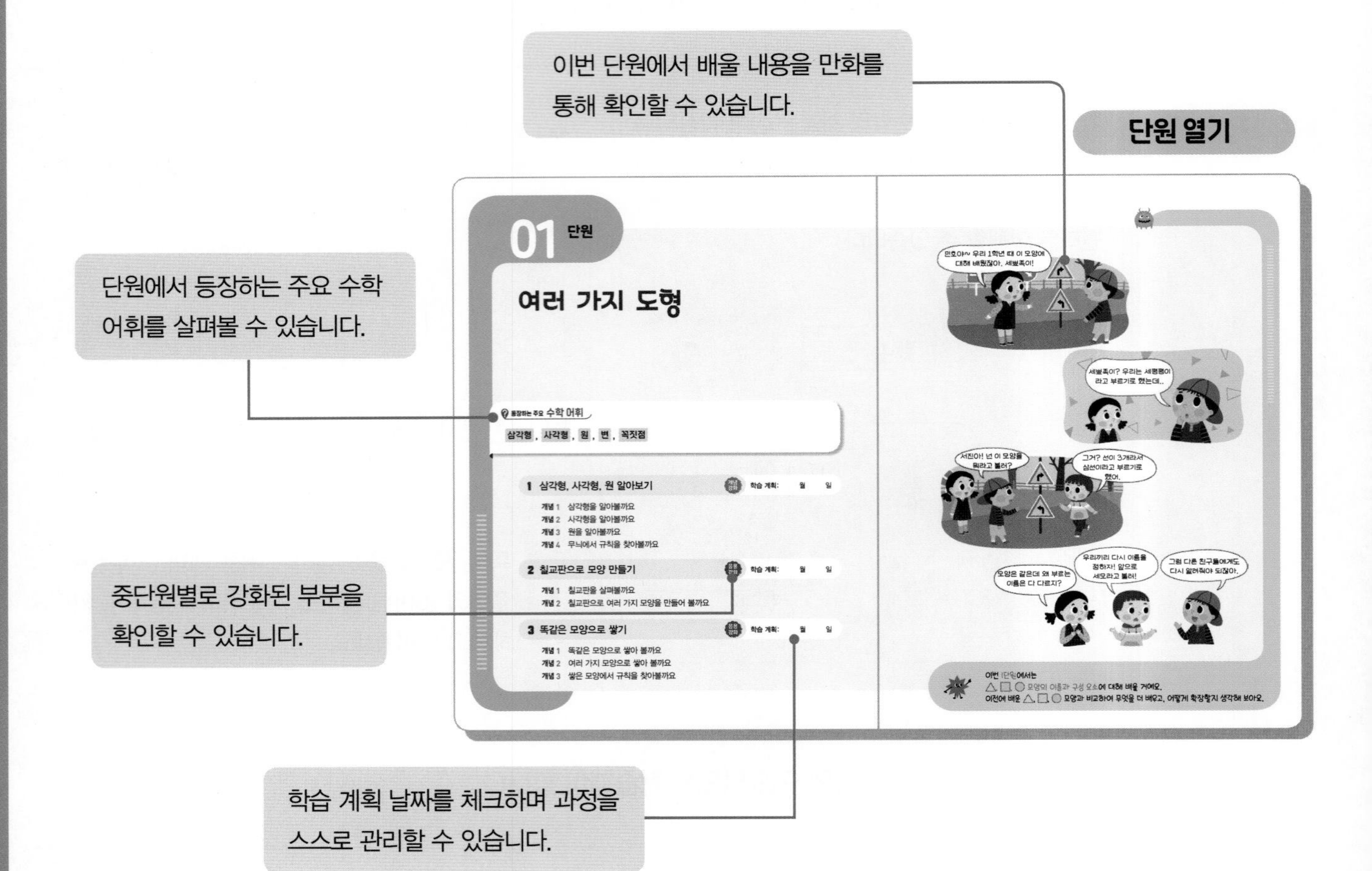


## 개념 학습

이전에 배운 내용과 새로 배울 내용을 한눈에 보면서 개념을 확장할 수 있습니다.

개념의 구조와 핵심 내용을 시각적으로 파악할 수 있습니다.

보조 설명을 통해 혼자서도 충분히 이해하며 학습할 수 있습니다.

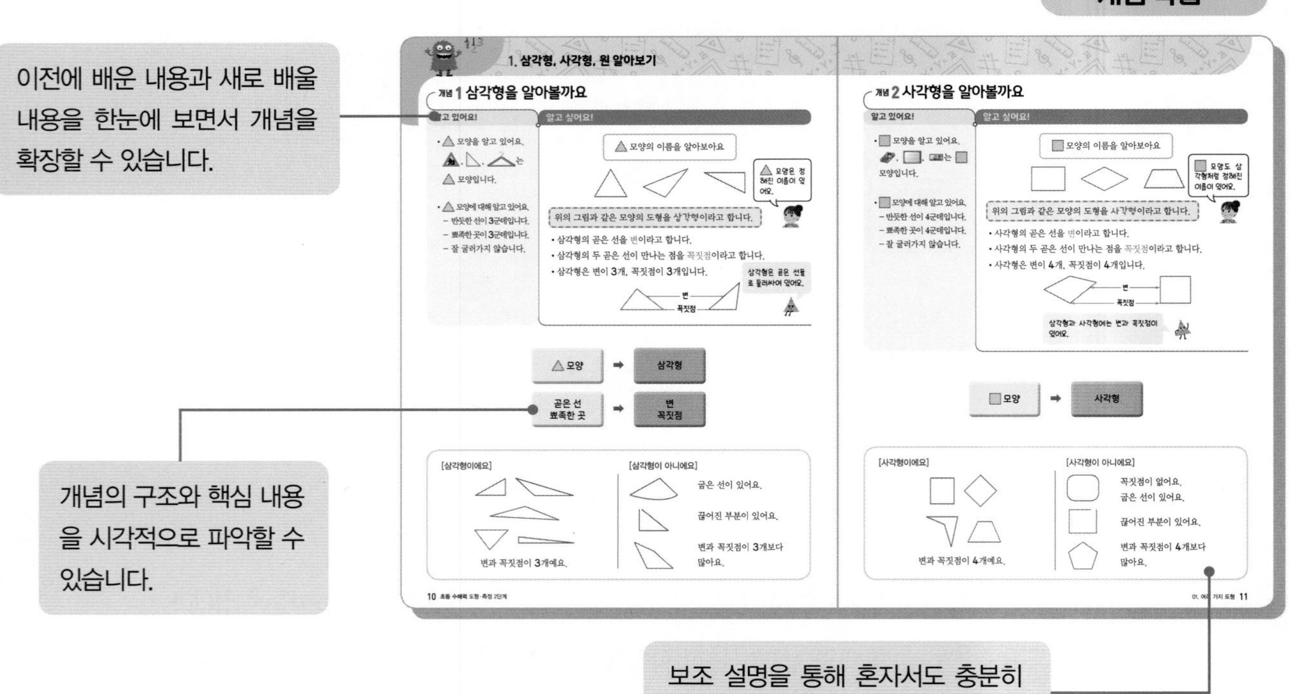

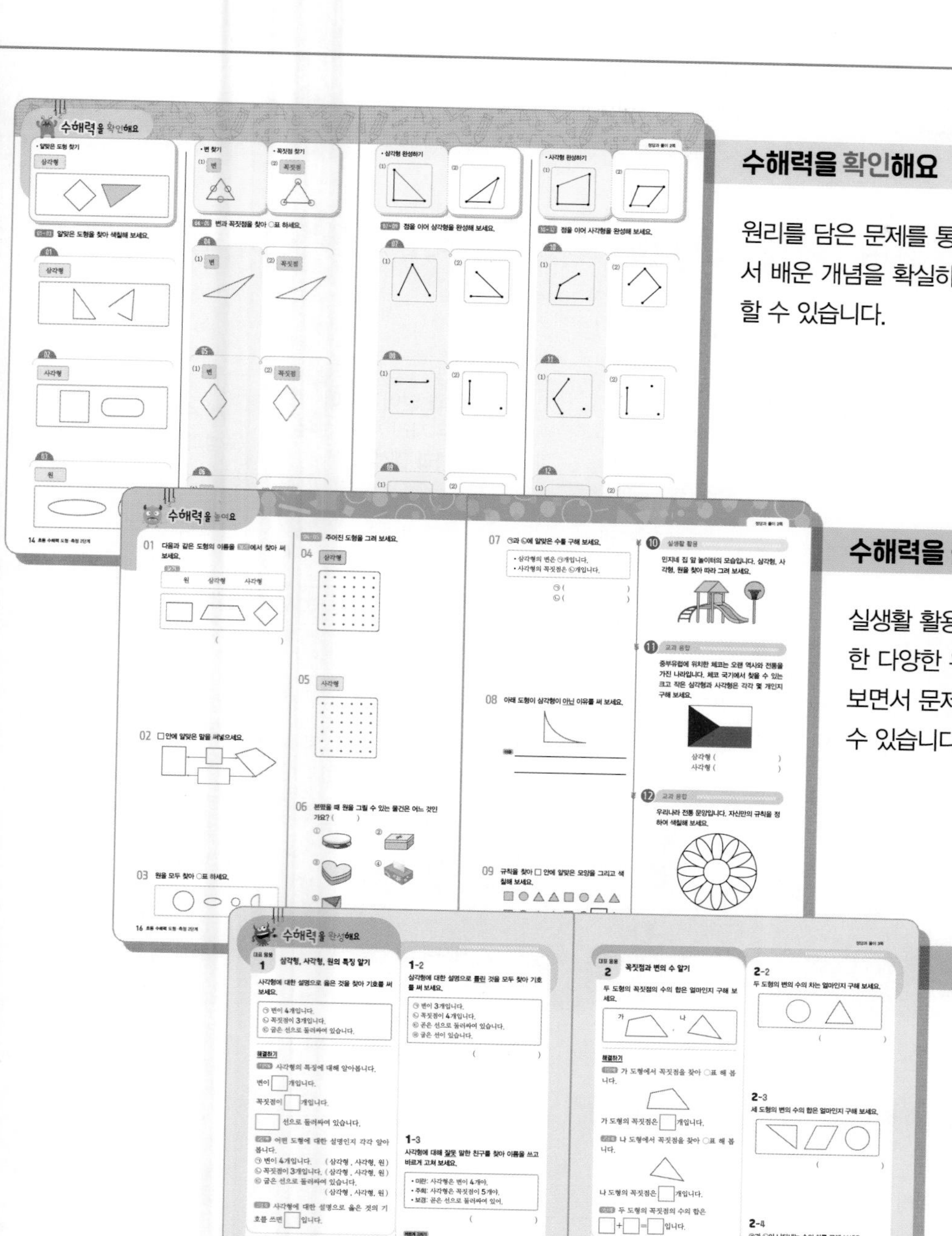

## 수해력을 확인해요

원리를 담은 문제를 통해 앞에 서 배운 개념을 확실하게 이해할 수 있습니다.

## 수해력을 높여요

실생활 활용, 교과 융합을 포함한 다양한 유형의 문제를 풀어 보면서 문제 해결 능력을 키울 수 있습니다.

## 수해력을 완성해요

대표 응용 예제와 유제를 통해 응용력뿐만 아니라 고난도 문제에 대한 자신감까지 키울 수 있습니다.

## 수해력을 확장해요

사고력을 확장할 수 있는 다양한 활동에 학습한 내용을 적용해 보면서 단원을 마무리할 수 있습니다.

EBS 초등 수해력은 '수·연산', '도형·측정'의 두 갈래의 영역으로 나누어져 있으며,
각 영역별로 예비 초등학생을 위한 P단계부터 6단계까지 총 7단계로 구성했습니다.
총 14권의 체계적인 교재 구성으로 꾸준하게 학습을 진행할 수 있습니다.

## 수·연산

| | 1단원 | 2단원 | 3단원 | 4단원 | 5단원 |
|---|---|---|---|---|---|
| P단계 | 수 알기 → | 모으기와 가르기 → | 더하기와 빼기 | | |
| 1단계 | 9까지의 수 → | 한 자리 수의 덧셈과 뺄셈 → | 100까지의 수 → | 받아올림과 받아내림이 없는 두 자리 수의 덧셈과 뺄셈 → | 세 수의 덧셈과 뺄셈 |
| 2단계 | 세 자리 수 → | 네 자리 수 → | 덧셈과 뺄셈 → | 곱셈 → | 곱셈구구 |
| 3단계 | 덧셈과 뺄셈 → | 곱셈 → | 나눗셈 → | 분수와 소수 | |
| 4단계 | 큰 수 → | 곱셈과 나눗셈 → | 규칙과 관계 → | 분수의 덧셈과 뺄셈 → | 소수의 덧셈과 뺄셈 |
| 5단계 | 자연수의 혼합 계산 → | 약수와 배수, 약분과 통분 → | 분수의 덧셈과 뺄셈 → | 수의 범위와 어림하기, 평균 → | 분수와 소수의 곱셈 |
| 6단계 | 분수의 나눗셈 → | 소수의 나눗셈 → | 비와 비율 → | 비례식과 비례배분 | |

## 도형·측정

| | 1단원 | 2단원 | 3단원 | 4단원 | 5단원 |
|---|---|---|---|---|---|
| P단계 | 위치 알기 → | 여러 가지 모양 → | 비교하기 → | 분류하기 | |
| 1단계 | 여러 가지 모양 → | 비교하기 → | 시계 보기 | | |
| 2단계 | 여러 가지 도형 → | 길이 재기 → | 분류하기 → | 시각과 시간 | |
| 3단계 | 평면도형 → | 길이와 시간 → | 원 → | 들이와 무게 | |
| 4단계 | 각도 → | 평면도형의 이동 → | 삼각형 → | 사각형 → | 다각형 |
| 5단계 | 다각형의 둘레와 넓이 → | 합동과 대칭 → | 직육면체 | | |
| 6단계 | 각기둥과 각뿔 → | 직육면체의 부피와 겉넓이 → | 공간과 입체 → | 원의 넓이 → | 원기둥, 원뿔, 구 |

# 이 책의 차례

# 01 단원

# 여러 가지 도형

등장하는 주요 **수학 어휘**

**삼각형**, **사각형**, **원**, **변**, **꼭짓점**

## 1 삼각형, 사각형, 원 알아보기

개념강화 학습 계획: 월 일

- 개념 1 삼각형을 알아볼까요
- 개념 2 사각형을 알아볼까요
- 개념 3 원을 알아볼까요
- 개념 4 무늬에서 규칙을 찾아볼까요

## 2 칠교판으로 모양 만들기

응용강화 학습 계획: 월 일

- 개념 1 칠교판을 살펴볼까요
- 개념 2 칠교판으로 여러 가지 모양을 만들어 볼까요

## 3 똑같은 모양으로 쌓기

응용강화 학습 계획: 월 일

- 개념 1 똑같은 모양으로 쌓아 볼까요
- 개념 2 여러 가지 모양으로 쌓아 볼까요
- 개념 3 쌓은 모양에서 규칙을 찾아볼까요

민호야~ 우리 1학년 때 이 모양에
대해 배웠잖아. 세뾰족이!

세뾰족이? 우리는 세평평이
라고 부르기로 했는데..

서진아! 넌 이 모양을
뭐라고 불러?
그거? 선이 3개라서
삼선이라고 부르기로
했어.

모양은 같은데 왜 부르는
이름은 다 다르지?
우리끼리 다시 이름을
정하자! 앞으로
세모라고 불러!
그럼 다른 친구들에게도
다시 알려줘야 되잖아.

이번 1단원에서는
△, □, ○ 모양의 이름과 구성 요소에 대해 배울 거예요.
이전에 배운 △, □, ○ 모양과 비교하여 무엇을 더 배우고, 어떻게 확장할지 생각해 보아요.

# 개념 1 삼각형을 알아볼까요

**알고 있어요!**

- △ 모양을 알고 있어요.

  △, △, △는

  △ 모양입니다.

- △ 모양에 대해 알고 있어요.
  - 반듯한 선이 3군데입니다.
  - 뾰족한 곳이 3군데입니다.
  - 잘 굴러가지 않습니다.

**알고 싶어요!**

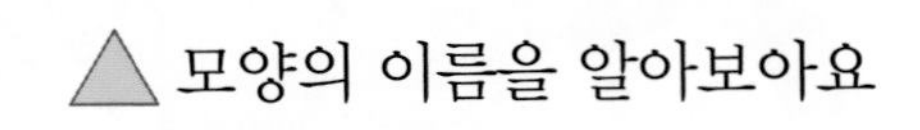


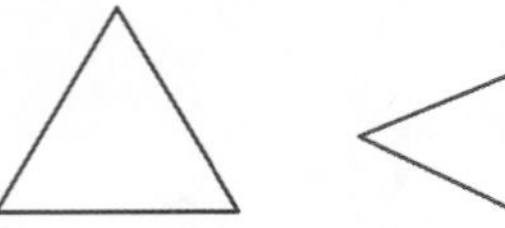

△ 모양은 정해진 이름이 있어요.

위의 그림과 같은 모양의 도형을 **삼각형**이라고 합니다.

- 삼각형의 곧은 선을 변이라고 합니다.
- 삼각형의 두 곧은 선이 만나는 점을 꼭짓점이라고 합니다.
- 삼각형은 변이 3개, 꼭짓점이 3개입니다.

삼각형은 곧은 선들로 둘러싸여 있어요.

변

꼭짓점

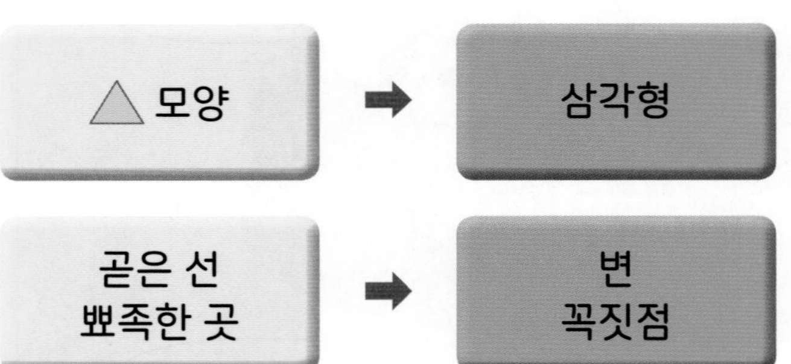


[삼각형이에요]

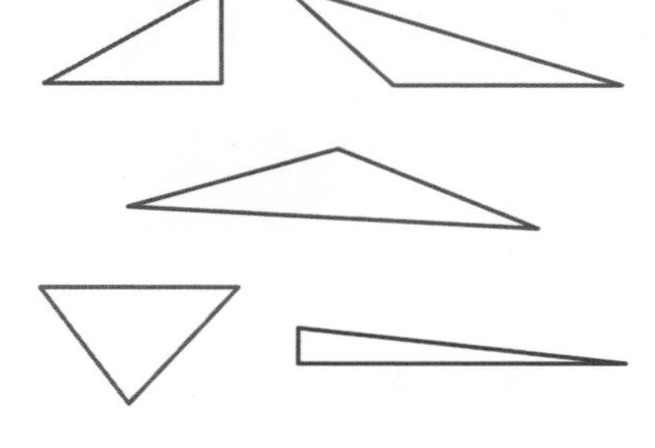

변과 꼭짓점이 3개예요.

[삼각형이 아니에요]

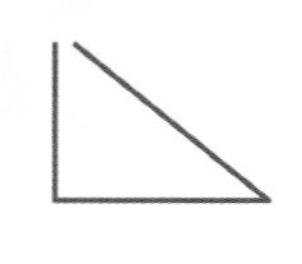

굽은 선이 있어요.

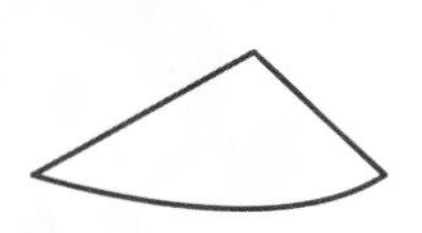

끊어진 부분이 있어요.

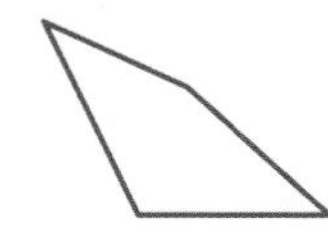

변과 꼭짓점이 3개보다 많아요.

# 개념 2 사각형을 알아볼까요

## 알고 있어요!

- ◻ 모양을 알고 있어요.
  (책), (액자), (지폐)는 ◻ 모양입니다.

- ◻ 모양에 대해 알고 있어요.
  - 반듯한 선이 4군데입니다.
  - 뾰족한 곳이 4군데입니다.
  - 잘 굴러가지 않습니다.

## 알고 싶어요!

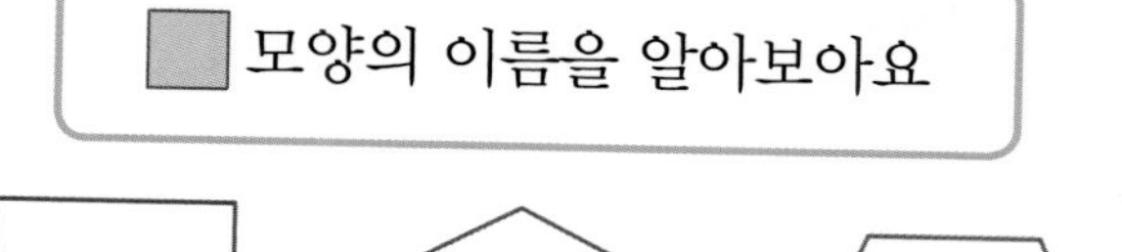

◻ 모양의 이름을 알아보아요

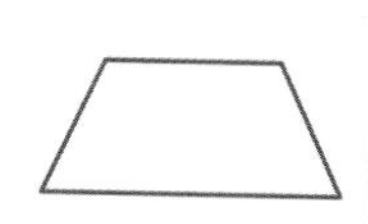

◻ 모양도 삼각형처럼 정해진 이름이 있어요.

위의 그림과 같은 모양의 도형을 **사각형**이라고 합니다.

- 사각형의 곧은 선을 변이라고 합니다.
- 사각형의 두 곧은 선이 만나는 점을 꼭짓점이라고 합니다.
- 사각형은 변이 4개, 꼭짓점이 4개입니다.

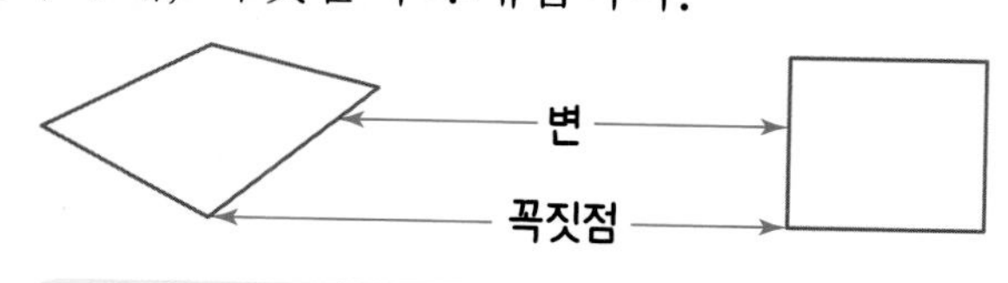


삼각형과 사각형에는 변과 꼭짓점이 있어요.

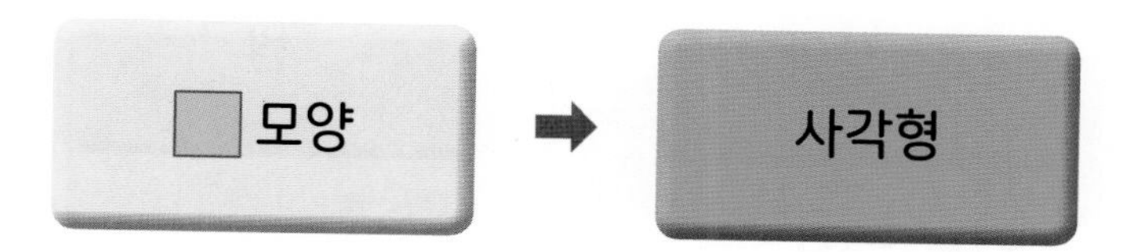


[사각형이에요]

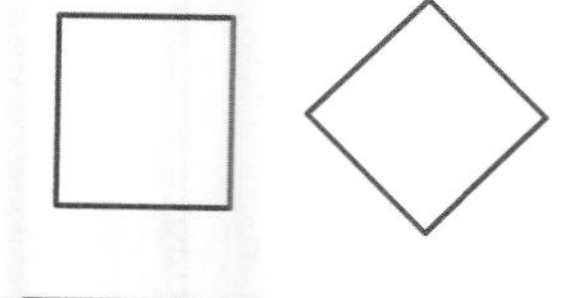

변과 꼭짓점이 4개예요.

[사각형이 아니에요]

꼭짓점이 없어요.
굽은 선이 있어요.

끊어진 부분이 있어요.

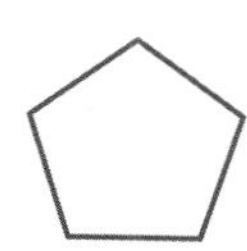

변과 꼭짓점이 4개보다 많아요.

## 개념 3 원을 알아볼까요

### 알고 있어요!

- ◯ 모양을 알고 있어요.

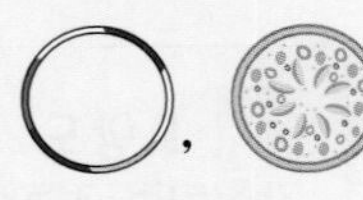 은 ◯ 모양입니다.

- ◯ 모양에 대해 알고 있어요.
  - 뾰족한 곳이 없습니다.
  - 굽은 선으로 이루어져 있습니다.
  - 잘 굴러갑니다.

### 알고 싶어요!

 모양의 이름을 알아보아요

수호야, ◯ 모양은 뭐라고 부르지?

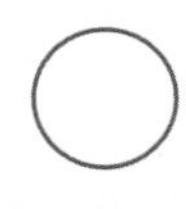  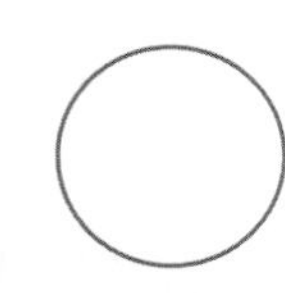

삼각형, 사각형처럼 이름이 있을텐데... 동그라미?

위의 그림과 같은 모양의 도형을 **원**이라고 합니다.

- 원의 크기는 다양하지만 생긴 모양은 같습니다.

원은 어느 쪽에서 보아도 똑같이 동그란 모양이에요.

◯ 모양  원

[우리 주변에서 찾을 수 있는 원 모양]

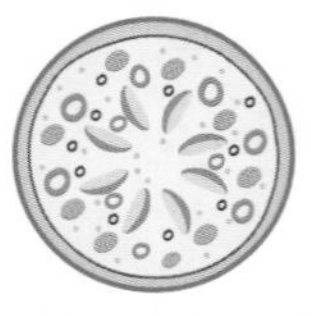 

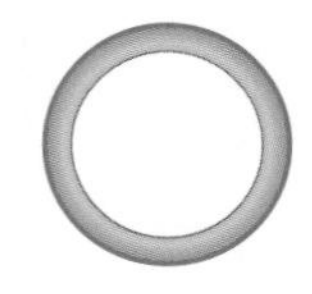 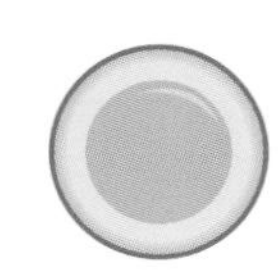

우리 주변에는 원 모양의 다양한 물건들이 있어요.

# 개념 4 무늬에서 규칙을 찾아볼까요

## 알고 있어요!

• 모양에서 규칙을 찾을 수 있어요.

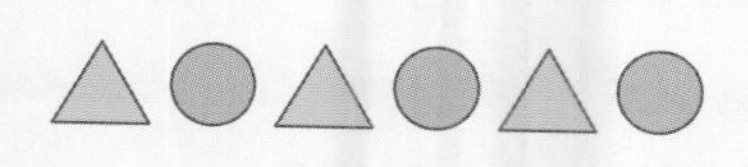

• 규칙을 만들어 무늬를 꾸밀 수 있어요.

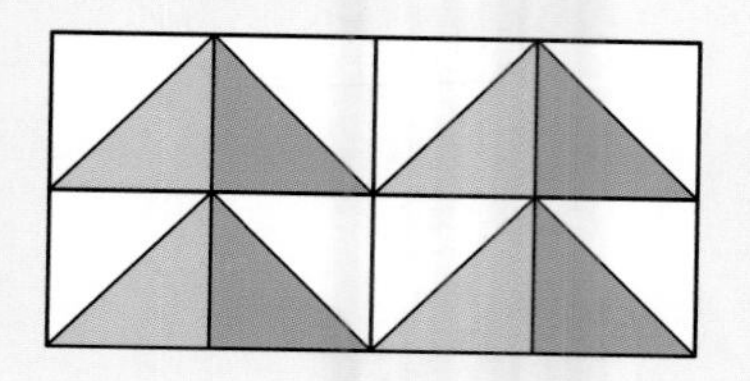

모양을 반복하여 무늬를 꾸몄습니다.

## 알고 싶어요!

무늬에서 규칙을 찾아보아요

원, 사각형, 삼각형이 반복됩니다.

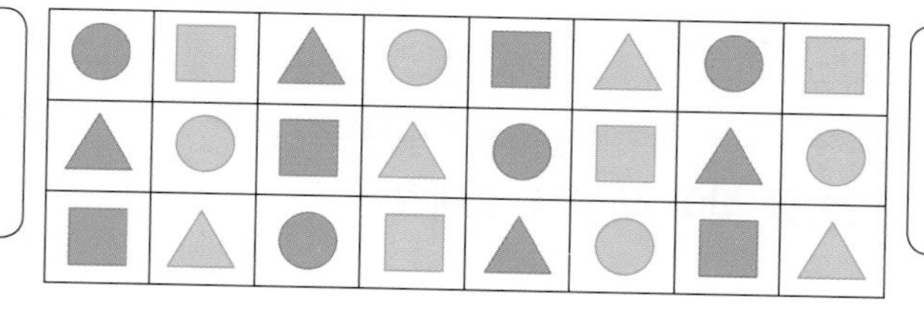

파란색과 노란색이 반복됩니다.

원과 사각형이 반복됩니다.

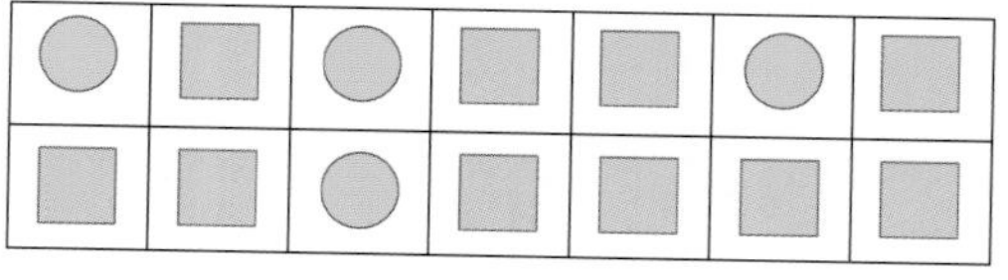

사각형의 수가 하나씩 늘어납니다.

삼각형을 시계 방향으로 돌려 가며 그린 규칙입니다.

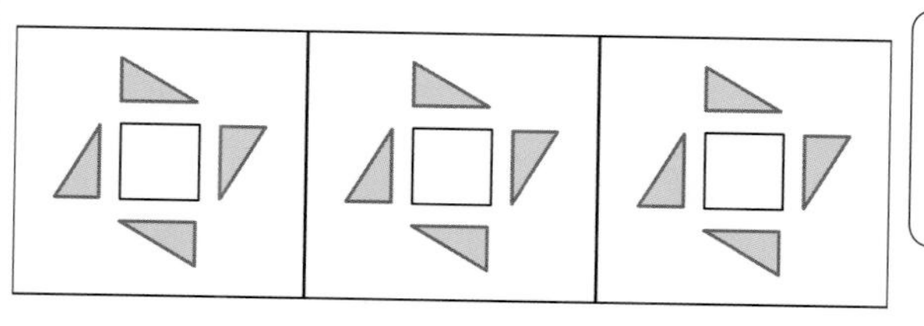

를 반복하여 놓은 모양입니다.

모양에서 규칙 찾기  무늬에서 규칙 찾기

[보도블록 무늬에 규칙이 있어요]

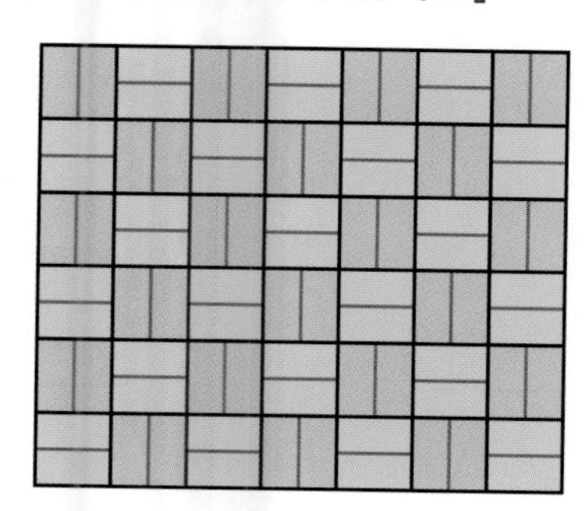

[전통 문살 무늬에 규칙이 있어요]

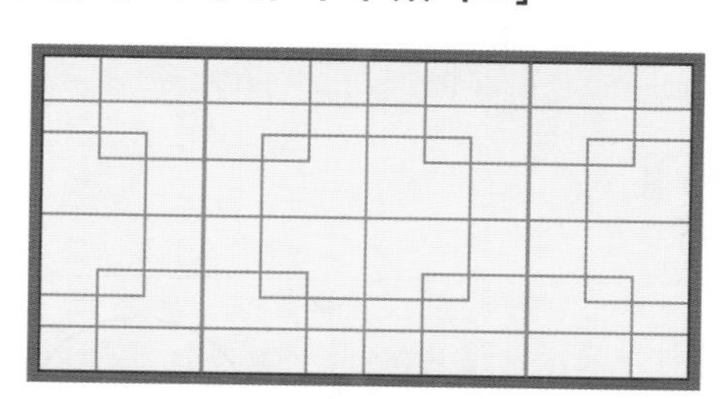

# 수해력을 확인해요

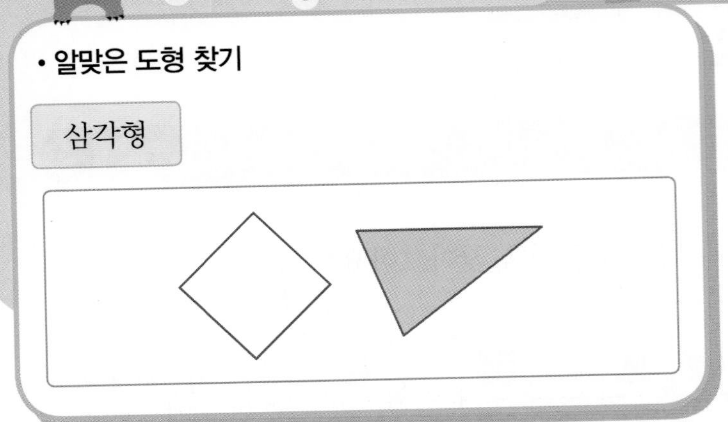


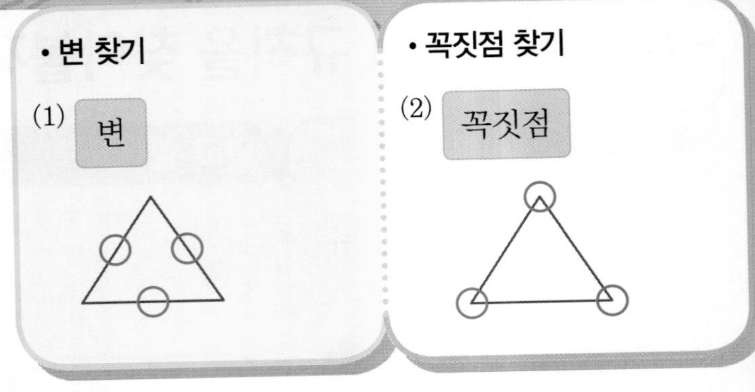


**01~03** 알맞은 도형을 찾아 색칠해 보세요.

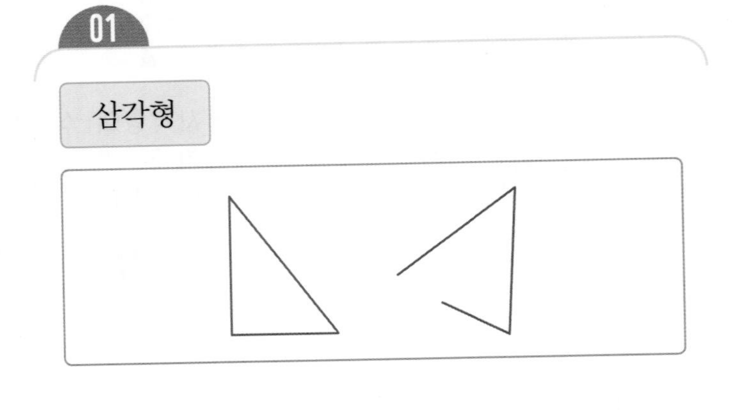


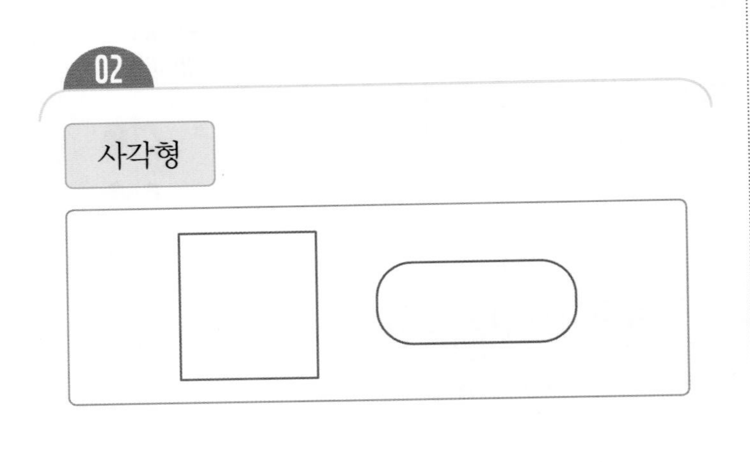


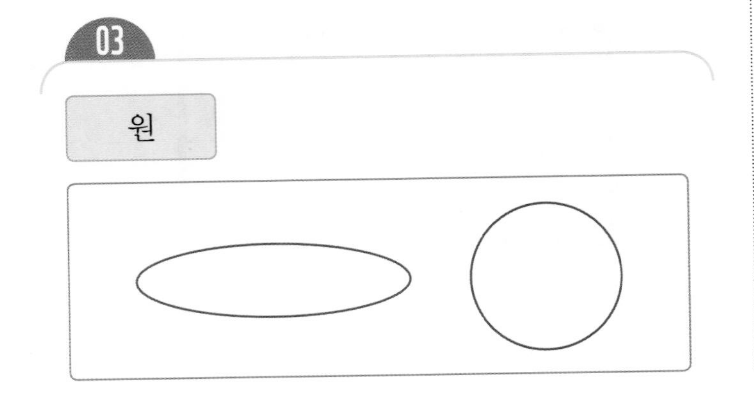


**04~06** 변과 꼭짓점을 찾아 ○표 하세요.

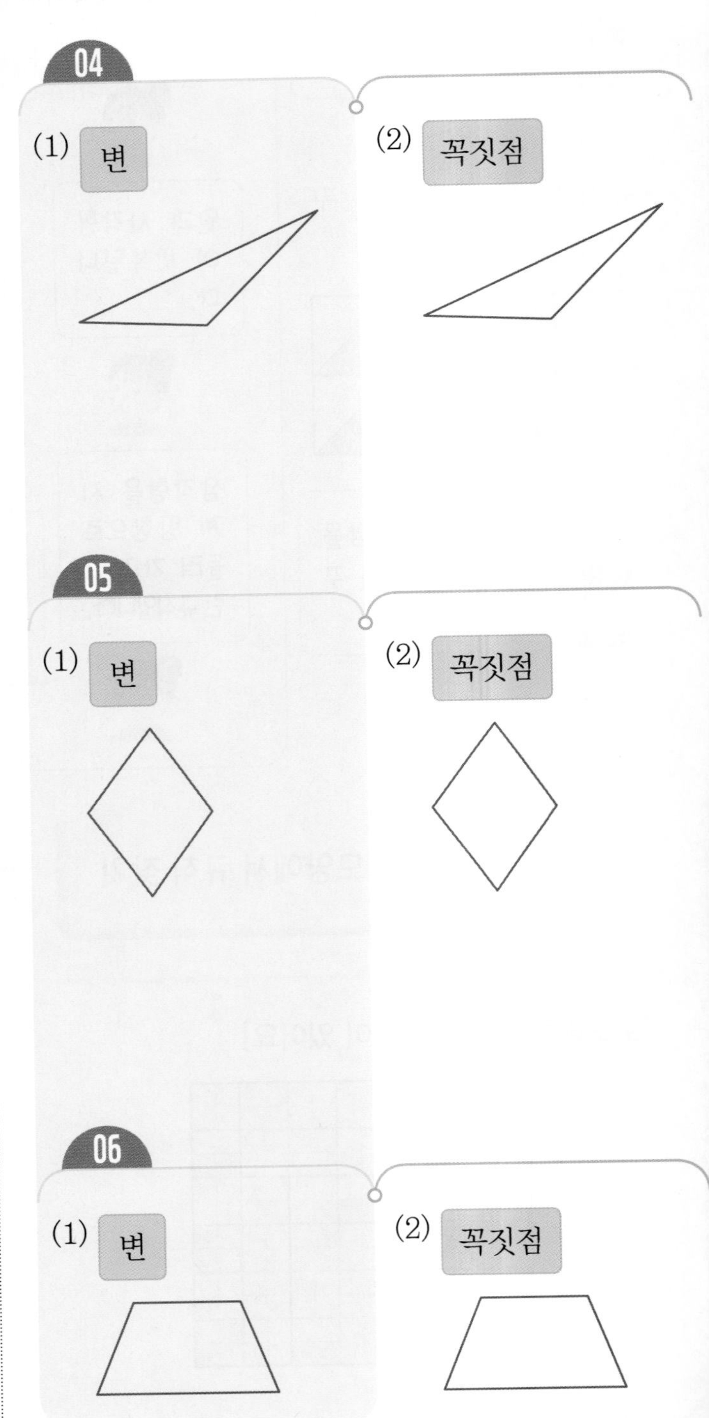

정답과 풀이 2쪽

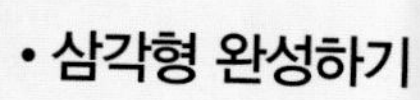


(1)

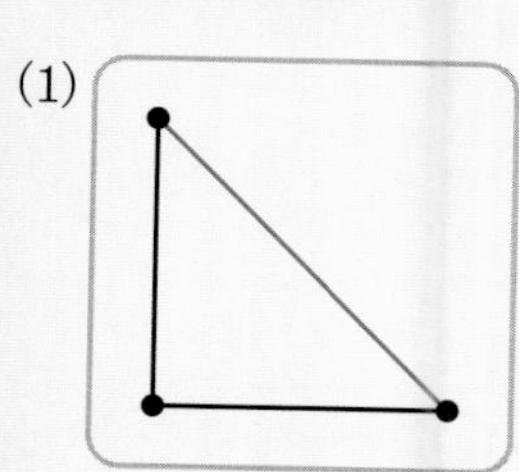

(2)

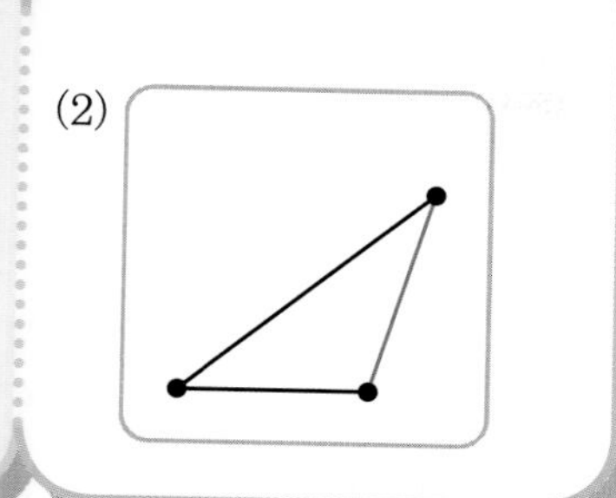

**07~09** 점을 이어 삼각형을 완성해 보세요.

(1)

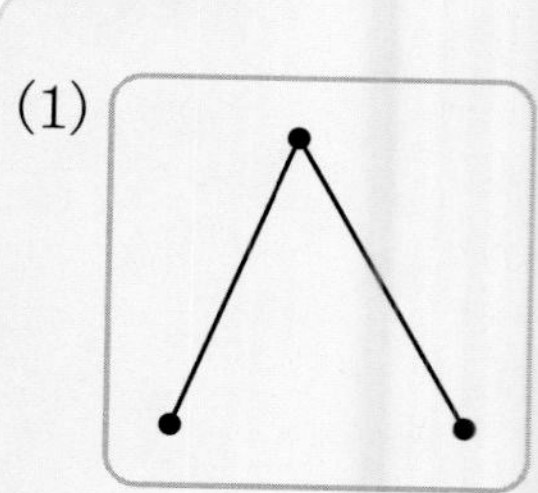

(2)

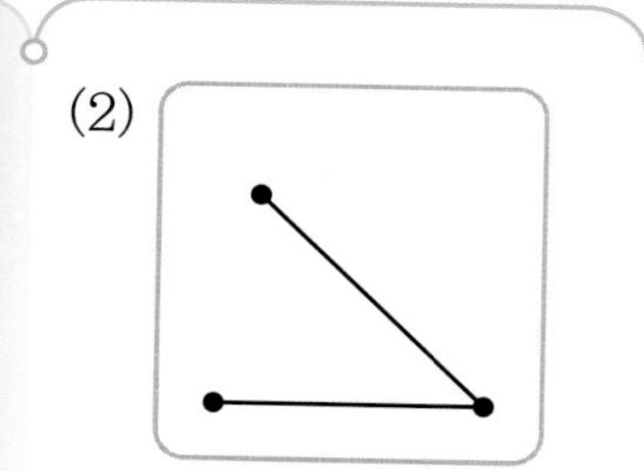

**08**

(1)

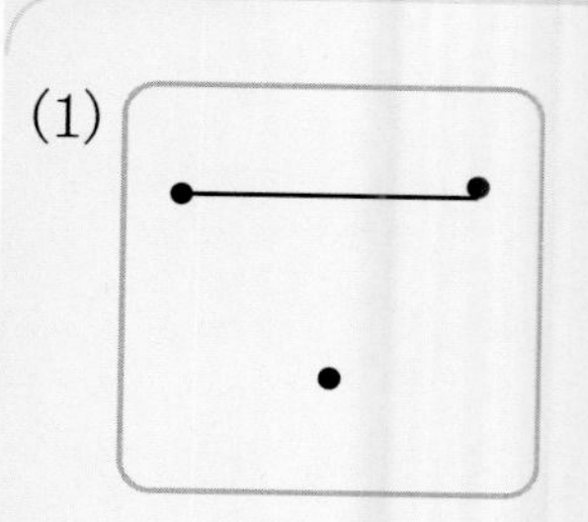

(2)

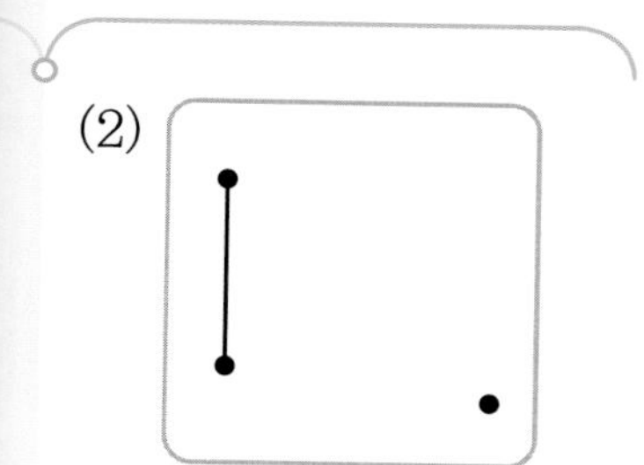

**09**

(1)

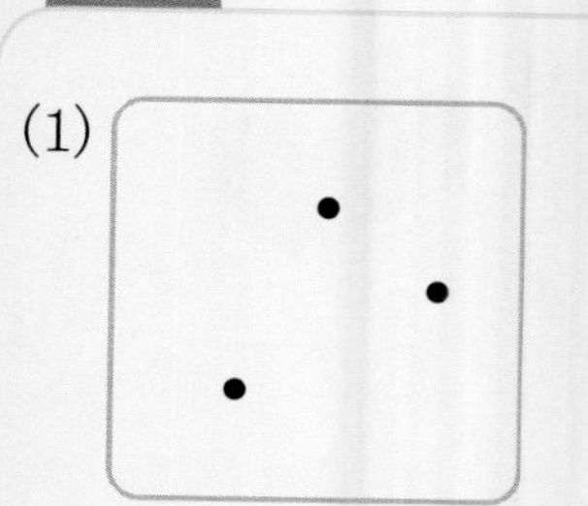

(2)

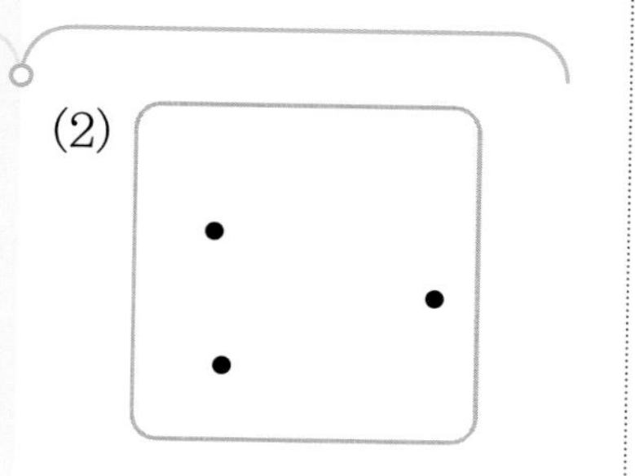

• 사각형 완성하기

(1)

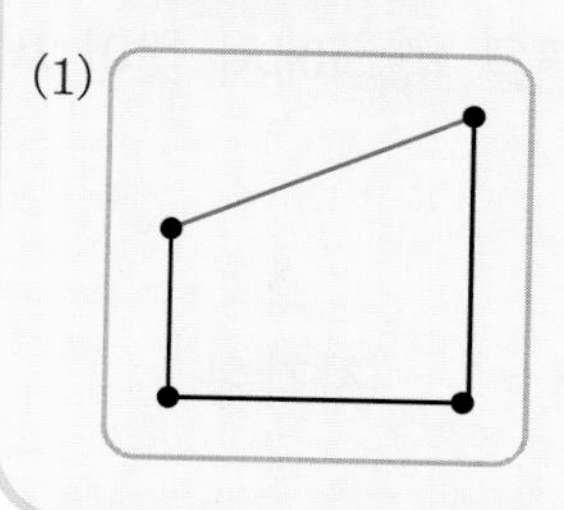

(2)

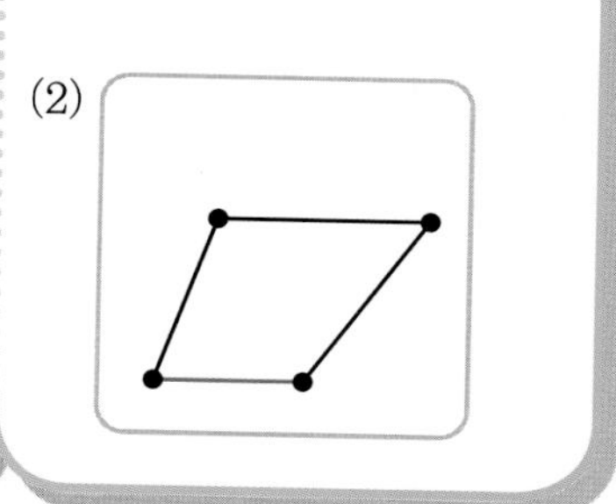

**10~12** 점을 이어 사각형을 완성해 보세요.

(1)

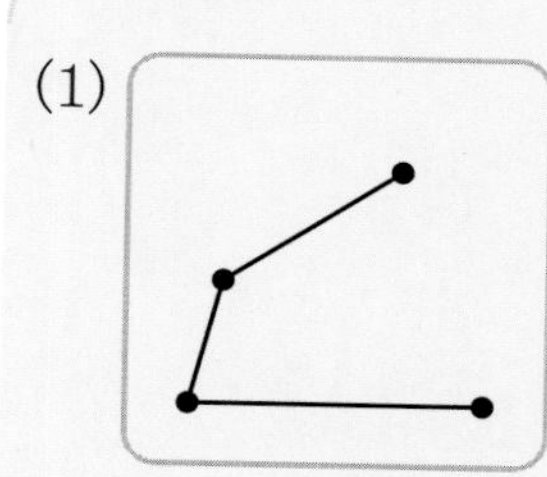

(2)

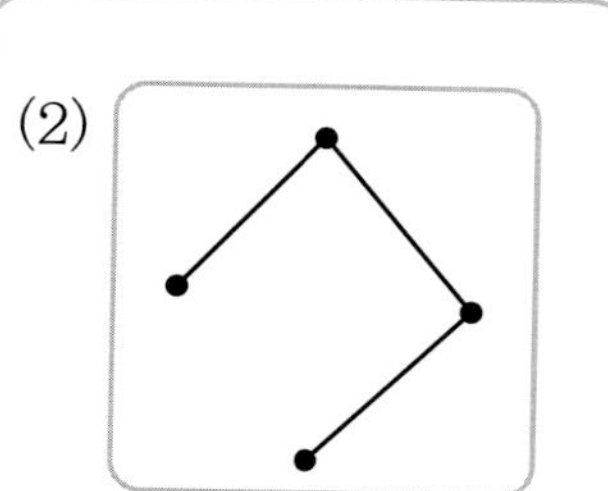

(1)

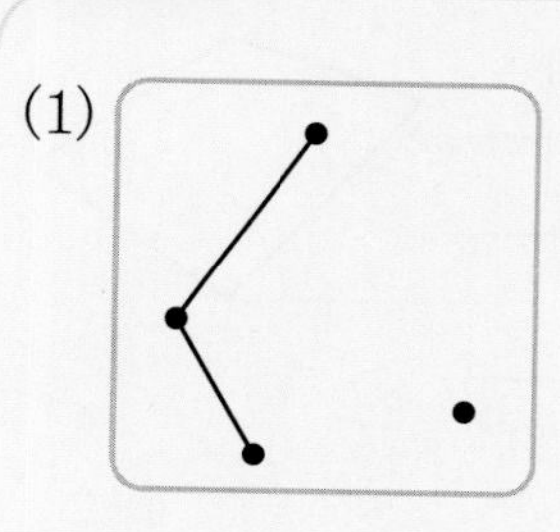

(2)

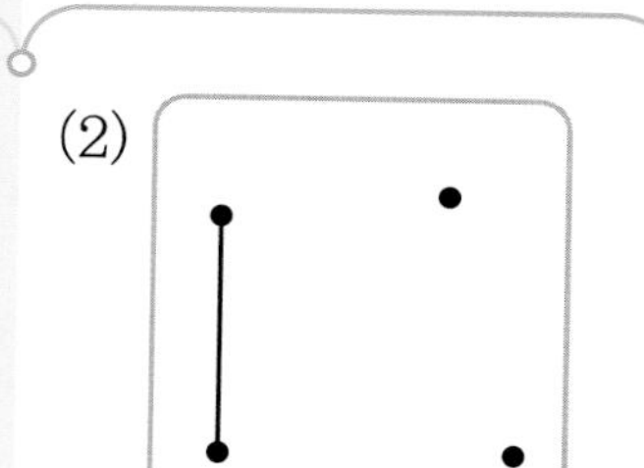

**12**

(1)

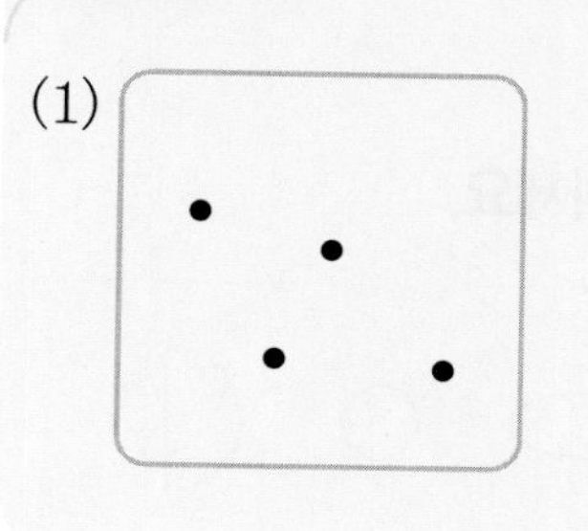

(2)

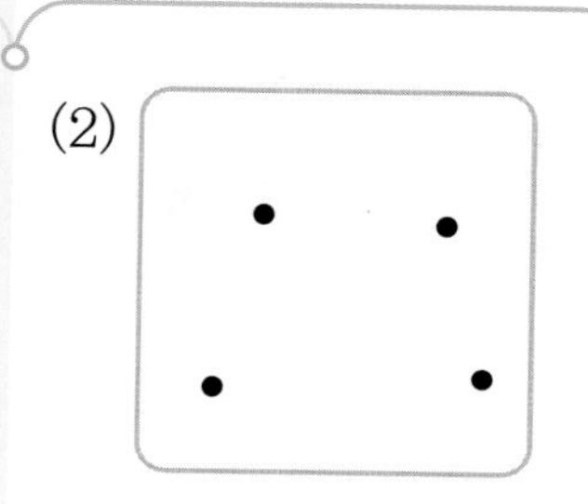

## 수해력을 높여요

**01** 다음과 같은 도형의 이름을 보기에서 찾아 써 보세요.

보기

원 삼각형 사각형

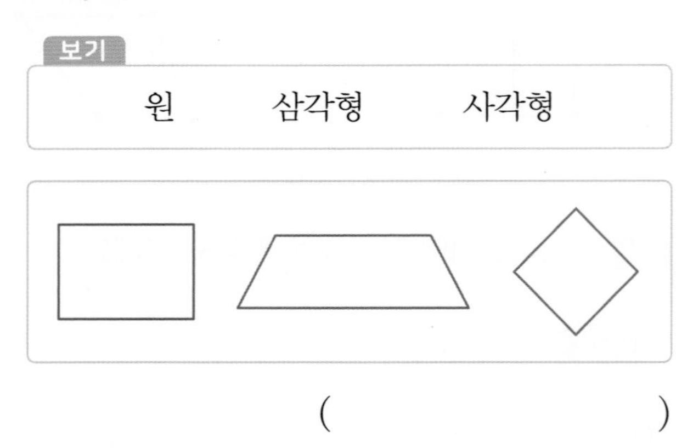

( )

**02** □ 안에 알맞은 말을 써넣으세요.

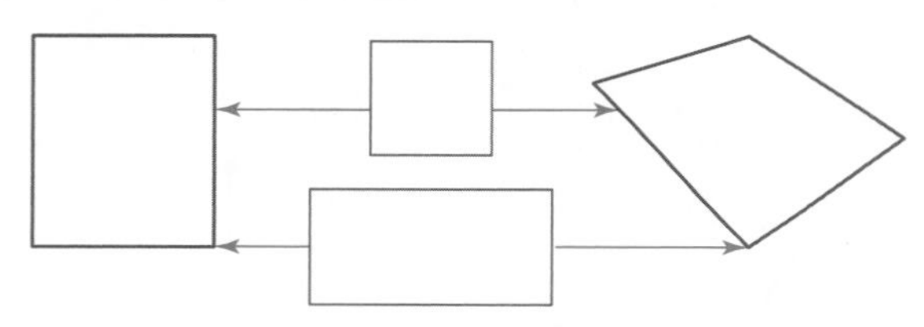

**03** 원을 모두 찾아 ○표 하세요.

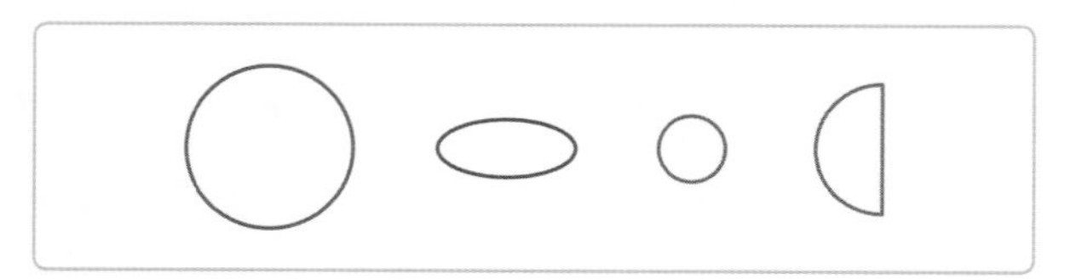

04~05 주어진 도형을 그려 보세요.

**04** 삼각형

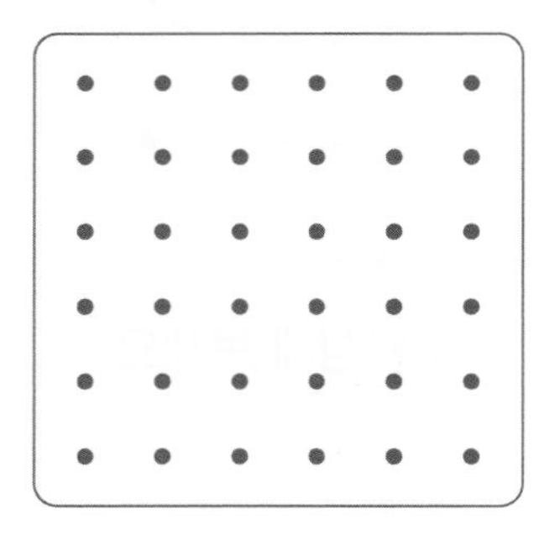

**05** 사각형

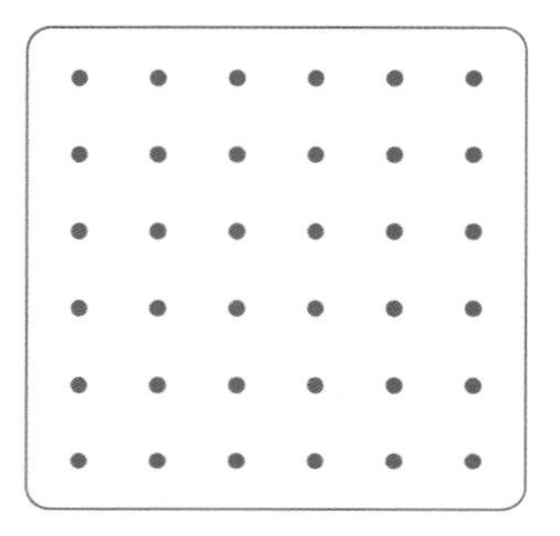

**06** 본떴을 때 원을 그릴 수 있는 물건은 어느 것인가요? ( )

① 

② 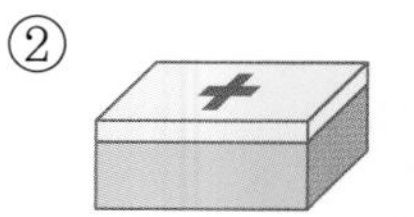

③ 

④ 

⑤ 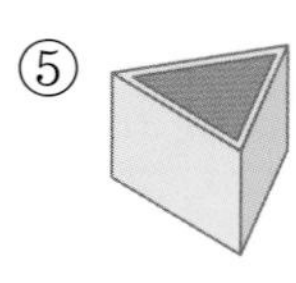

## 07 ㉠과 ㉡에 알맞은 수를 구해 보세요.

- 삼각형의 변은 ㉠개입니다.
- 사각형의 꼭짓점은 ㉡개입니다.

㉠ (　　　　　　)
㉡ (　　　　　　)

## 08 아래 도형이 삼각형이 아닌 이유를 써 보세요.

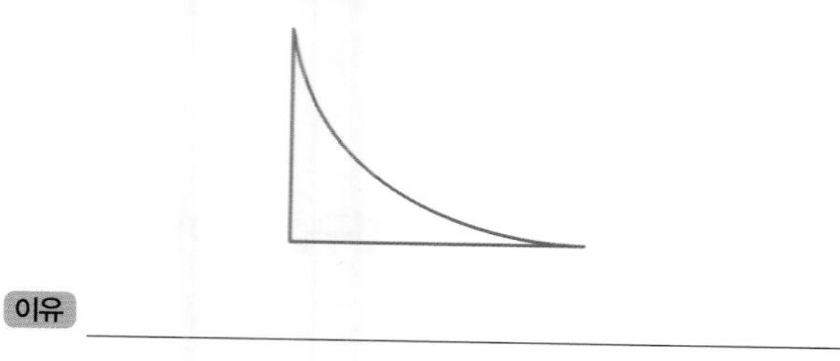

이유 ____________________

____________________

## 09 규칙을 찾아 □ 안에 알맞은 모양을 그리고 색칠해 보세요.

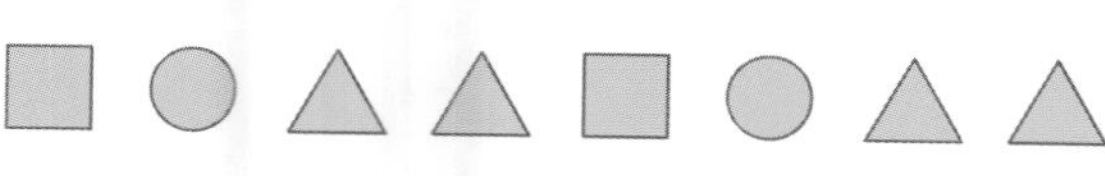

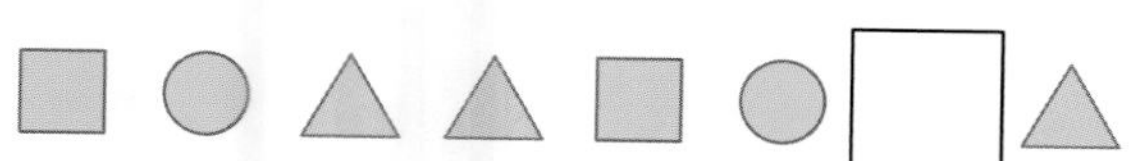

## 10 실생활 활용

민지네 집 앞 놀이터의 모습입니다. 삼각형, 사각형, 원을 찾아 따라 그려 보세요.

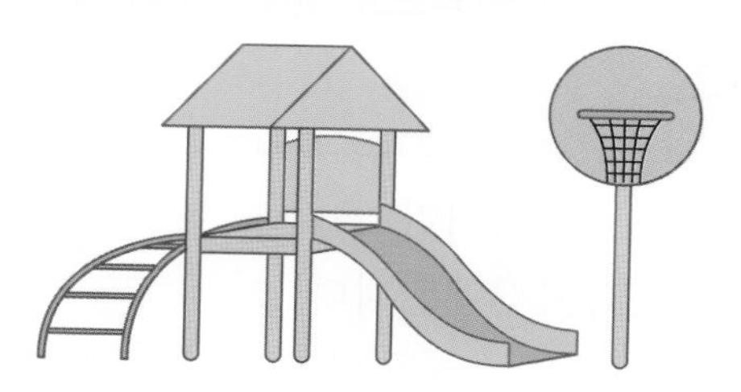

## 11 교과 융합

중부유럽에 위치한 체코는 오랜 역사와 전통을 가진 나라입니다. 체코 국기에서 찾을 수 있는 크고 작은 삼각형과 사각형은 각각 몇 개인지 구해 보세요.

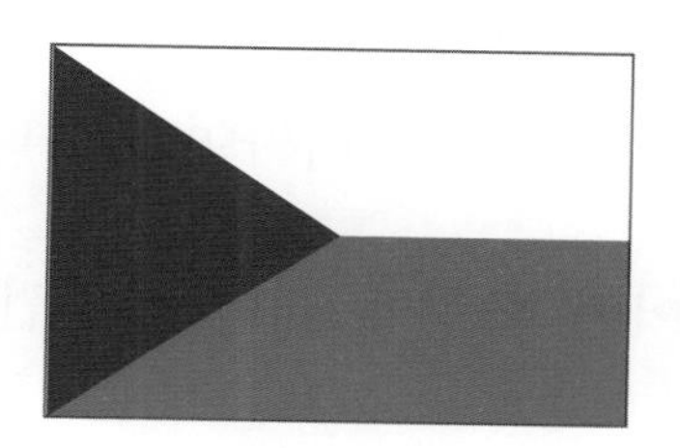

삼각형 (　　　　　　)
사각형 (　　　　　　)

## 12 교과 융합

우리나라 전통 문양입니다. 자신만의 규칙을 정하여 색칠해 보세요.

대표 응용 1

## 삼각형, 사각형, 원의 특징 알기

사각형에 대한 설명으로 옳은 것을 찾아 기호를 써 보세요.

㉠ 변이 4개입니다.
㉡ 꼭짓점이 3개입니다.
㉢ 굽은 선으로 둘러싸여 있습니다.

**해결하기**

1단계 사각형의 특징에 대해 알아봅니다.

변이 □개입니다.

꼭짓점이 □개입니다.

□ 선으로 둘러싸여 있습니다.

2단계 어떤 도형에 대한 설명인지 각각 알아봅니다.

㉠ 변이 4개입니다. ( 삼각형 , 사각형, 원 )
㉡ 꼭짓점이 3개입니다. ( 삼각형 , 사각형, 원 )
㉢ 굽은 선으로 둘러싸여 있습니다. ( 삼각형 , 사각형, 원 )

3단계 사각형에 대한 설명으로 옳은 것의 기호를 쓰면 □입니다.

### 1-1

원에 대한 설명으로 옳은 것을 찾아 기호를 써 보세요.

㉠ 곧은 선이 있습니다.
㉡ 모든 원은 크기와 모양이 같습니다.
㉢ 변과 꼭짓점이 없습니다.

( )

### 1-2

삼각형에 대한 설명으로 틀린 것을 모두 찾아 기호를 써 보세요.

㉠ 변이 3개입니다.
㉡ 꼭짓점이 4개입니다.
㉢ 곧은 선으로 둘러싸여 있습니다.
㉣ 굽은 선이 있습니다.

( )

### 1-3

사각형에 대해 잘못 말한 친구를 찾아 이름을 쓰고 바르게 고쳐 보세요.

- 미란: 사각형은 변이 4개야.
- 주희: 사각형은 꼭짓점이 5개야.
- 보경: 곧은 선으로 둘러싸여 있어.

( )

바르게 고치기

대표 응용 **2**

## 꼭짓점과 변의 수 알기

두 도형의 꼭짓점의 수의 합은 얼마인지 구해 보세요.

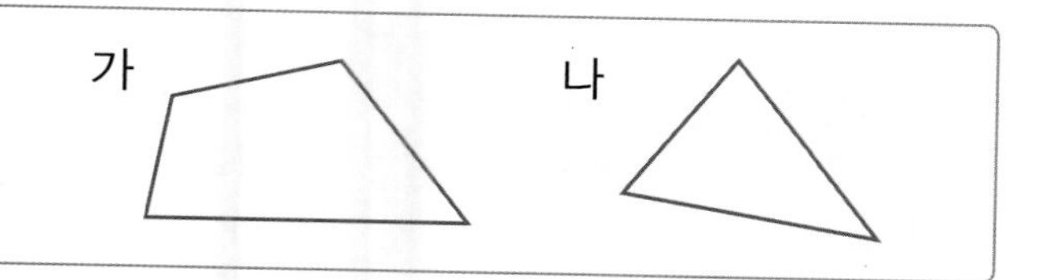


**해결하기**

1단계 가 도형에서 꼭짓점을 찾아 ○표 해 봅니다.

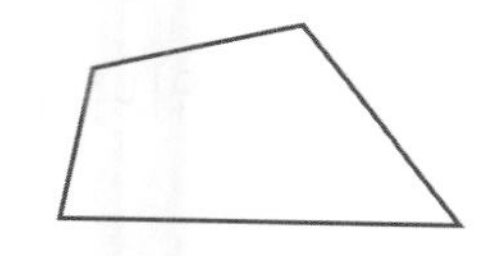

가 도형의 꼭짓점은 ☐ 개입니다.

2단계 나 도형에서 꼭짓점을 찾아 ○표 해 봅니다.

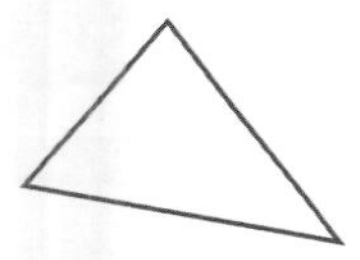

나 도형의 꼭짓점은 ☐ 개입니다.

3단계 두 도형의 꼭짓점의 수의 합은

☐ + ☐ = ☐ 입니다.

## 2-1

세 도형의 꼭짓점의 수의 합은 얼마인지 구해 보세요.

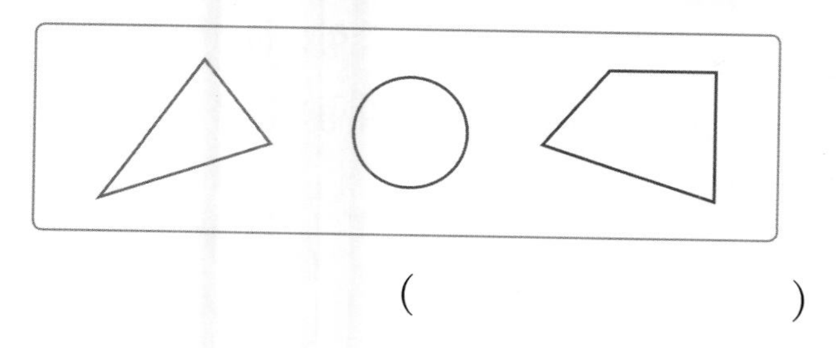

(　　　　　　　　)

## 2-2

두 도형의 변의 수의 차는 얼마인지 구해 보세요.

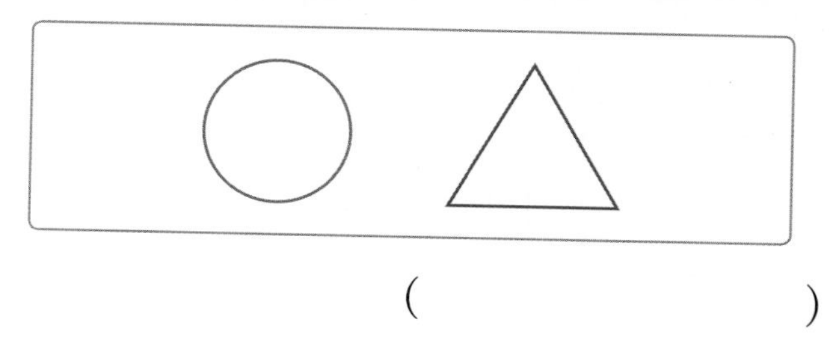

(　　　　　　　　)

## 2-3

세 도형의 변의 수의 합은 얼마인지 구해 보세요.

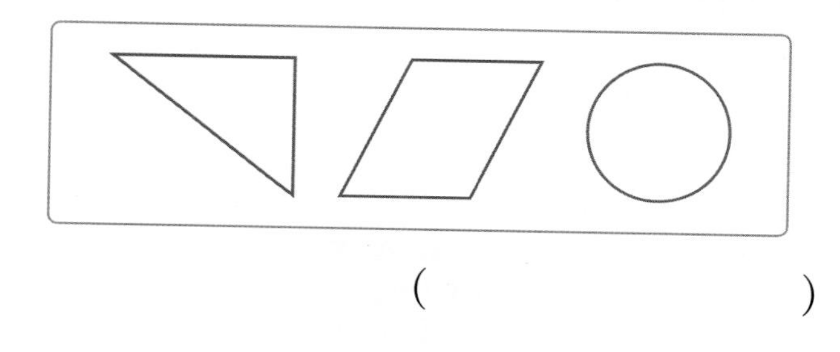

(　　　　　　　　)

## 2-4

㉠과 ㉡이 나타내는 수의 차를 구해 보세요.

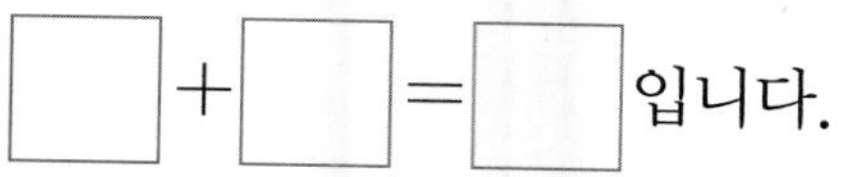

㉠ 사각형의 변의 수와 꼭짓점의 수의 합
㉡ 삼각형의 변의 수와 꼭짓점의 수의 합

(　　　　　　　　)

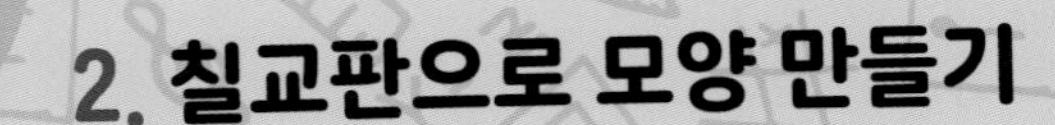



# 개념 1 칠교판을 살펴볼까요

## 알고 있어요!

• 삼각형과 사각형을 알았어요.

– 그림과 같은 도형을 삼각형이라고 합니다. 삼각형은 변이 3개, 꼭짓점이 3개입니다.

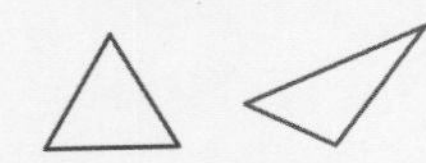

– 그림과 같은 도형을 사각형이라고 합니다. 사각형은 변이 4개, 꼭짓점이 4개입니다.

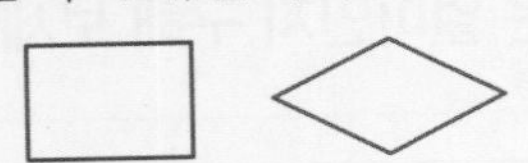

## 알고 싶어요!

칠교판 조각을 살펴보아요

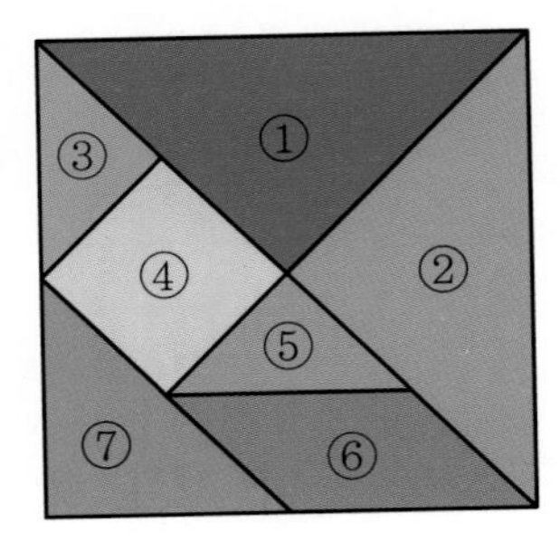


칠교판은 일곱 개의 조각으로 되어 있어요.

• ①, ②, ③, ⑤, ⑦은 삼각형입니다. ➡ 삼각형은 모두 5개입니다.

• ④, ⑥은 사각형입니다. ➡ 사각형은 모두 2개입니다.

• ①과 ②는 모양과 크기가 같습니다.

• ③과 ⑤는 모양과 크기가 같습니다.

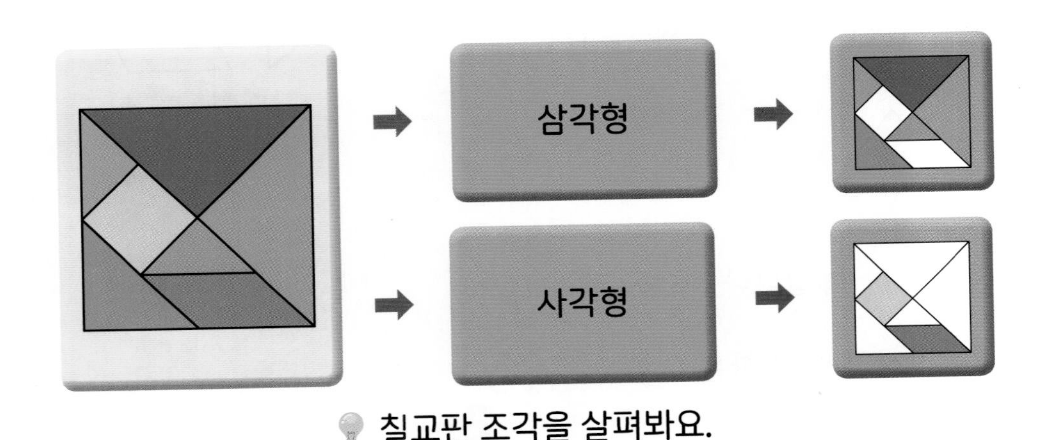


칠교판 조각을 살펴봐요.

[하트 퍼즐에서 삼각형과 사각형을 찾아보세요]

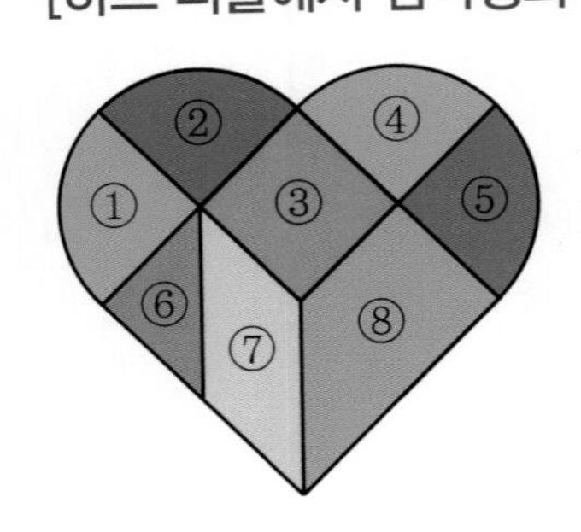


• 삼각형: ⑥

• 사각형: ③, ⑦, ⑧

[달걀 퍼즐에서 삼각형과 사각형을 찾아보세요]

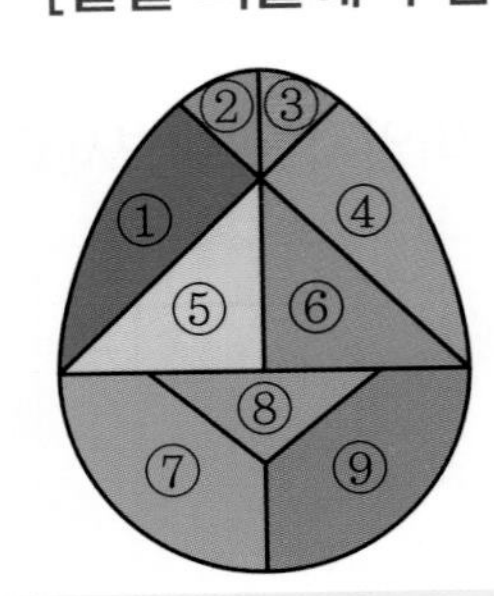


• 삼각형: ⑤, ⑥, ⑧

• 사각형: 없음

하트 퍼즐과 달걀 퍼즐에는 굽은 선도 있어요.

## 개념 2 칠교판으로 여러 가지 모양을 만들어 볼까요

**알고 있어요!**

• 칠교판을 알고 있어요.

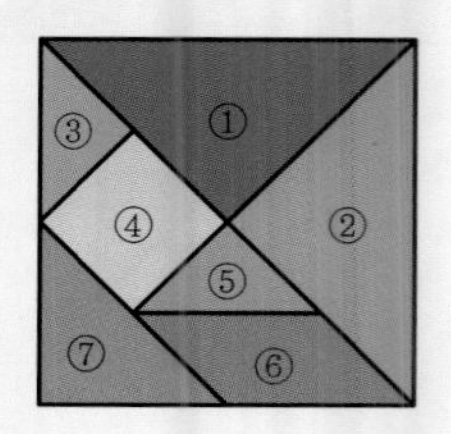


삼각형: ①, ②, ③, ⑤, ⑦

사각형: ④, ⑥

**알고 싶어요!**

칠교판의 조각으로 여러 가지 모양을 만들 수 있어요

• 두 조각, 세 조각을 이용하여 만들어요.

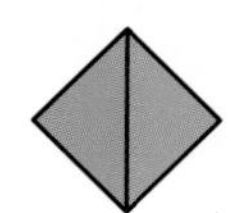

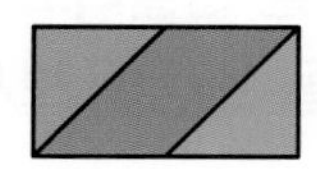

• 일곱 조각을 모두 이용하여 만들어요.

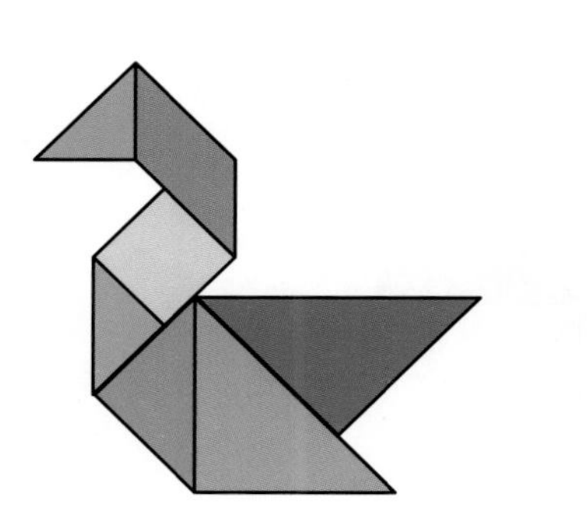

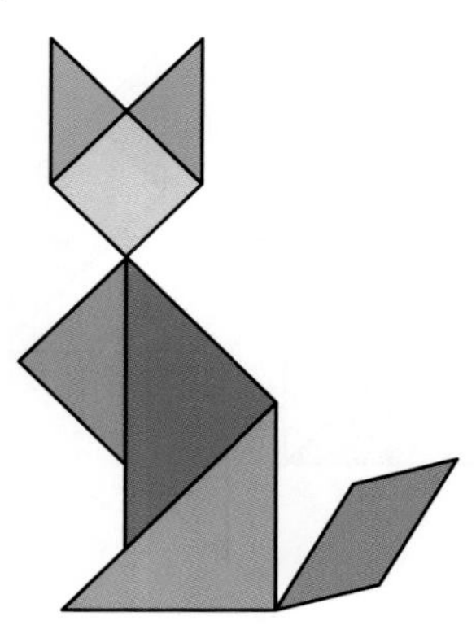

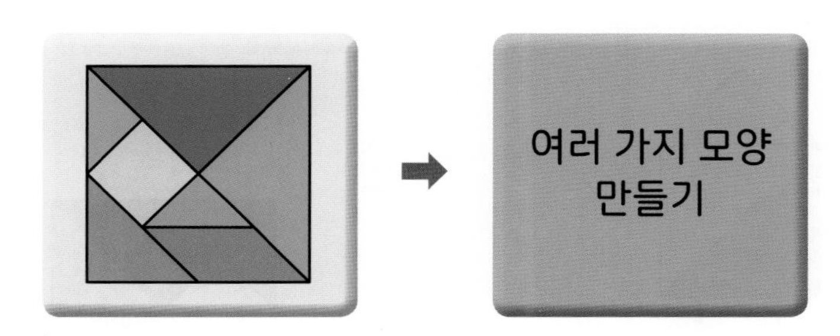


[칠교판 조각을 이용하여 여러 가지 모양을 만들 수 있어요]

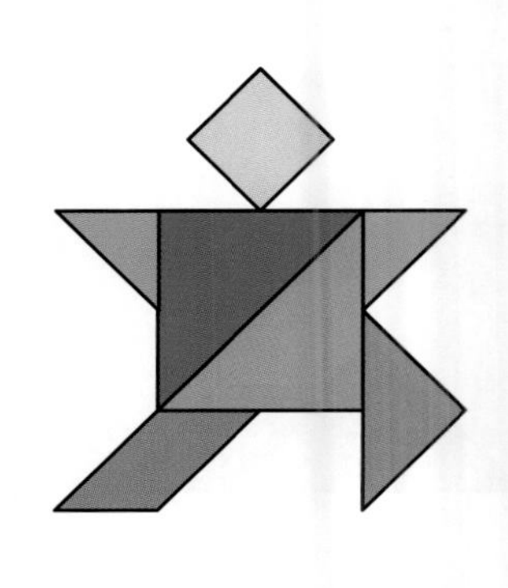

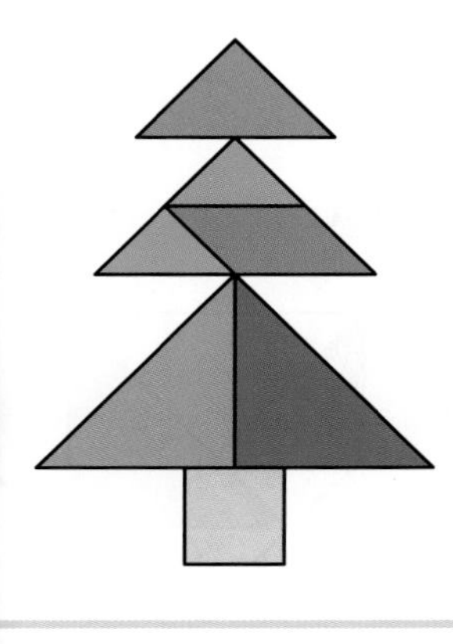

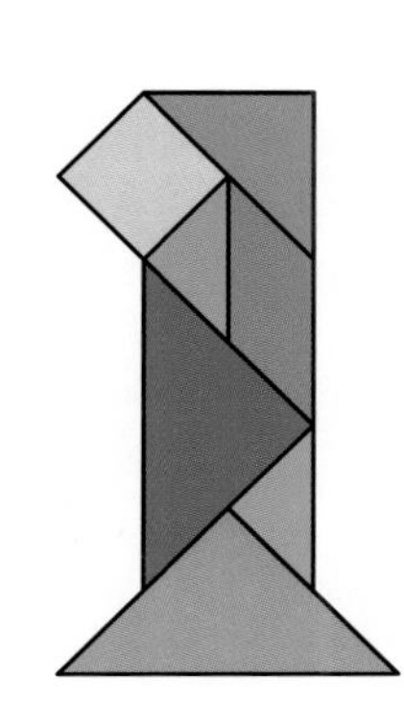

# 수해력을 확인해요

정답과 풀이 4쪽

• 칠교판의 남은 조각으로 모양 완성하기

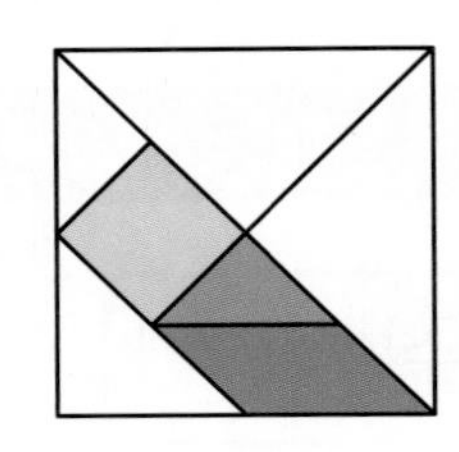 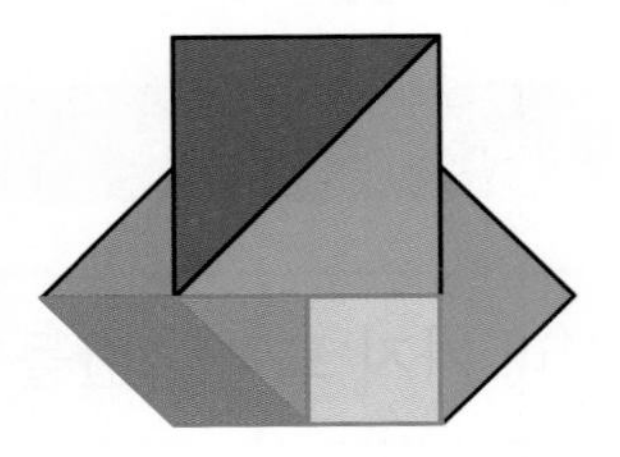

01~07 칠교판으로 모양을 만들려고 합니다. 남은 조각을 모두 이용하여 모양을 완성해 보세요.

01

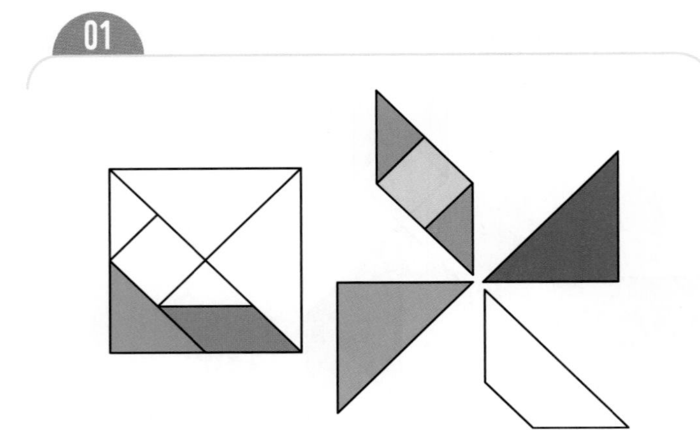

02

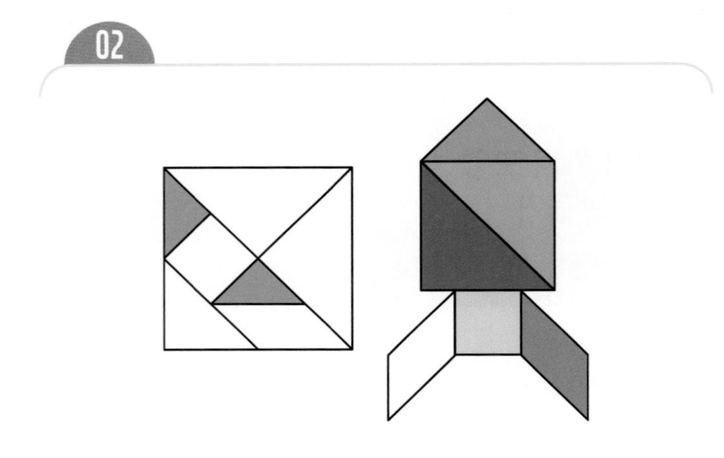

03

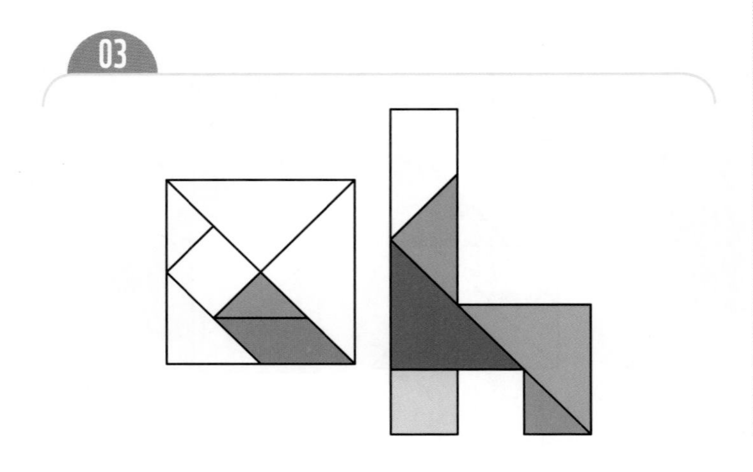

04

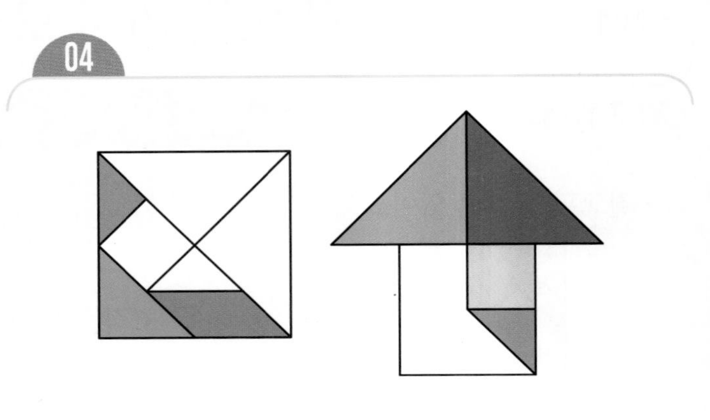

05

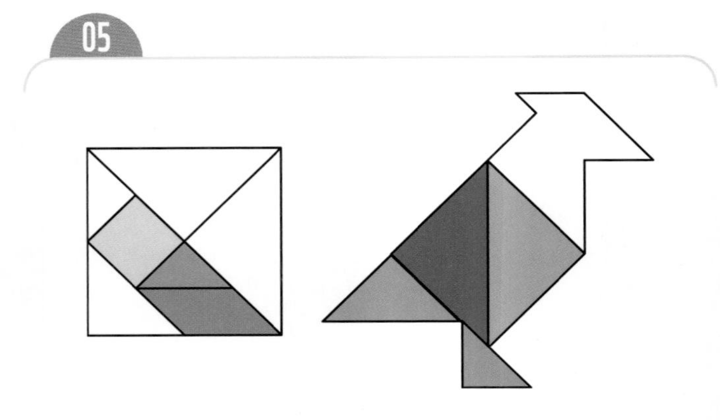

06

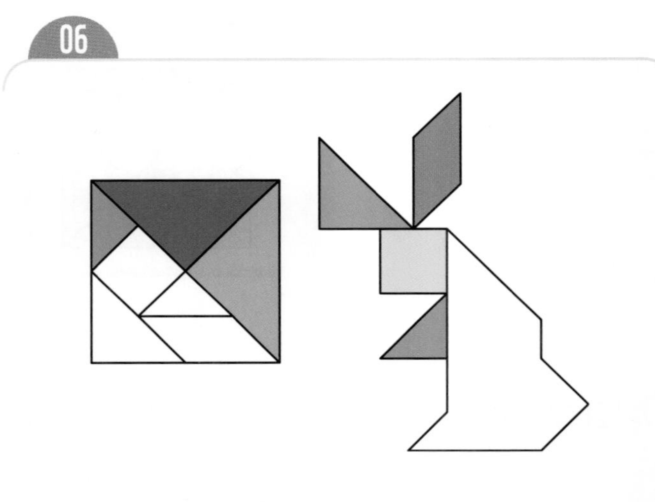

07

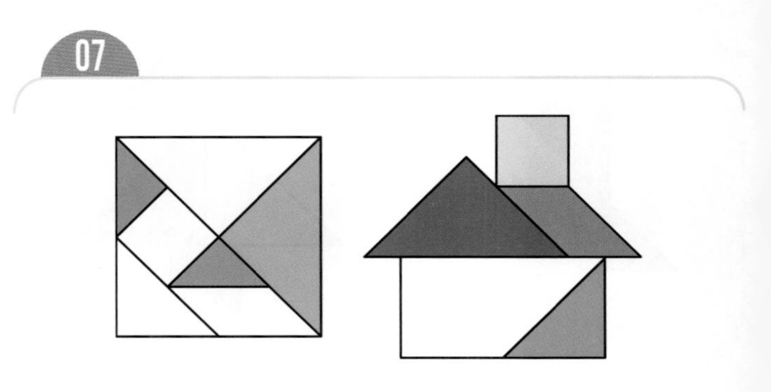

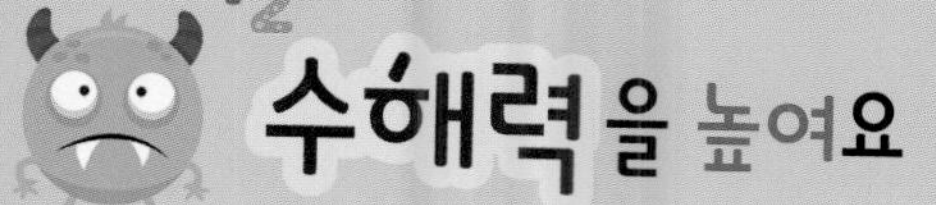


정답과 풀이 4쪽

**01** 칠교판 조각이 삼각형이면 노란색, 사각형이면 파란색으로 색칠해 보세요.

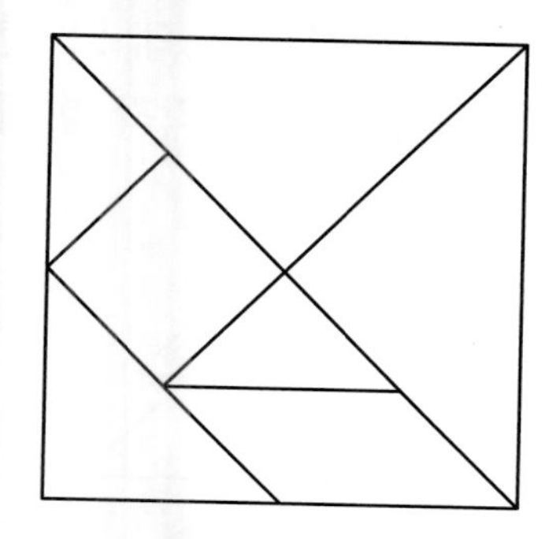

**02** 01의 칠교판 조각에서 삼각형은 사각형보다 몇 개 더 많은지 구해 보세요.

(　　　　　　　　)

**03** 보기 의 조각을 모두 이용하여 다음 모양을 만들어 보세요.

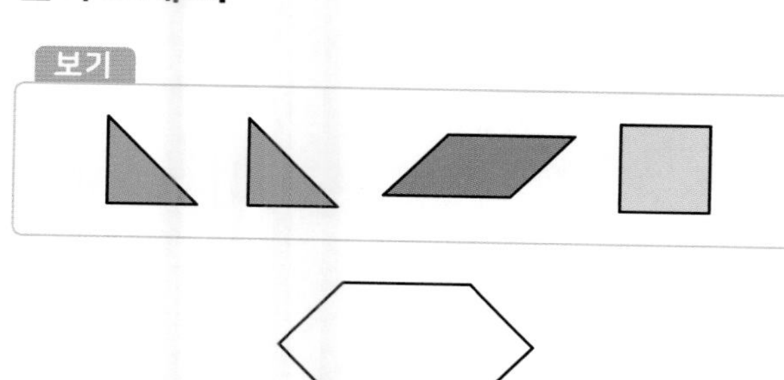


**04** 실생활 활용

칠교판 조각을 모두 이용하여 다음 자동차 모양을 만들어 보세요.

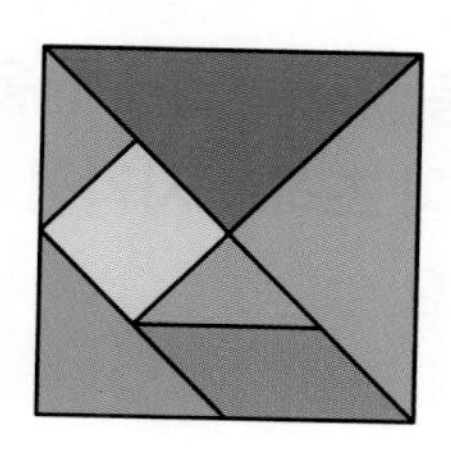

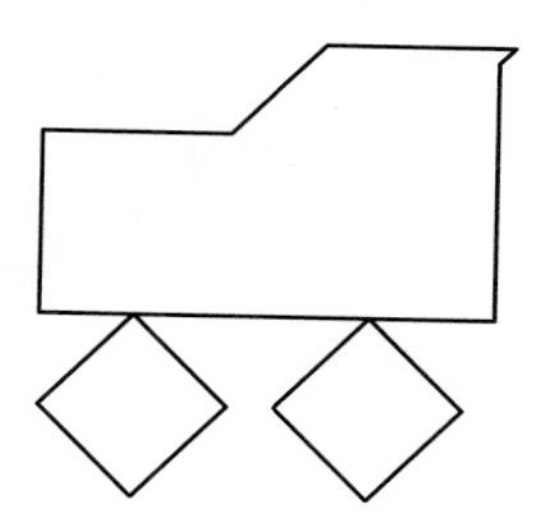

**05** 교과 융합

칠교판 조각으로 내가 만들고 싶은 모양을 만들고 제목을 지어 보세요.

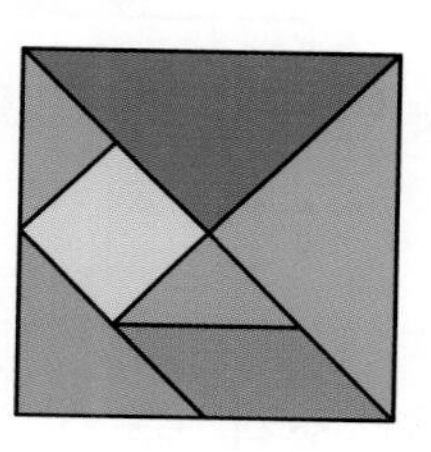

제목: (　　　　　　　　)

# 수해력을 완성해요

대표 응용 **1**

## 칠교판으로 모양 완성하기

**칠교판 조각을 모두 이용하여 동물 모양을 만들려고 합니다. 동물의 머리 부분을 만드는 데 필요한 조각 중 삼각형 조각과 사각형 조각은 각각 몇 개인지 구해 보세요.**

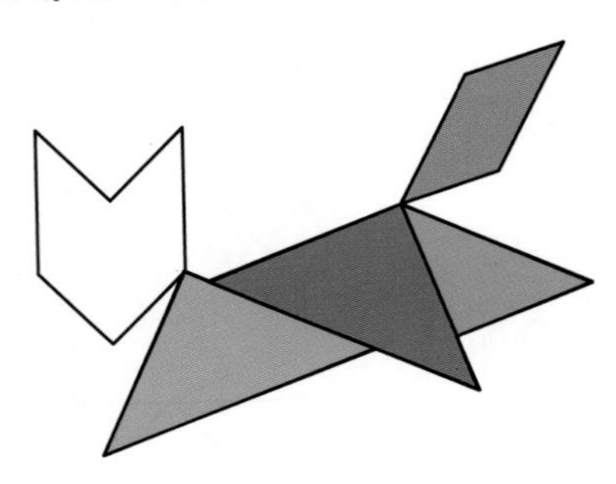

**해결하기**

1단계 먼저 동물의 머리 부분을 만드는 데 필요한 조각을 알아봅니다.

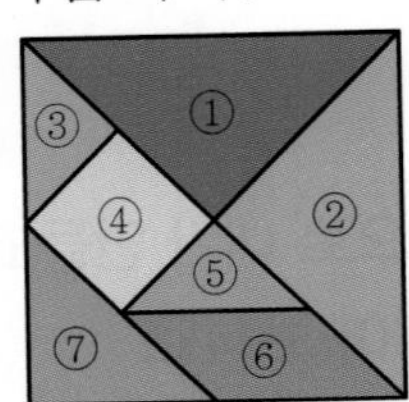


머리 부분을 만드는 데 필요한 조각의 번호를 모두 쓰면 ☐, ☐, ☐ 입니다.

2단계 필요한 조각 중 삼각형 조각의 번호를 쓰면 ☐, ☐ 이고, 사각형 조각의 번호를 쓰면 ☐ 입니다.

3단계 동물의 머리 부분을 만드는 데 필요한 조각 중 삼각형 조각은 ☐ 개, 사각형 조각은 ☐ 개입니다.

### 1-1

**칠교판 조각을 모두 이용하여 나무 모양을 만들려고 합니다. 빈칸을 완성하는 데 필요한 조각 중 삼각형 조각과 사각형 조각은 각각 몇 개인지 구해 보세요.**

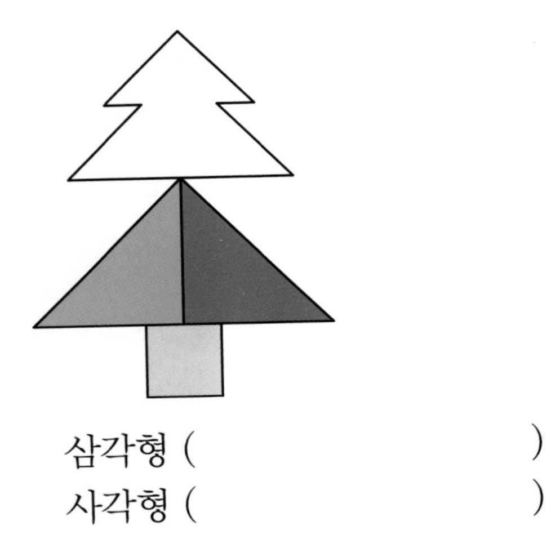

삼각형 ( )

사각형 ( )

### 1-2

**칠교판 조각을 모두 이용하여 백조 모양을 만들려고 합니다. 빈칸을 완성하는 데 필요한 조각 중 삼각형 조각은 사각형 조각보다 몇 개 더 많은지 구해 보세요.**

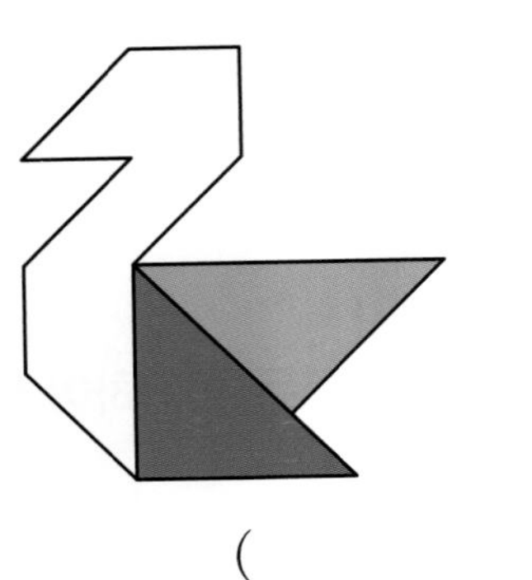

( )

대표 응용 **2**

## 칠교판으로 도형 만들기

**보기 의 조각을 모두 이용하여 사각형을 만들어 보세요.**

보기

**해결하기**

1단계 사각형 모양의 특징을 알아봅니다.

사각형은 변이 ☐개, 꼭짓점이 ☐개입니다.

2단계 보기 의 조각 중 두 조각을 이용하여 사각형을 만들어 봅니다.

가와 나 ➡ 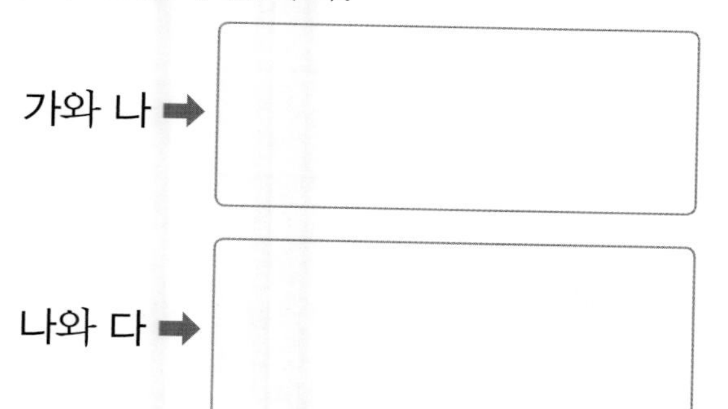

나와 다 ➡

3단계 두 조각을 이용하여 만든 모양에 나머지 조각을 놓아 사각형을 만들어 봅니다.

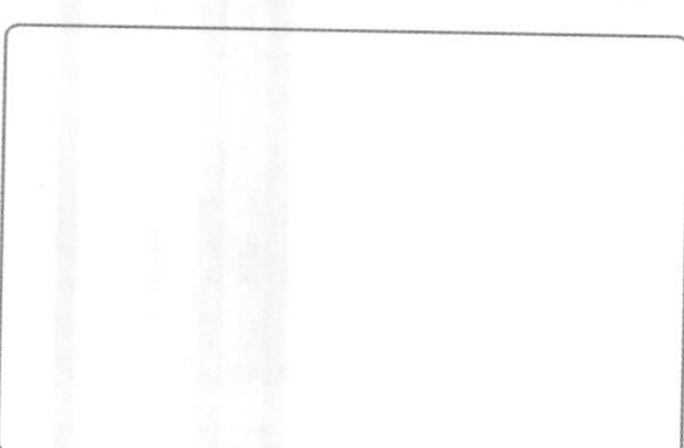

### 2-1

**보기 의 조각을 모두 이용하여 사각형을 만들어 보세요.**

보기

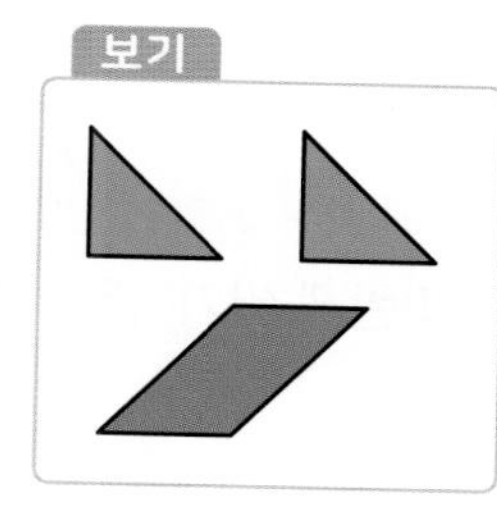

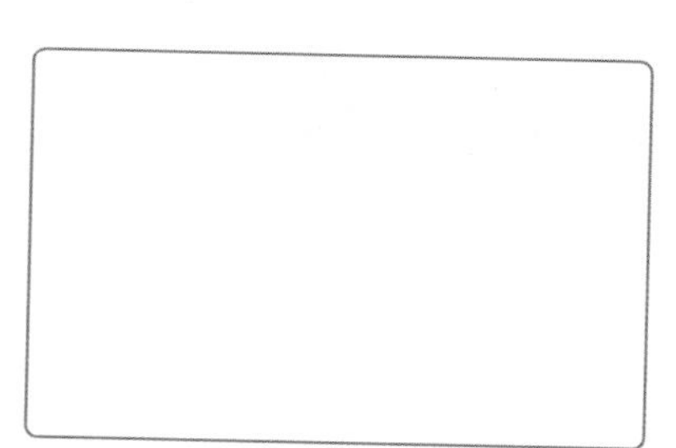

### 2-2

**보기 의 조각을 모두 이용하여 삼각형을 만들어 보세요.**

보기

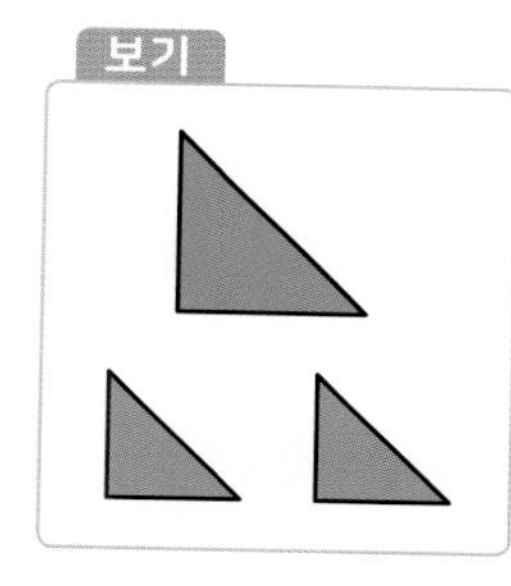

### 2-3

**칠교판 조각 중 5개를 이용하여 사각형을 만들어 보세요.**

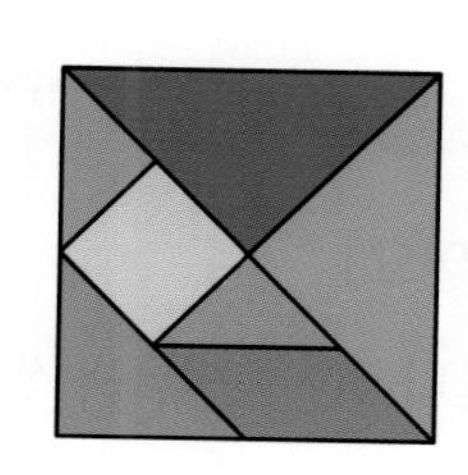

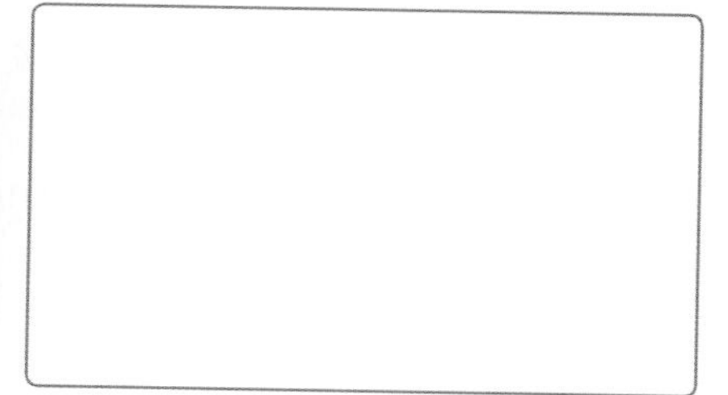

# 개념 1 똑같은 모양으로 쌓아 볼까요

## 알고 있어요!

• 왼쪽, 오른쪽을 알아요.

나무를 기준으로 수아는 왼쪽, 은우는 오른쪽에 있습니다.

• 위, 아래를 알아요.

책상 위에 컴퓨터가 있고, 책상 아래에 고양이가 있습니다.

## 알고 싶어요!

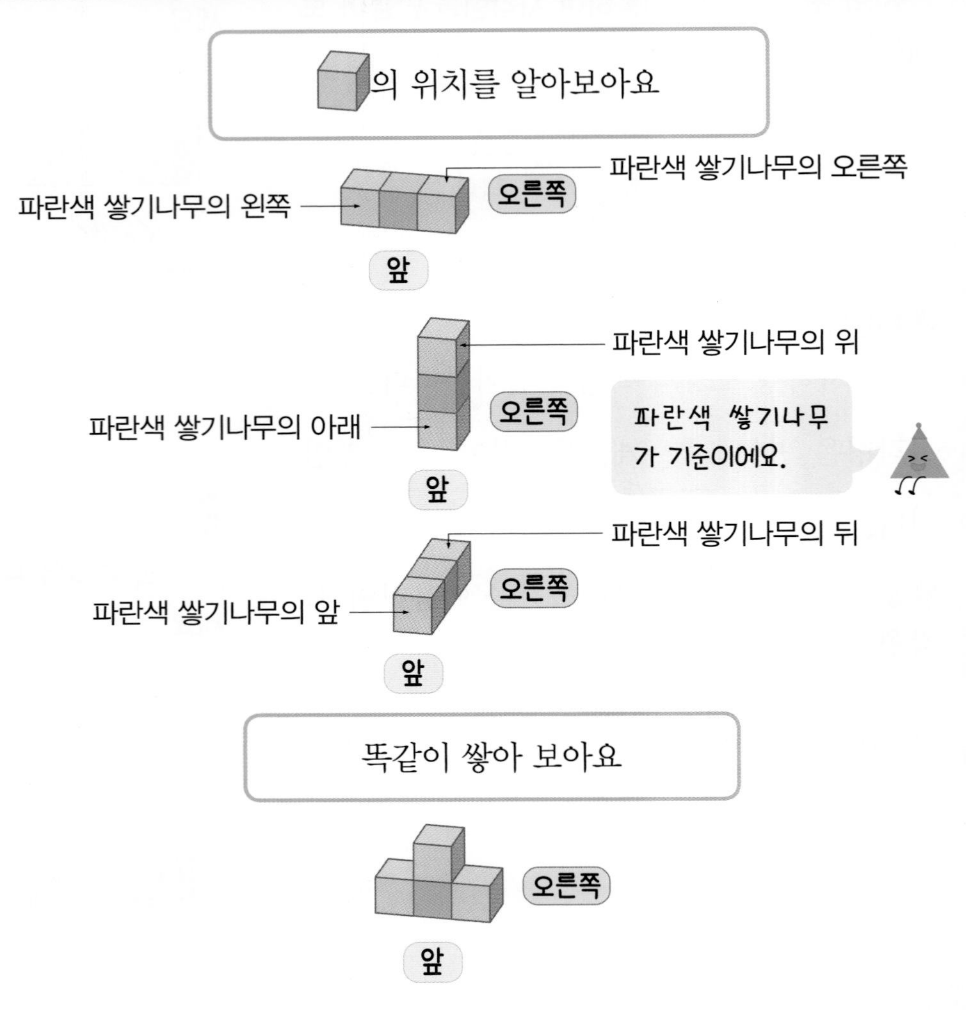


파란색 쌓기나무 1개를 놓습니다. 파란색 쌓기나무의 오른쪽에 쌓기나무 1개, 왼쪽에 쌓기나무 1개, 위에 쌓기나무 1개를 놓습니다.

위치 ➡ 쌓기나무의 위치 ➡ 똑같이 쌓기

[기준에 따라 위치가 달라질 수 있어요]

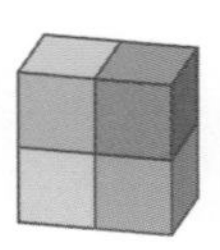


• 빨간색 쌓기나무는 연두색 쌓기나무의 오른쪽에 있습니다.
• 빨간색 쌓기나무는 파란색 쌓기나무의 위에 있습니다.
• 노란색 쌓기나무는 파란색 쌓기나무의 왼쪽에 있습니다.
• 노란색 쌓기나무는 연두색 쌓기나무의 아래에 있습니다.

## 개념 2 여러 가지 모양으로 쌓아 볼까요

### 알고 있어요!

• 쌓기나무를 쌓아 보았어요.

| 1층으로 쌓기 | 2층으로 쌓기 | 3층으로 쌓기 |
| --- | --- | --- |
| | | |

• 쌓기나무의 위치를 알고 있어요.

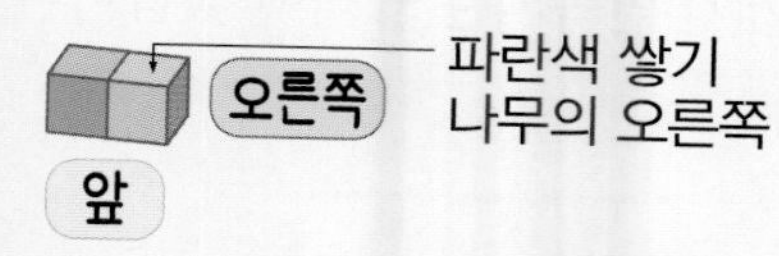

파란색 쌓기 나무의 오른쪽

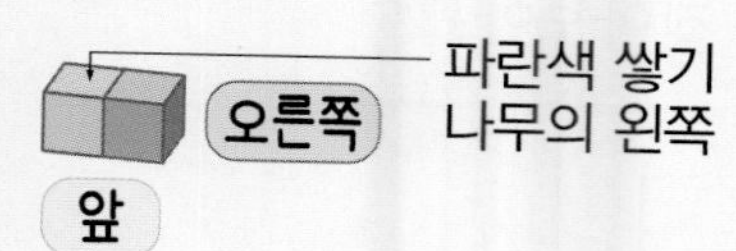

파란색 쌓기 나무의 왼쪽

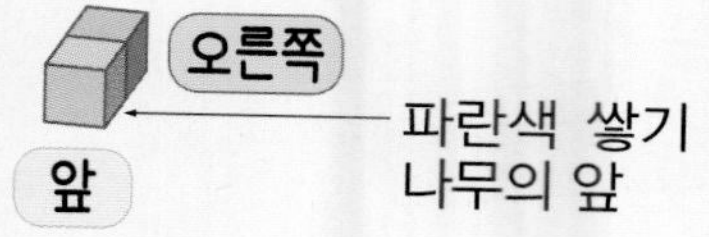

파란색 쌓기 나무의 앞

### 알고 싶어요!

쌓기나무를 여러 가지 모양으로 쌓아 보아요

• 쌓기나무 3개로 쌓기

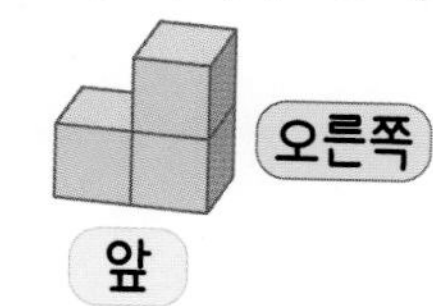


1층에 쌓기나무 2개가 옆으로 나란히 있고, 오른쪽 쌓기나무의 위에 쌓기나무 1개가 있습니다.

• 쌓기나무 4개로 쌓기

1층에 쌓기나무 2개가 옆으로 나란히 있고, 왼쪽 쌓기나무 뒤에 쌓기나무 2개가 2층으로 있습니다.

쌓기나무 4개로 원하는 모양을 쌓고 쌓은 모양을 설명해 보세요.

똑같이 쌓기 ➡ 여러 가지 모양으로 쌓기 ➡ 쌓은 모양 설명하기

[여러 가지 모양으로 쌓을 수 있어요]

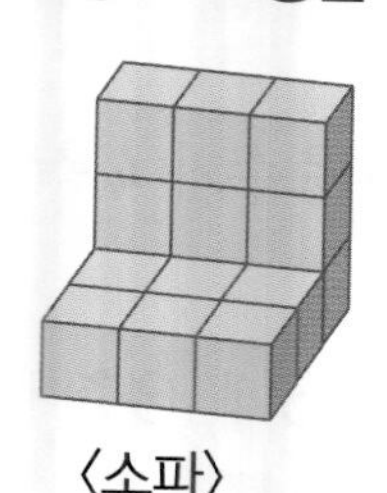
〈소파〉

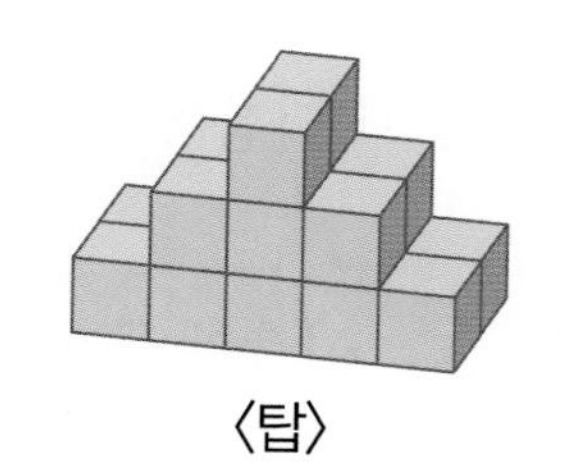
〈탑〉

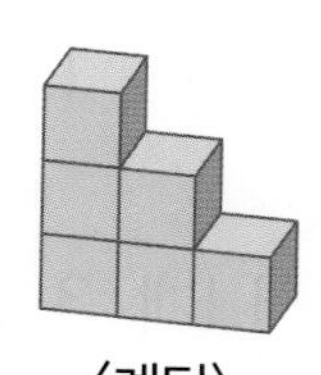
〈계단〉

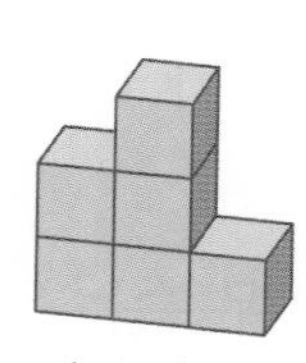
〈건물〉

# 개념 3 쌓은 모양에서 규칙을 찾아볼까요

## 알고 있어요!

도형의 배열에서 규칙을 찾아보았어요.

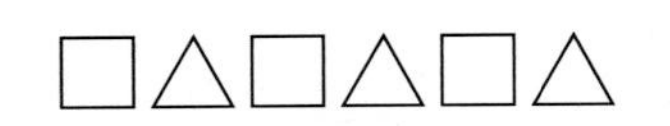

➡ □ 모양 한 개와 △ 모양 한 개가 반복됩니다.

➡ 빨간색 ○ 모양 한 개와 파란색 ○ 모양 한 개가 반복됩니다.

## 알고 싶어요!

**쌓은 모양에 어떤 규칙이 있는지 찾아보아요**

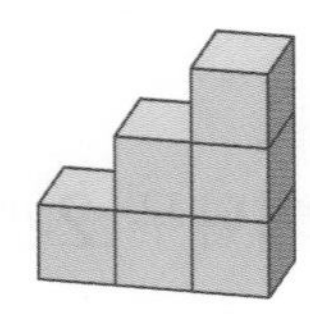

왼쪽에서 오른쪽으로 쌓기나무가 1층씩 늘어나는 규칙이 있습니다.

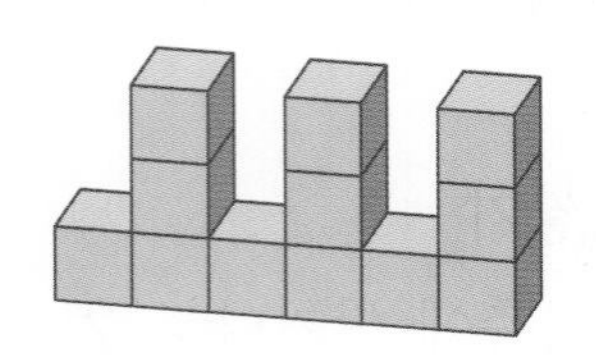

쌓기나무의 수가 1개, 3개가 반복되는 규칙이 있습니다.

**쌓기나무가 늘어나는 규칙을 찾아보아요**

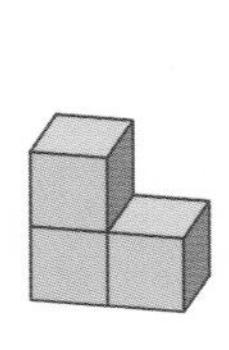

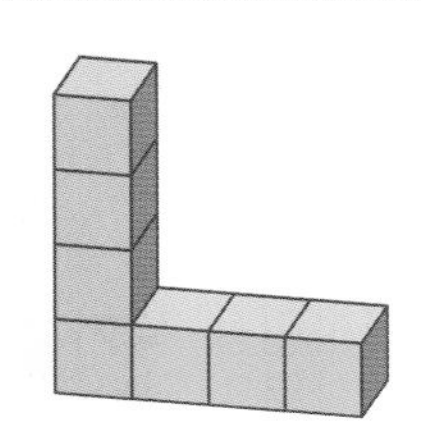

• 쌓기나무가 오른쪽에 1개, 위쪽에 1개씩 늘어나는 규칙이 있습니다.

도형에서 규칙 찾기  쌓은 모양에서 규칙 찾기

[쌓은 규칙을 알면 다음에 올 모양을 알 수 있어요]

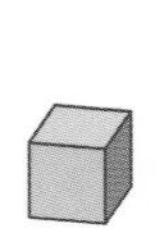

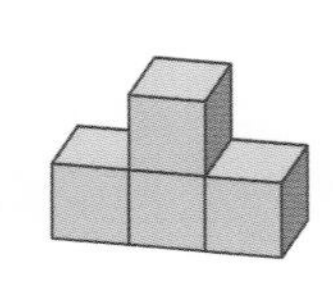

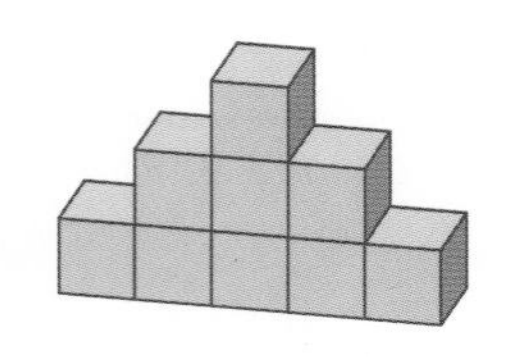

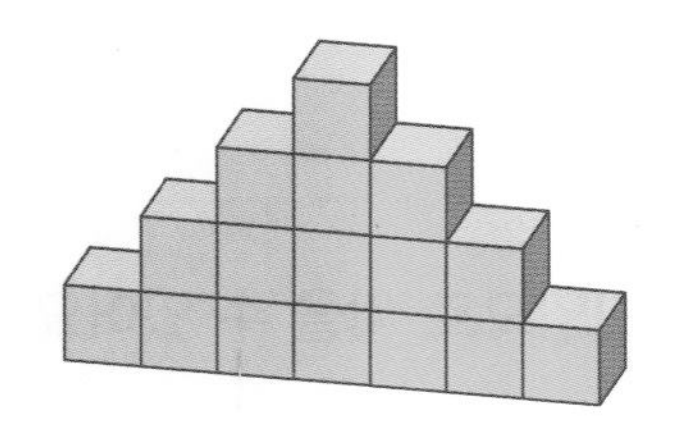

• 쌓기나무의 층수가 1층, 2층, 3층으로 1층씩 늘어납니다. ➡ • 다음에 올 모양은 층수가 4층입니다.

• 각 층의 쌓기나무 수는 위에서부터 1개, 3개, 5개로 2개씩 늘어납니다. ➡ • 1층에 7개, 2층에 5개, 3층에 3개, 4층에 1개를 쌓습니다.

## 수해력을 확인해요

정답과 풀이 6쪽

• 쌓기나무 위치 알아보기

파란색 쌓기나무의 오른쪽에 있는 쌓기나무

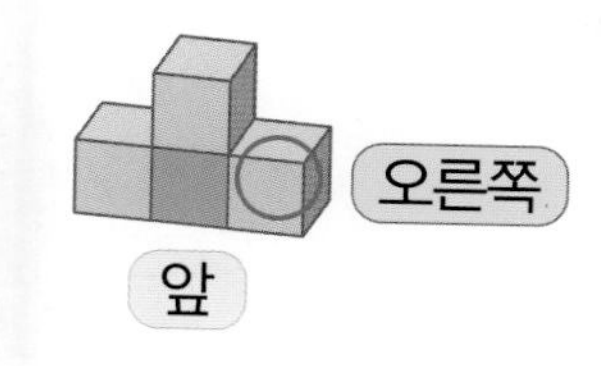


• 똑같이 쌓은 쌓기나무 찾기

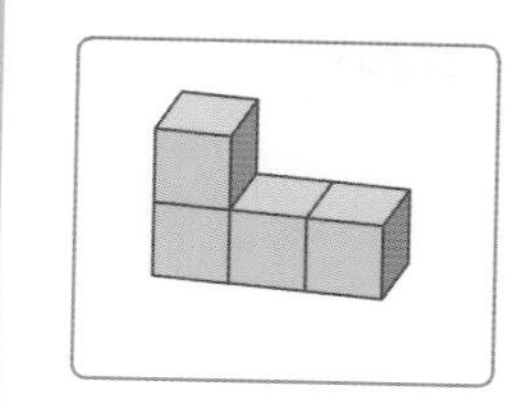
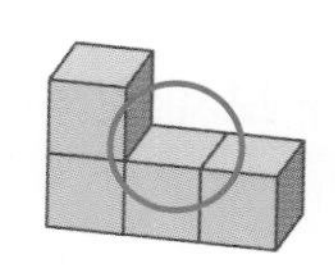
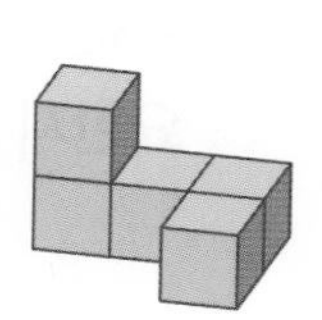

01~03 설명하는 쌓기나무를 찾아 ○표 하세요.

**01**

파란색 쌓기나무의 앞에 있는 쌓기나무

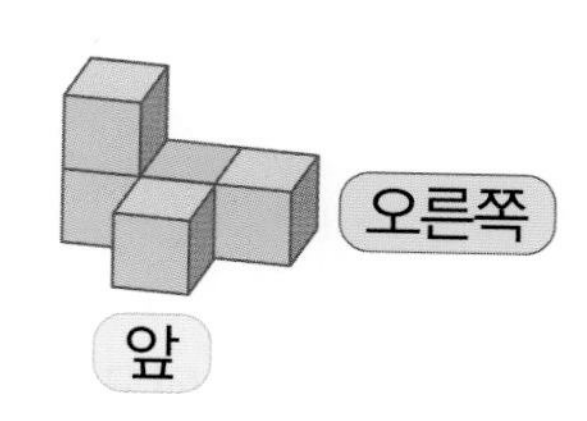


**02**

파란색 쌓기나무의 위에 있는 쌓기나무

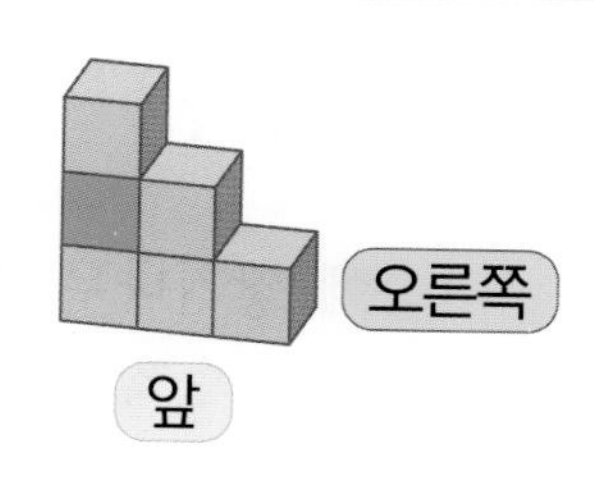


**03**

파란색 쌓기나무의 왼쪽에 있는 쌓기나무

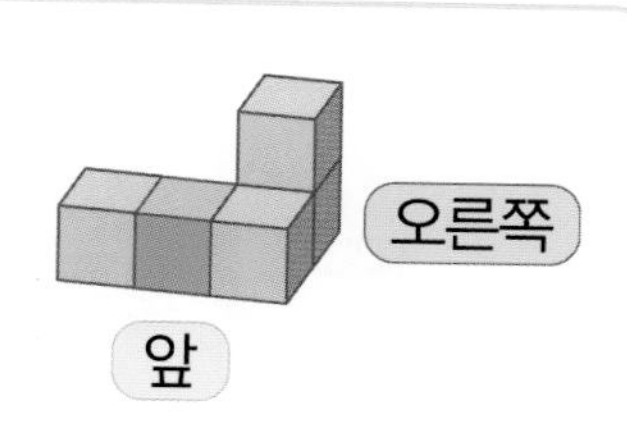


04~06 왼쪽 쌓기나무와 똑같이 쌓은 쌓기나무를 찾아 ○표 하세요.

**04**

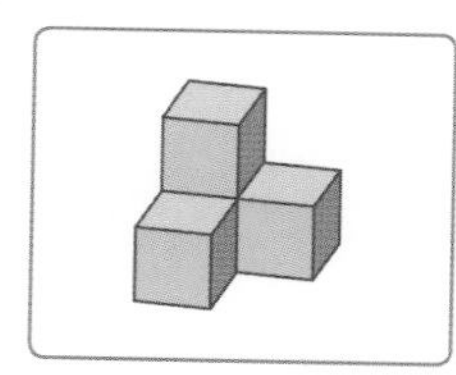
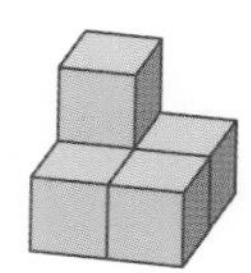
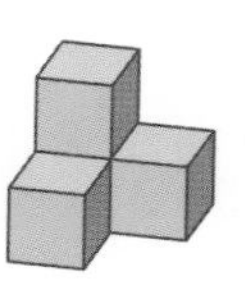

**05**

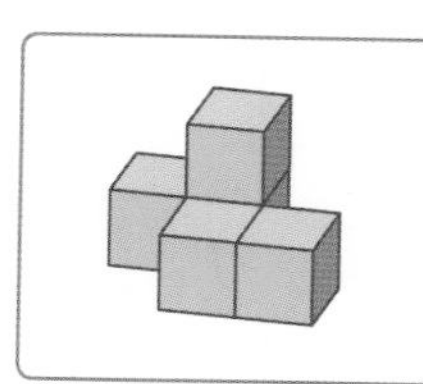
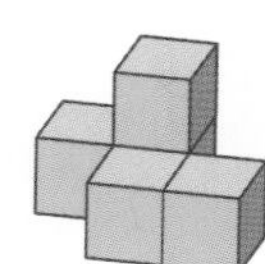
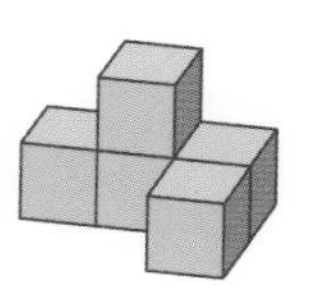

**06**

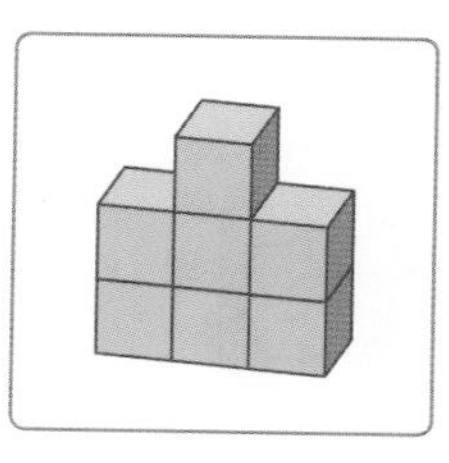

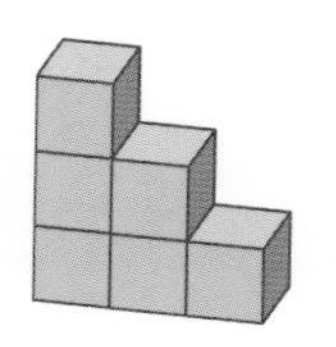

## 수해력을 높여요

01 똑같은 모양으로 쌓으려면 쌓기나무가 몇 개 필요한지 구해 보세요.

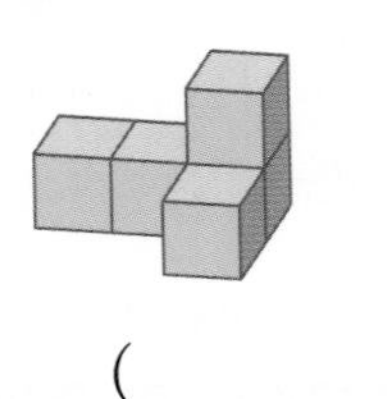

(　　　　　　　　)

02 쌓기나무 4개로 만들 수 있는 모양을 모두 찾아 ○표 하세요.

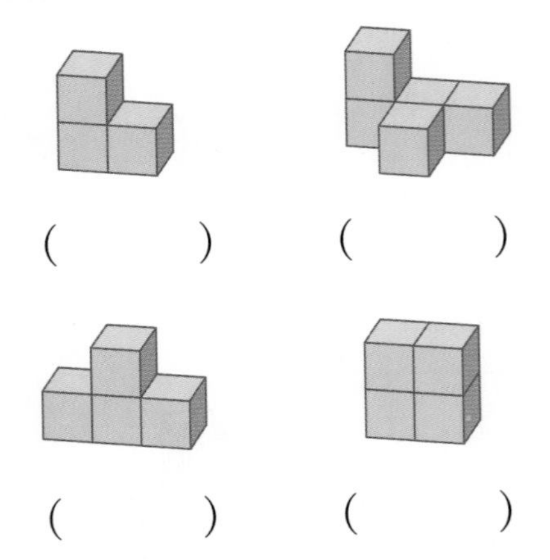

(　　) (　　)

(　　) (　　)

03 쌓기나무 한 개를 옮겨 오른쪽과 같은 모양으로 쌓으려고 합니다. 옮겨야 할 쌓기나무는 어느 것인가요? (　　　)

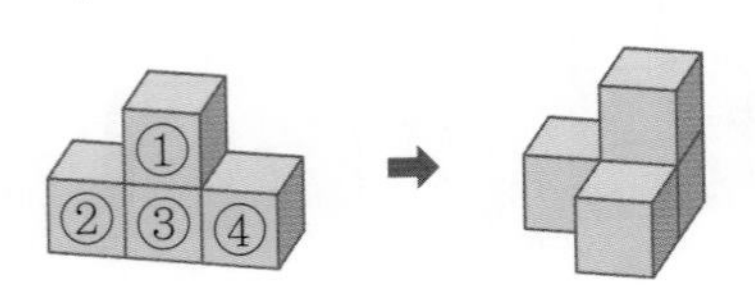


04~05 규칙에 따라 쌓기나무를 쌓았습니다. 물음에 답해 보세요.

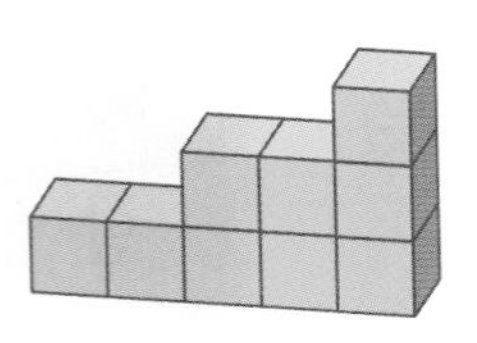

04 1층에 있는 쌓기나무는 3층에 있는 쌓기나무보다 몇 개 더 많은지 구해 보세요.

(　　　　　　　　)

05 쌓기나무를 쌓은 규칙을 찾아 써 보세요.

규칙 ______________________________

______________________________

06 설명을 읽고 쌓기나무를 똑같이 쌓은 모양은 어느 것인가요? (　　　)

1층에 쌓기나무 2개가 옆으로 나란히 있고, 오른쪽 쌓기나무의 뒤에 쌓기나무 2개가 2층으로 있습니다.

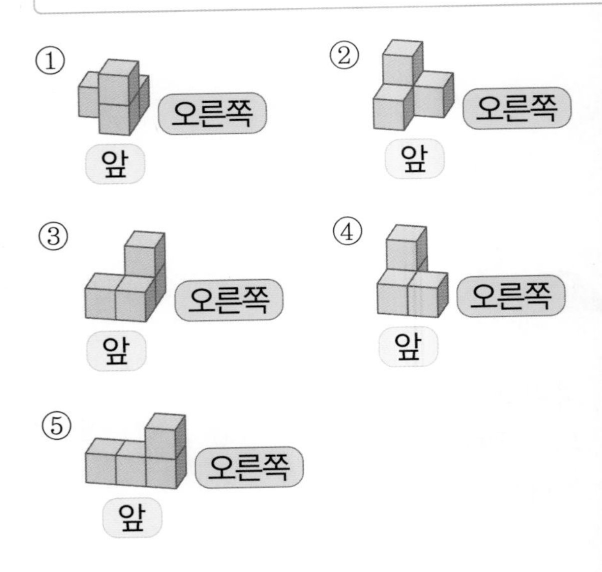

**07** 쌓기나무 5개로 쌓은 모양입니다. 쌓은 모양에 대해 잘못 설명한 것을 찾아 기호를 써 보세요.

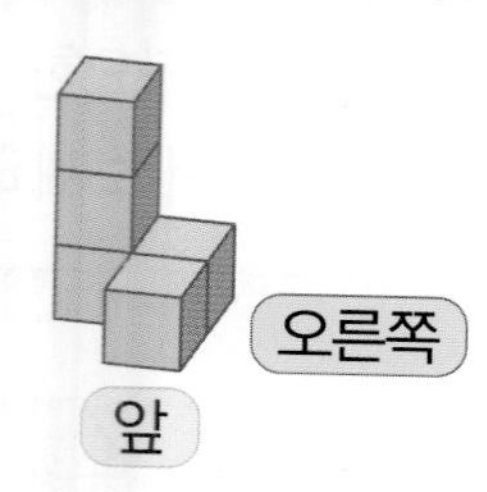


㉠ 1층에 3개, 2층에 1개, 3층에 1개가 있습니다.
㉡ 1층에 쌓기나무 2개가 옆으로 나란히 있고, 왼쪽 쌓기나무의 위에 쌓기나무 2개, 오른쪽 쌓기나무의 뒤에 쌓기나무 1개가 있습니다.
㉢ 1층에 쌓기나무 2개가 옆으로 나란히 있고, 왼쪽 쌓기나무의 위에 쌓기나무 2개, 오른쪽 쌓기나무의 앞에 쌓기나무 1개가 있습니다.

( )

**08** 쌓기나무로 쌓은 모양을 설명하려고 합니다. □ 안에 알맞은 말이나 수를 써넣으세요.

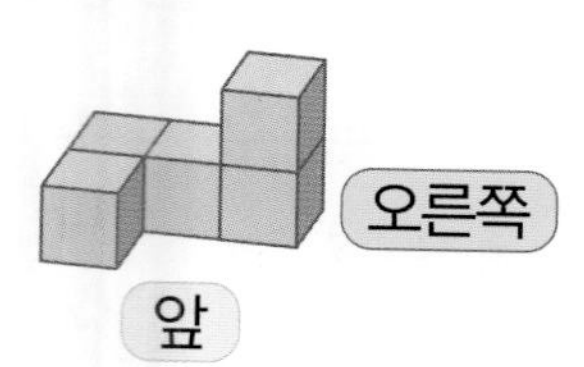


1층에 쌓기나무 3개가 옆으로 나란히 있고, 왼쪽 쌓기나무의 □에 쌓기나무 □개, 오른쪽 쌓기나무의 □에 쌓기나무 □개를 놓습니다.

**09** 실생활 활용

택배 회사에서 배송할 물건을 정리하기 위해 규칙에 따라 상자를 3층으로 쌓았습니다. 상자를 5층으로 쌓으려면 상자는 모두 몇 개 필요한지 구해 보세요.

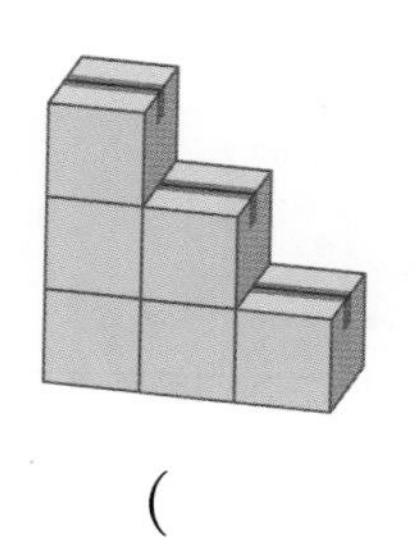

( )

**10** 교과 융합

윤서가 과자 상자를 이용하여 쌓은 건물 모양을 보고 쌓은 모양을 설명해 보세요.

______________________________

______________________________

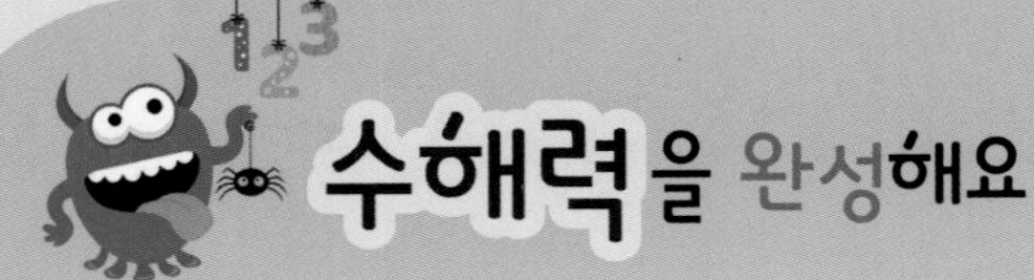


대표 응용 **1**

## 쌓기나무 개수 알아보기

**가와 나 모양으로 똑같이 쌓으려면 쌓기나무가 모두 몇 개 필요한지 구해 보세요.**

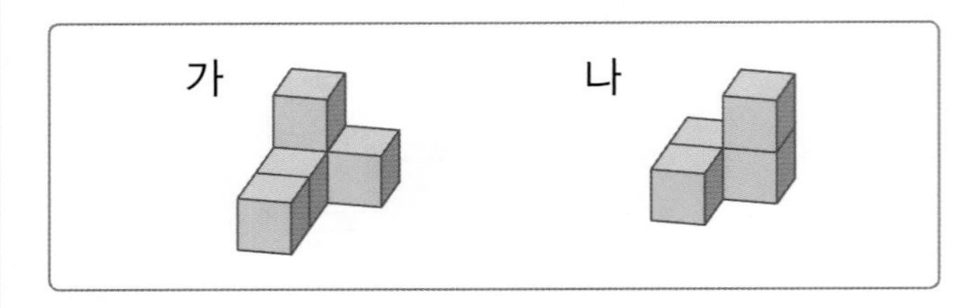


**해결하기**

1단계 가 모양으로 똑같이 쌓으려면 쌓기나무가 1층에 ☐개, 2층에 ☐개 필요하므로 모두 ☐개 필요합니다.

2단계 나 모양으로 똑같이 쌓으려면 쌓기나무가 1층에 ☐개, 2층에 ☐개 필요하므로 모두 ☐개 필요합니다.

3단계 가와 나 모양으로 똑같이 쌓으려면 쌓기나무가 모두 ☐+☐=☐(개) 필요합니다.

## 1-1

**가와 나 모양으로 똑같이 쌓으려면 쌓기나무가 모두 몇 개 필요한지 구해 보세요.**

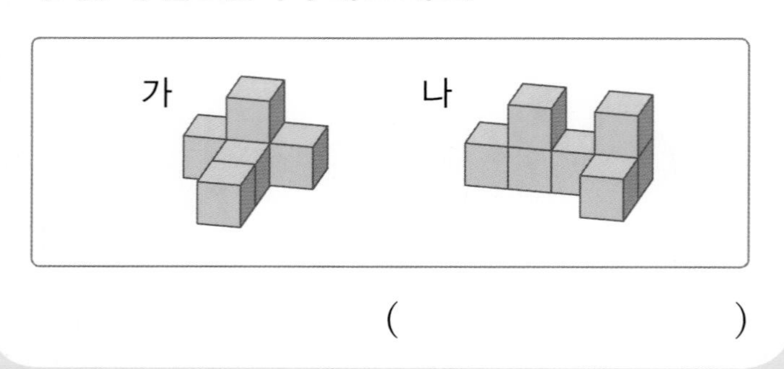


( )

## 1-2

**똑같은 모양으로 쌓을 때 필요한 쌓기나무의 수가 다른 하나를 찾아 기호를 써 보세요.**

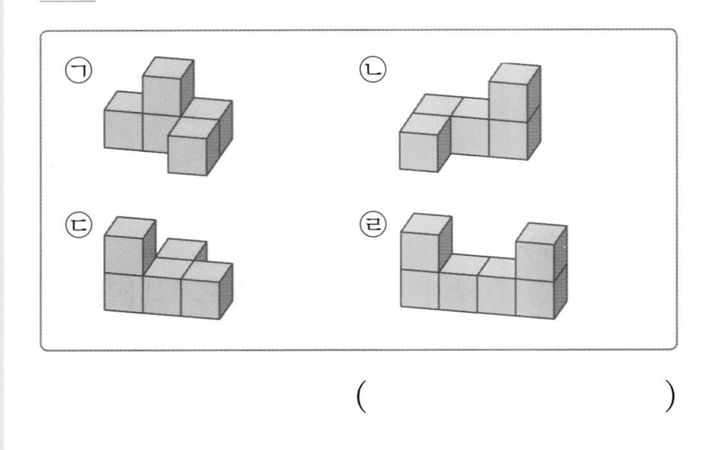


( )

## 1-3

**똑같은 모양으로 쌓으려고 합니다. 가 모양으로 똑같이 쌓을 때 필요한 쌓기나무는 나 모양으로 똑같이 쌓을 때 필요한 쌓기나무보다 몇 개 더 많은지 구해 보세요.**

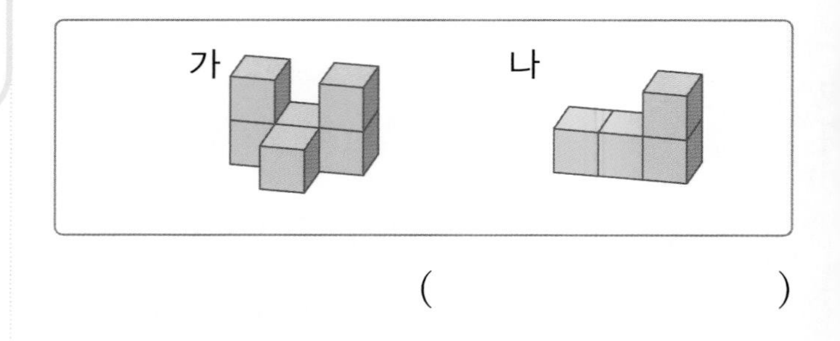


( )

대표 응용 **2** **규칙을 찾아 다음에 이어질 모양 알아보기**

규칙에 따라 쌓기나무를 쌓았습니다. 다음에 이어질 모양에 쌓을 쌓기나무는 몇 개인지 구해 보세요.

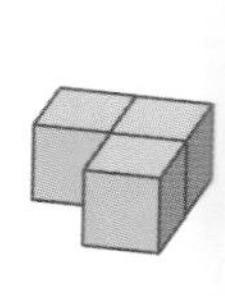 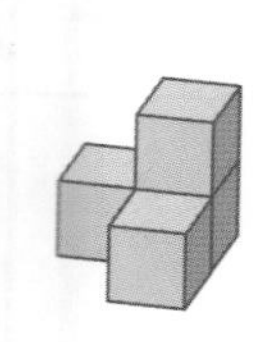 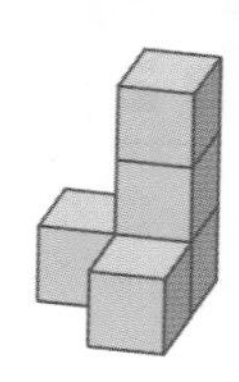

**해결하기**

1단계 쌓기나무의 수를 각각 세어 봅니다.

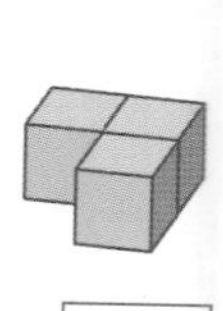 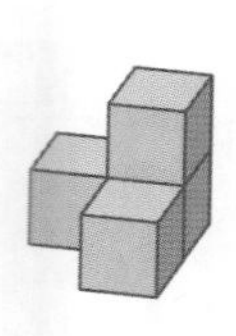 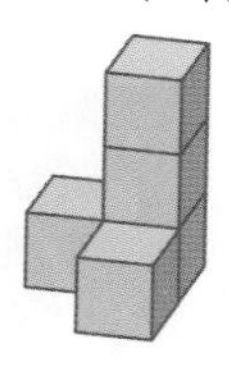

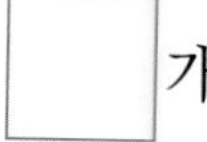 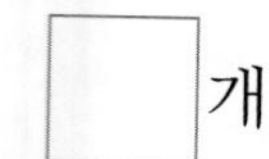 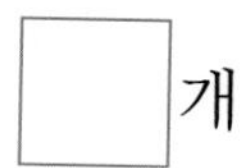

2단계 쌓기나무를 쌓은 규칙을 찾아봅니다.

쌓기나무가 ☐ 개씩 늘어나는 규칙이 있습니다.

3단계 다음에 이어질 모양에 쌓을 쌓기나무는 5개에서 ☐ 개 더 늘어나므로 ☐ 개입니다.

**2-1**

규칙에 따라 쌓기나무를 쌓았습니다. 다음에 이어질 모양에 쌓을 쌓기나무는 몇 개인지 구해 보세요.

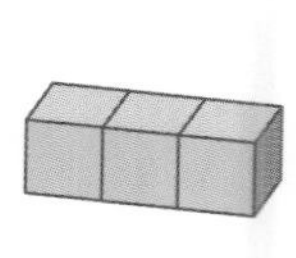 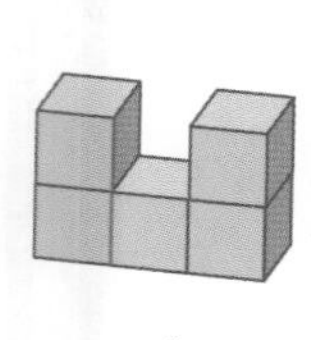 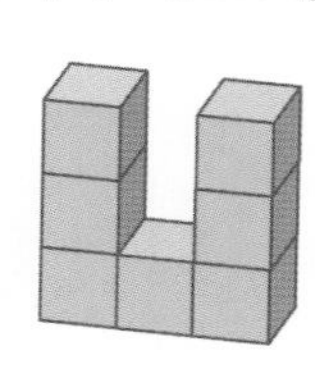

( )

**2-2**

규칙에 따라 쌓기나무를 쌓았습니다. 다섯 번째에 올 모양에 쌓을 쌓기나무는 몇 개인지 구해 보세요.

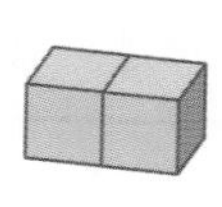 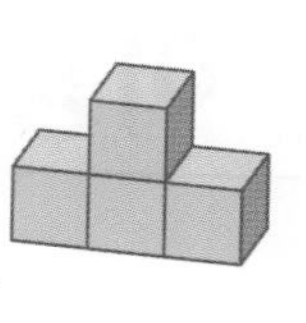 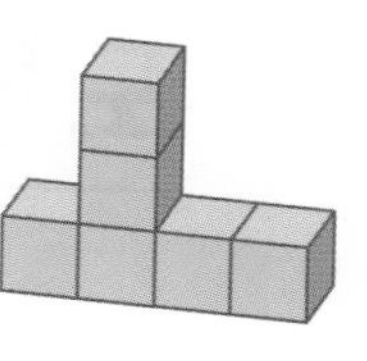

( )

**2-3**

쌓기나무를 쌓은 규칙을 찾아 쓰고, 네 번째 모양까지 쌓으려면 쌓기나무는 모두 몇 개 필요한지 구해 보세요.

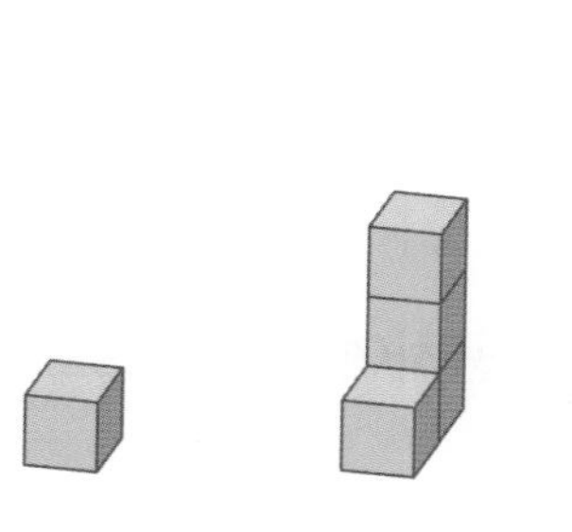 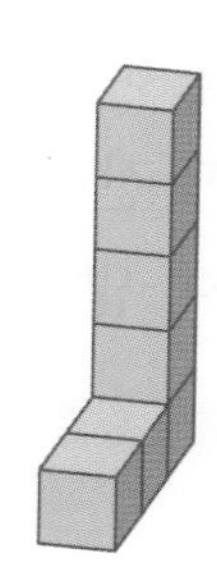

규칙 ______________________

______________________

( )

# 도형을 이용하여 멋진 그림을 그릴 수 있어요

미술관에서 멋진 작품들을 본 적이 있나요? 멋진 그림을 그릴 때에도 우리가 배운 삼각형, 사각형, 원을 이용한답니다.

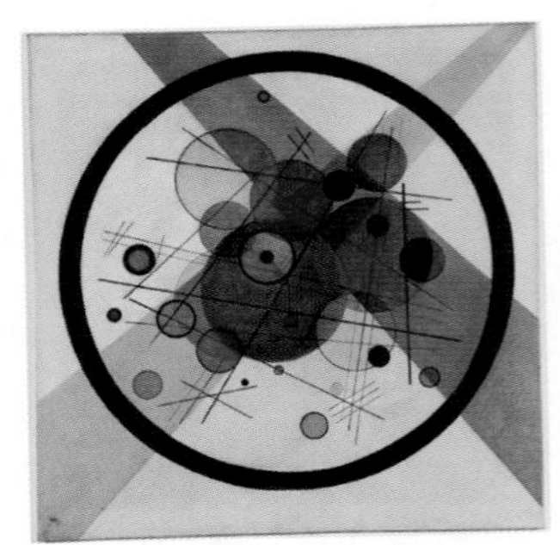
칸딘스키 〈원 속의 원〉

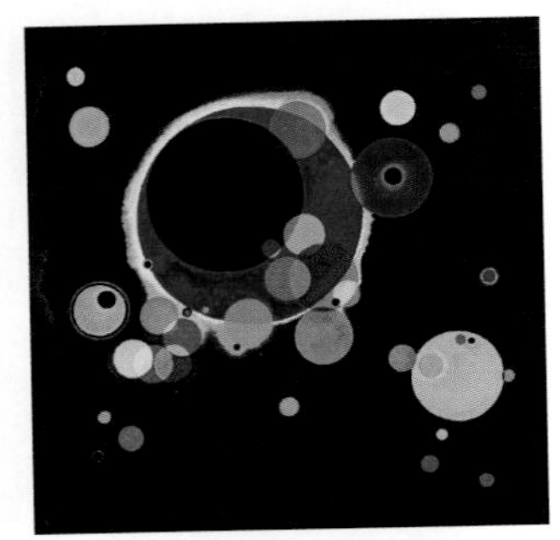
칸딘스키 〈여러 개의 원〉

위 그림들은 러시아 출신의 화가인 칸딘스키가 그린 작품이에요. 어떤 도형을 이용하였나요? 맞아요. 우리가 배운 원을 이용하여 그린 작품이에요. 원으로 이렇게 멋진 작품을 만들 수 있다니 놀랍죠? 칸딘스키가 그린 작품 중에는 원을 이용한 것이 많다고 해요.

**활동 1** **원을 이용하여 멋진 그림을 그려 보세요.**

몬드리안 〈빨강, 노랑, 파랑, 검정이 있는 구성〉

왼쪽 그림은 사각형을 이용하여 그린 작품이에요. 네덜란드 화가인 몬드리안이 그린 작품인데 '질서와 균형의 아름다움'을 표현하기 위해 이렇게 그렸다고 해요. 사각형이 몇 개 있는지 한 번 세어 보세요.

그렇다면 삼각형을 이용한 작품은 없을까요? 삼각형, 사각형, 원을 함께 이용한 그림들이 있어요. 삼각형, 사각형, 원이 각각 어디에 있는지 살펴보세요.

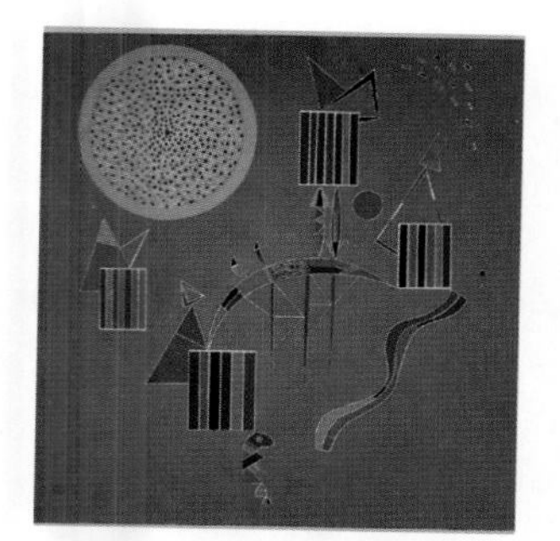
칸딘스키 〈마음 속의 축제〉

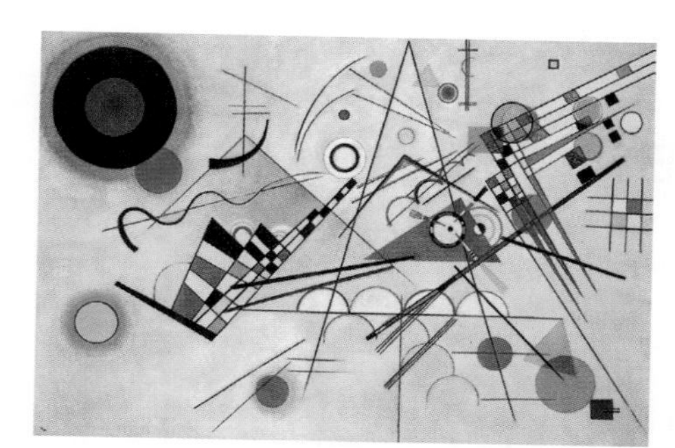
칸딘스키 〈구성 8〉

**활동2 삼각형과 사각형을 이용하여 멋진 그림을 그려 보세요.**

우리가 수학 시간에 배운 여러 가지 도형을 멋진 미술 작품 속에서 발견할 수 있다니 놀랍고 신기하지요? 이렇게 미술에서도 여러 가지 도형이 사용되고 있음을 알 수 있답니다.

# 02 단원

# 길이 재기

등장하는 주요 **수학 어휘**

**cm**, **m**, **단위**, **어림**

## 1 여러 가지 단위로 길이 재기

연습 강화 | 학습 계획: 월 일

**개념 1** 뼘으로 물건의 길이를 재어 볼까요

**개념 2** 여러 가지 단위로 물건의 길이를 재어 볼까요

## 2 1 cm 알아보기

연습 강화 

학습 계획: 월 일

**개념 1** 1 cm를 알아볼까요

**개념 2** 길이를 어림해 볼까요(1)

## 3 1 m 알아보기

연습 강화 

학습 계획: 월 일

**개념 1** 1 m를 알아볼까요

**개념 2** 길이를 어림해 볼까요(2)

## 4 길이의 합과 차 구하기

연습 강화 

학습 계획: 월 일

**개념 1** 길이의 합을 구해 볼까요

**개념 2** 길이의 차를 구해 볼까요

만보기로 걸음 수를 세어 볼 거야.

나도나도!

하하 그러자꾸나. 너희들은 빨리 달리렴. 나는 천천히 걸을게.

아빠가 천천히 걸어도 우리보다는 한 걸음이 커서 따라잡기가 힘들어.

우리 걸음으로 우리가 걸은 길이를 잴 수 있을까?
우리 가족이 걸은 걸음은 모두 몇 걸음일까?

이번 2단원에서는
길이 재기에 대해 배울 거예요.
이번 단원을 다 배우고 나면 길이 재기를 잘 알 수 있게 될 거예요.

## 개념 1 뼘으로 물건의 길이를 재어 볼까요

### 알고 있어요!

- 두 가지 물건의 길이 비교하기

바게트와 단팥빵을 바구니에 함께 담았습니다.

바게트는 단팥빵보다 더 깁니다.
단팥빵은 바게트보다 더 짧습니다.

바게트를 종이 상자에 담아서 보관하려고 해요.

종이 상자 안에 바게트가 들어갈까요?

### 알고 싶어요!

뼘으로 재어 보아요

빵의 길이가 얼마인지 알고 싶어요.
손가락을 한껏 벌린 길이를 뼘이라고 해요.

이런! 도구가 없네요. 이럴 때는 손을 단위로 사용하면 됩니다. 손은 언제든지 길이를 재는 도구로 사용할 수 있어요.

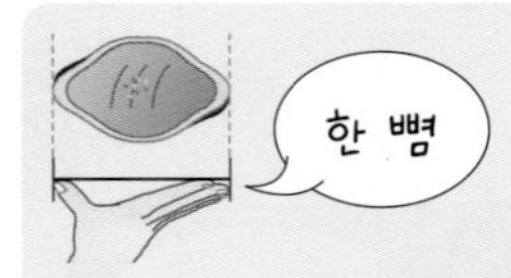


단팥빵의 길이는 한 뼘쯤이에요.

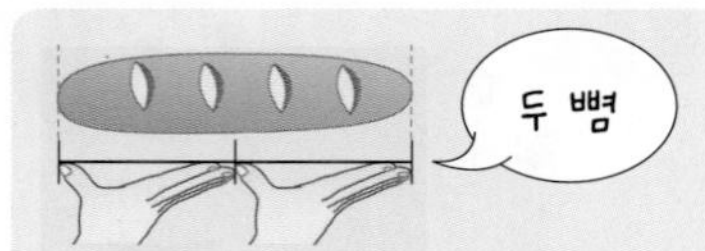


바게트의 길이는 2뼘쯤이에요.

빵을 상자에 넣으려면 상자의 길이와 빵의 길이를 알아야 해요.

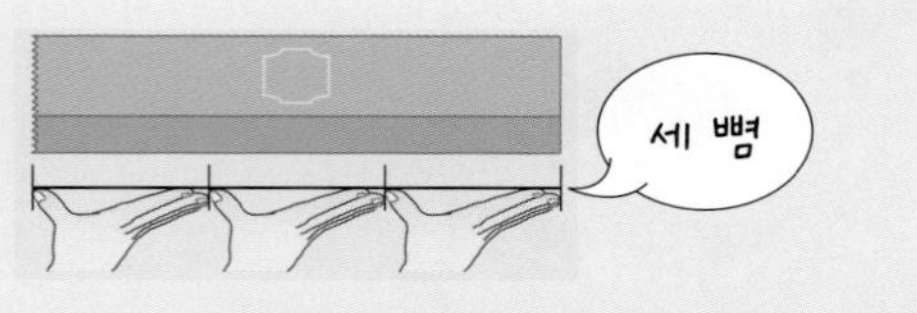


종이 상자의 길이는 3뼘쯤이에요.

종이 상자 안에 바게트가 들어갈 수 있어요!

길이 대어 보기 → 뼘으로 길이 재기 → 길이 알기

[단위가 될 수 있는 것]

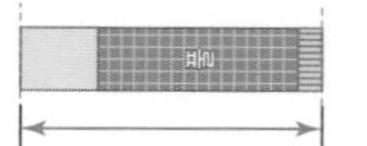

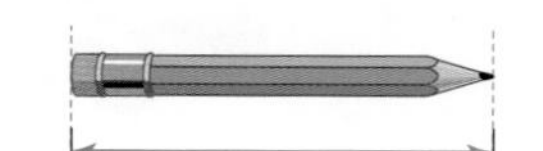

단단한 물건은 길이를 재는 단위로 사용할 수 있어요.

[단위가 될 수 없는 것]

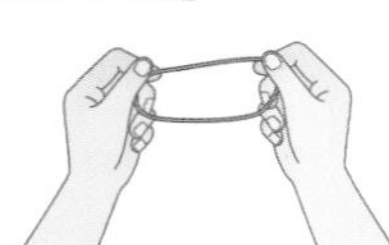

고무줄은 늘었다 줄었다 하기 때문에 단위로 사용할 수 없어요.

## 개념 2 여러 가지 단위로 물건의 길이를 재어 볼까요

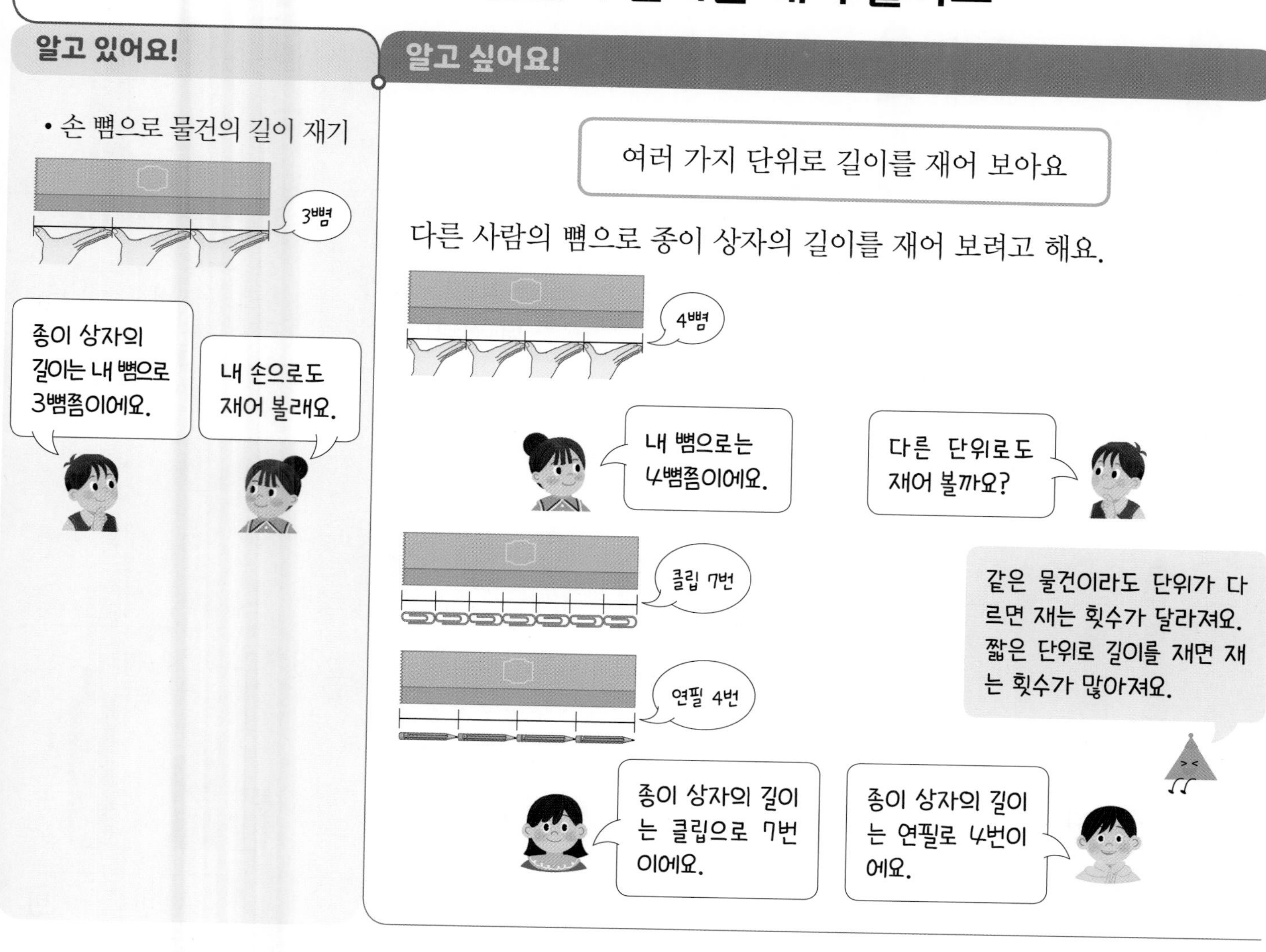

알고 있어요!
• 손 뼘으로 물건의 길이 재기
3뼘
종이 상자의 길이는 내 뼘으로 3뼘쯤이에요.
내 손으로도 재어 볼래요.
알고 싶어요!
여러 가지 단위로 길이를 재어 보아요
다른 사람의 뼘으로 종이 상자의 길이를 재어 보려고 해요.
4뼘
내 뼘으로는 4뼘쯤이에요.
다른 단위로도 재어 볼까요?
클립 7번
연필 4번
같은 물건이라도 단위가 다르면 재는 횟수가 달라져요. 짧은 단위로 길이를 재면 재는 횟수가 많아져요.
종이 상자의 길이는 클립으로 7번이에요.
종이 상자의 길이는 연필로 4번이에요.


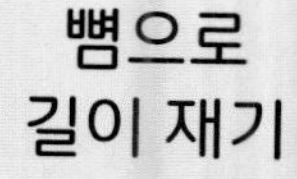
뼘으로 길이 재기

여러 가지 단위로 길이 재기

➡ 단위와 재는 횟수 사이의 관계 알기

[한 뼘의 길이와 한 발의 길이는 사람마다 달라요]

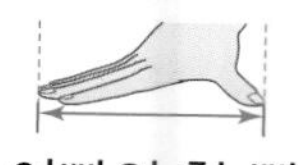
아빠의 한 뼘

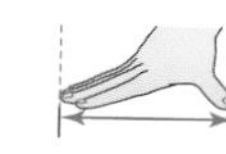
나의 한 뼘

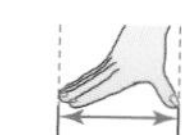
동생의 한 뼘

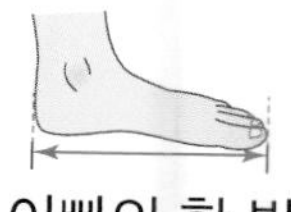
아빠의 한 발

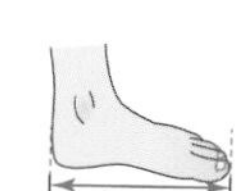
나의 한 발

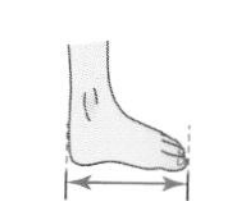
동생의 한 발

단위가 짧으면 여러 번 재야 하고, 단위가 길면 적게 재도 됩니다.

# 수해력을 확인해요

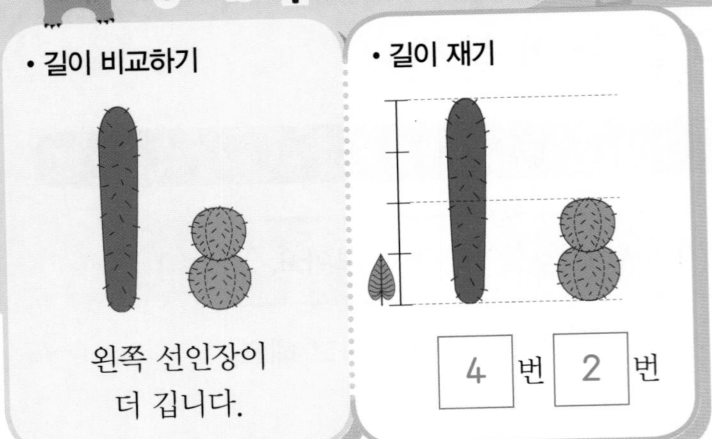

• 길이 비교하기
왼쪽 선인장이
더 깁니다.
• 길이 재기
4 번 2 번


**01~05 여러 가지 단위로 길이를 잰 것입니다. □ 안에 알맞은 수를 써넣으세요.**

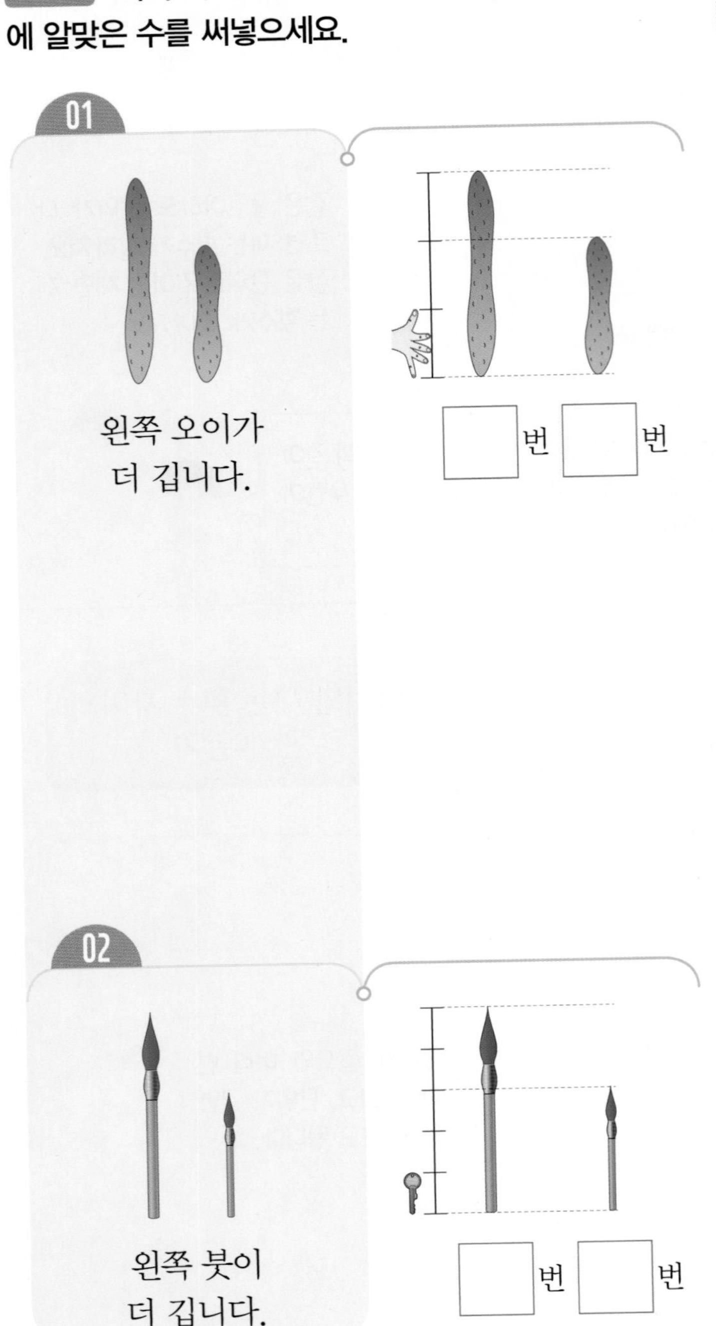

01
왼쪽 오이가
더 깁니다.
번 번
02
왼쪽 붓이
더 깁니다.
번 번


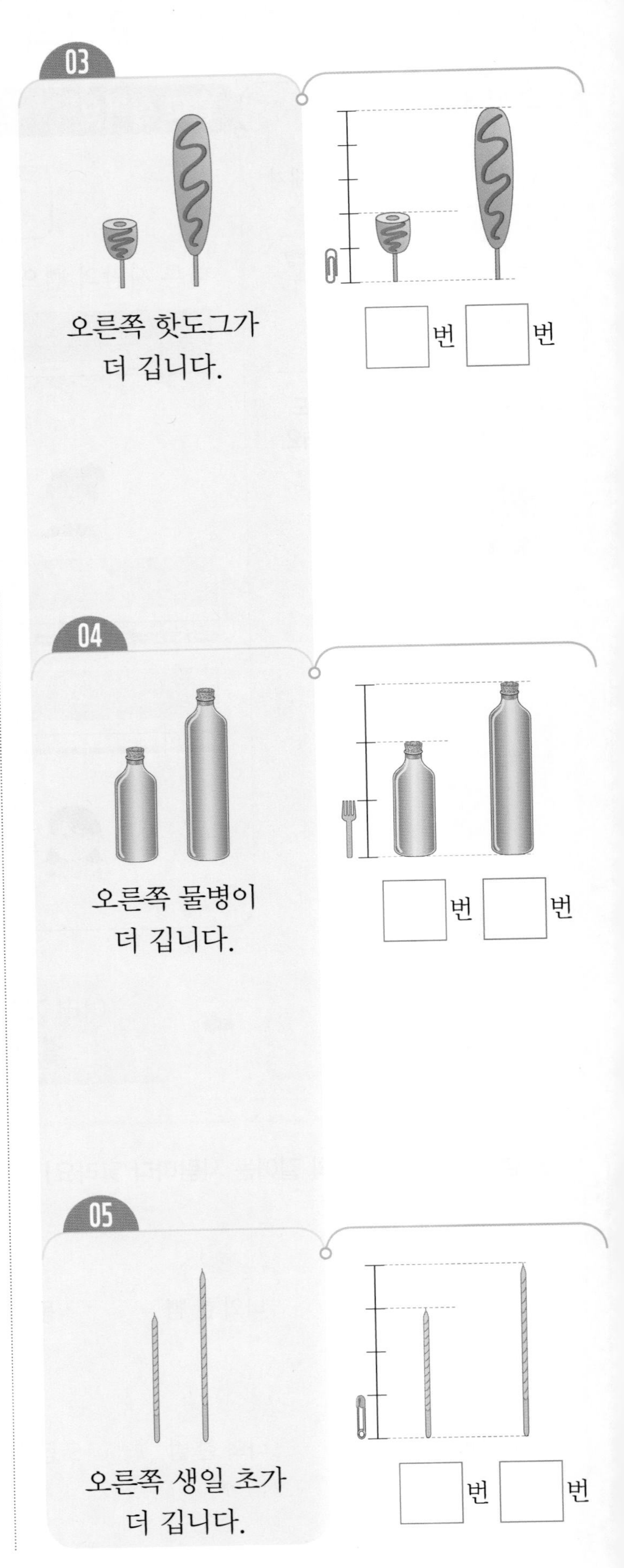

03
오른쪽 핫도그가
더 깁니다.
번 번
04
오른쪽 물병이
더 깁니다.
번 번
05
오른쪽 생일 초가
더 깁니다.
번 번

• 단위의 길이 비교하기

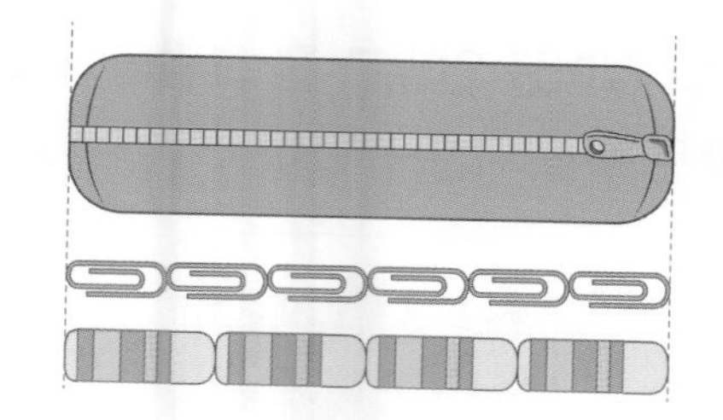

필통의 길이는 클립으로 ( 6 )번,
지우개로 ( 4 )번입니다.
클립과 지우개 중 재는 횟수가 더 적은 것은
( 지우개 )이므로 길이가 더 긴 것은
( 지우개 )입니다.

**06~10 여러 가지 단위로 필통의 길이를 재어 보세요.**

06

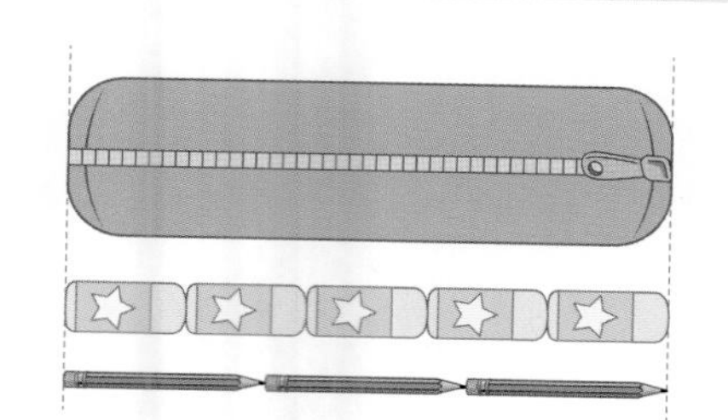

필통의 길이는 지우개로 (        )번,
연필로 (        )번입니다.
지우개와 연필 중 재는 횟수가 더 많은 것은
(        )이므로 길이가 더 짧은 것은
(        )입니다.

07

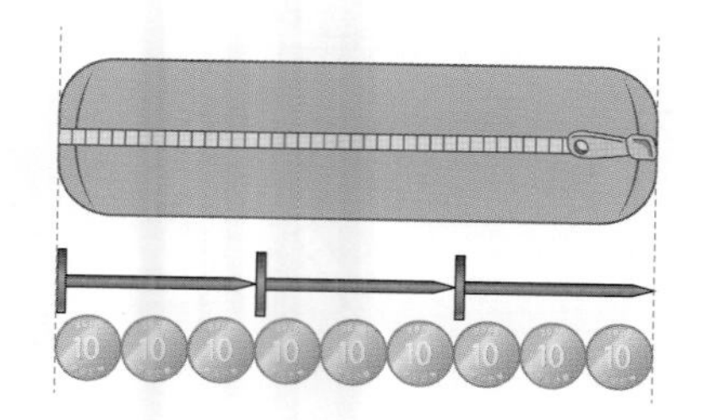

필통의 길이는 못으로 (        )번,
동전으로 (        )번입니다.
못과 동전 중 재는 횟수가 더 적은 것은
(        )이므로 길이가 더 긴 것은
(        )입니다.

08

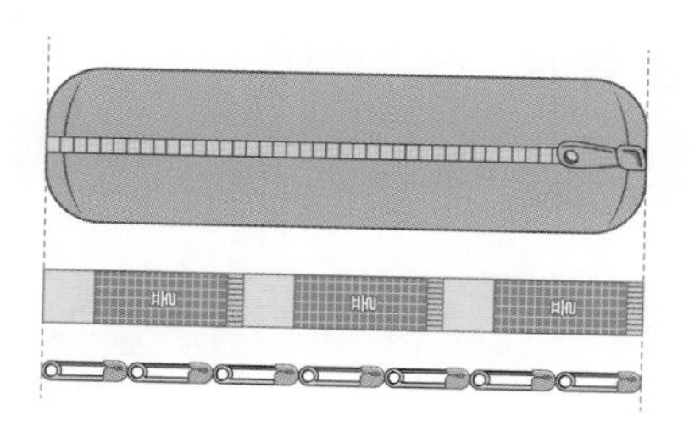

필통의 길이는 풀로 (        )번,
옷핀으로 (        )번입니다.
풀과 옷핀 중 재는 횟수가 더 적은 것은
(        )이므로 길이가 더 긴 것은
(        )입니다.

09

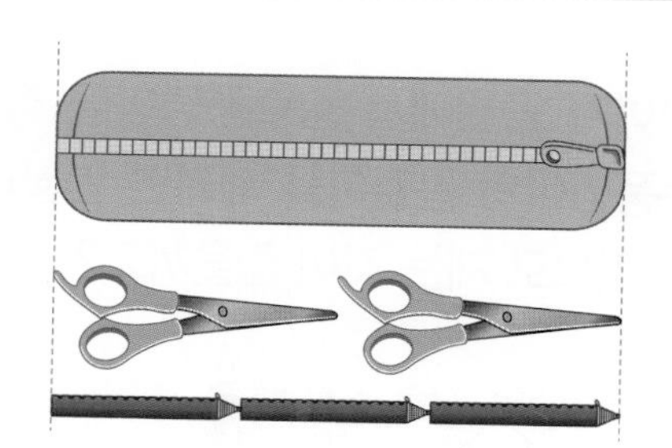

필통의 길이는 가위로 (        )번,
색연필로 (        )번입니다.
가위와 색연필 중 재는 횟수가 더 적은 것은
(        )이므로 길이가 더 긴 것은
(        )입니다.

10

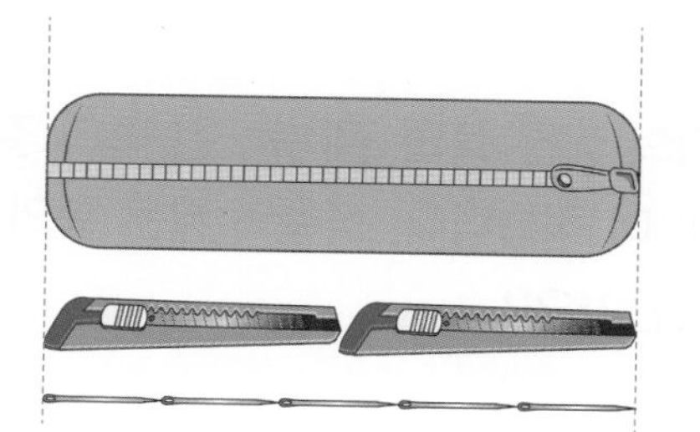

필통의 길이는 칼로 (        )번,
바늘로 (        )번입니다.
칼과 바늘 중 재는 횟수가 더 많은 것은
(        )이므로 길이가 더 짧은 것은
(        )입니다.

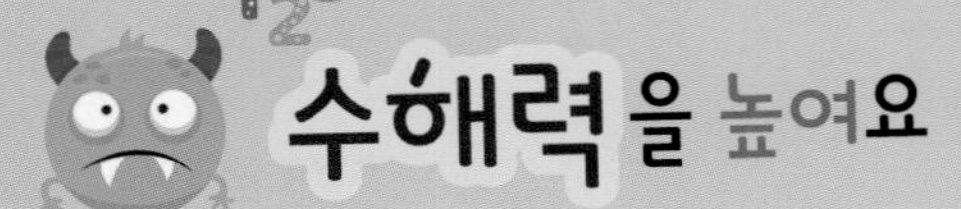


# 수해력을 높여요

**01** 천 가방과 그림책의 길이를 뼘으로 재었습니다. 알맞은 말에 ○표 하세요.

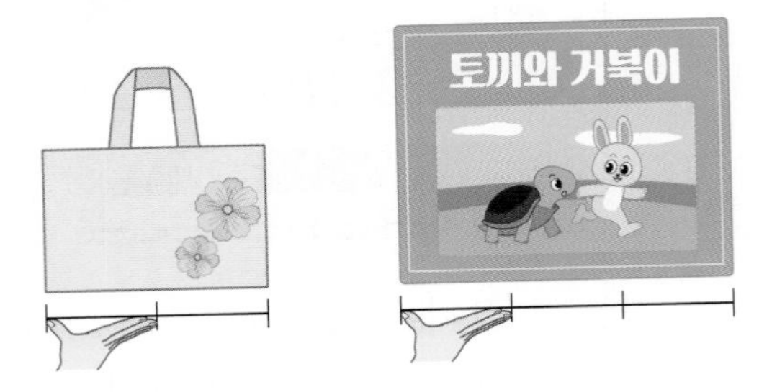


그림책이 천 가방에
( 들어갑니다 , 들어가지 않습니다 ).

**02** 유성이가 공원에서 장수풍뎅이를 잡았습니다. 장수풍뎅이의 몸길이를 재려면 연필과 클립 중 어느 것으로 재는 것이 좋을까요?

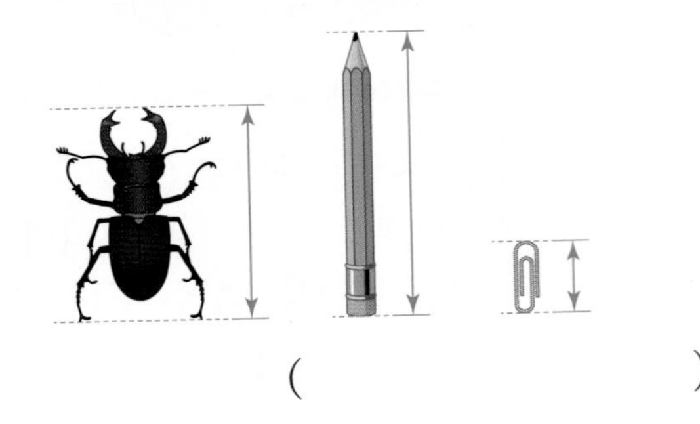

(　　　　　　　　)

**03** 식탁의 짧은 쪽의 길이는 긴 쪽의 길이보다 두 뼘이 더 적습니다. 식탁의 짧은 쪽의 길이는 몇 뼘쯤인가요?

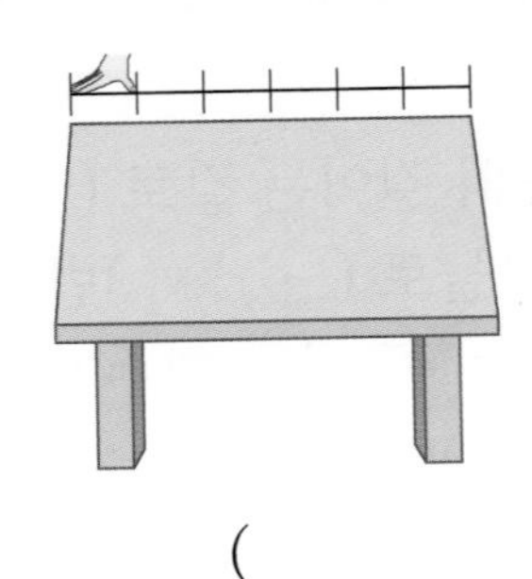

(　　　　　　　　)

**04** 교과 융합

도화지의 길이를 연필로 잰 그림을 보고 □ 안에 알맞은 수를 써넣으세요.

도화지의 짧은 쪽의 길이는 연필로 □번이고, 긴 쪽의 길이는 연필로 □번입니다.

**05** 실생활 활용

현우는 시계와 상자의 길이를 같은 크레파스로 재어 보았습니다. 시계를 넣을 수 있는 상자를 찾아 기호를 써 보세요.

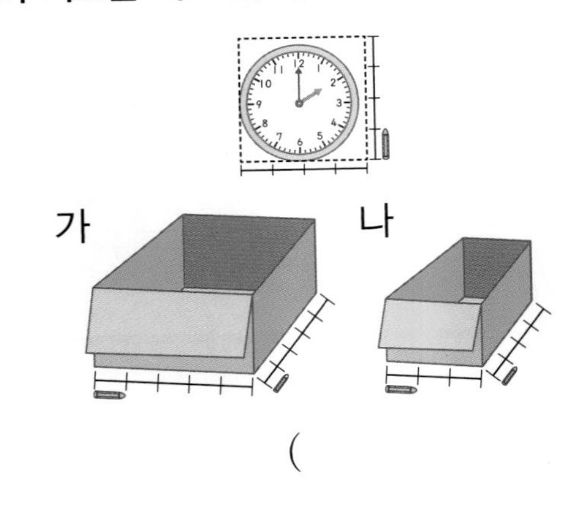


(　　　　　　　　)

# 수해력을 완성해요

정답과 풀이 9쪽

대표 응용 1

## 길이가 가장 긴 것 찾기

연필로 선생님 책상의 짧은 쪽의 길이를 재어 보았습니다. 수민이의 연필로 7번쯤, 단아의 연필로 8번쯤, 미소의 연필로 5번쯤이었습니다. 누구의 연필이 가장 긴지 구해 보세요.

**해결하기**

1단계 길이를 재는 단위가 길수록 재는 횟수가 ( 많습니다 , 적습니다 ).

2단계 연필로 재는 횟수가 적은 것부터 순서대로 나열해 봅니다.

□번 $<$ □번 $<$ □번

3단계 연필로 재는 횟수가 가장 적은 것은 □번이므로 □의 연필이 가장 깁니다.

### 1-1

우산으로 철봉의 긴 쪽의 길이를 재어 보았습니다. 수민이의 우산으로 7번쯤, 단아의 우산으로 12번쯤, 미소의 우산으로 15번쯤이었습니다. 누구의 우산이 가장 긴지 구해 보세요.

(　　　　　　　　)

### 1-2

장작으로 텐트의 가장 긴 쪽의 길이를 재어 보았습니다. 수민이의 장작으로 10번쯤, 단아의 장작으로 12번쯤, 미소의 장작으로 8번쯤이었습니다. 누구의 장작이 가장 짧은지 구해 보세요.

(　　　　　　　　)

### 1-3

나뭇가지로 옥수수의 길이를 재어 보았습니다. 수민이의 나뭇가지로 7번쯤, 단아의 나뭇가지로 2번쯤, 미소의 나뭇가지로 5번쯤이었습니다. 누구의 나뭇가지가 가장 긴지 구해 보세요.

(　　　　　　　　)

### 1-4

장난감 차로 모형 기차의 길이를 재어 보았습니다. 수민이의 장난감 차로 9번쯤, 단아의 장난감 차로 7번쯤, 미소의 장난감 차로 3번쯤이었습니다. 누구의 장난감 차가 가장 긴지 구해 보세요.

(　　　　　　　　)

## 개념 1 1 cm를 알아볼까요

### 알고 있어요!

• 길이 비교하기

더 길다

더 짧다

• 여러 가지 단위로 길이 재기

클립으로 7번

지우개로 5번

같은 물건인데도 다른 단위로 재니까 값이 달라.

그러니까 누구나 똑같은 도구로 재야 해.

### 알고 싶어요!

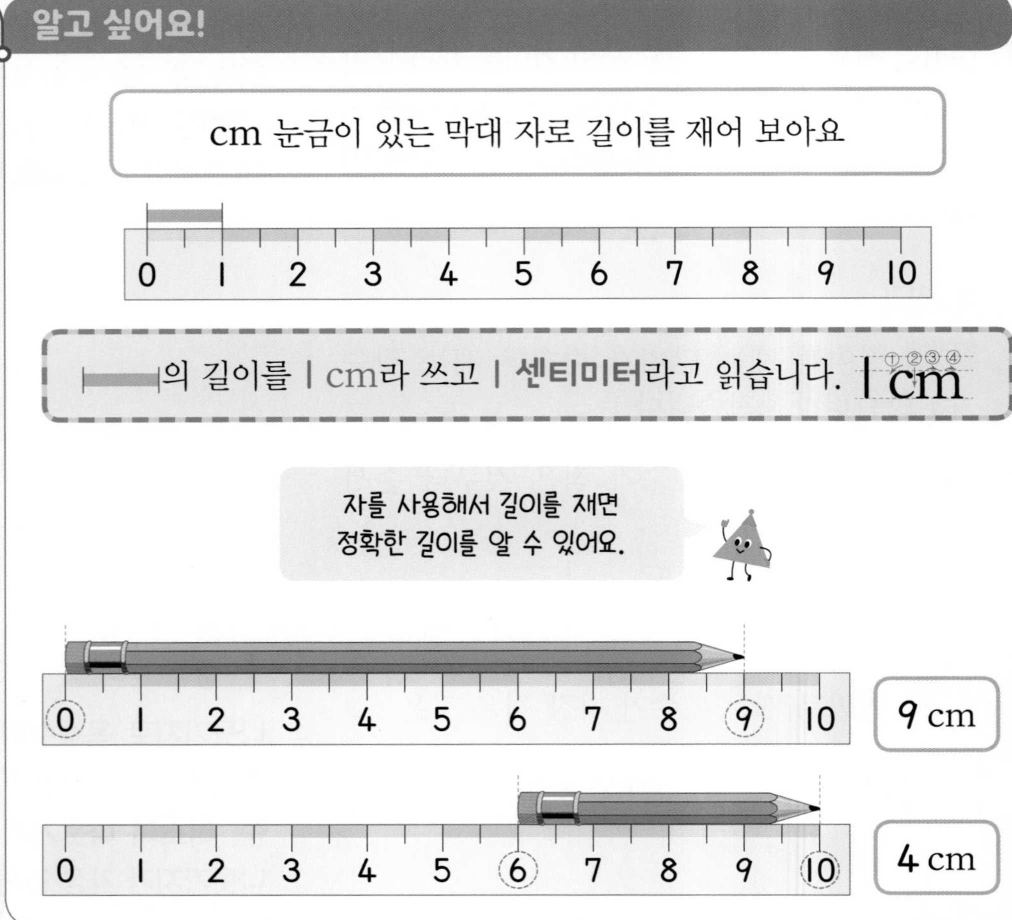

cm 눈금이 있는 막대 자로 길이를 재어 보아요
0 1 2 3 4 5 6 7 8 9 10
의 길이를 1 cm라 쓰고 1 센티미터라고 읽습니다. 1 cm
자를 사용해서 길이를 재면 정확한 길이를 알 수 있어요.
0 1 2 3 4 5 6 7 8 9 10
9 cm
0 1 2 3 4 5 6 7 8 9 10
4 cm


여러 가지 단위로 길이 재기 ➡ 1 cm 단위로 길이 재기

[올바른 자 사용법 ]

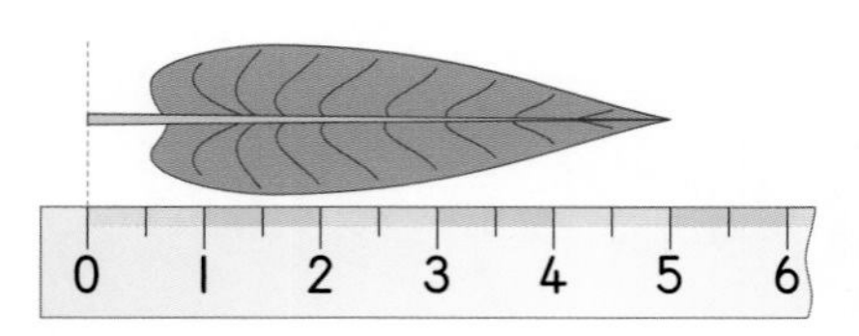


1단계: 물건의 한쪽 끝을 자의 눈금 0에 맞춥니다.

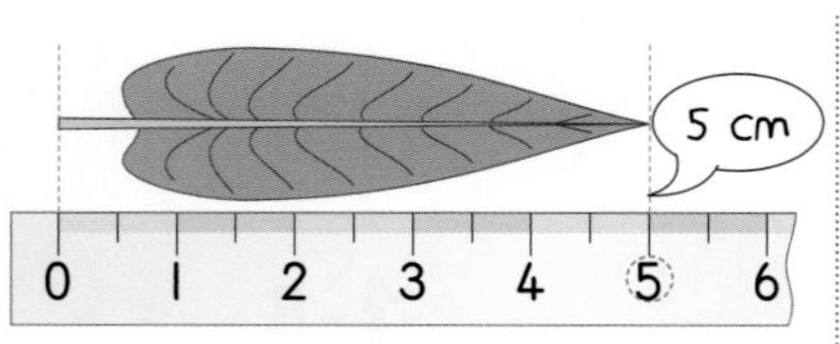


2단계: 물건의 다른 쪽 끝에 있는 자의 눈금을 읽습니다.

[올바르지 않은 자 사용법]

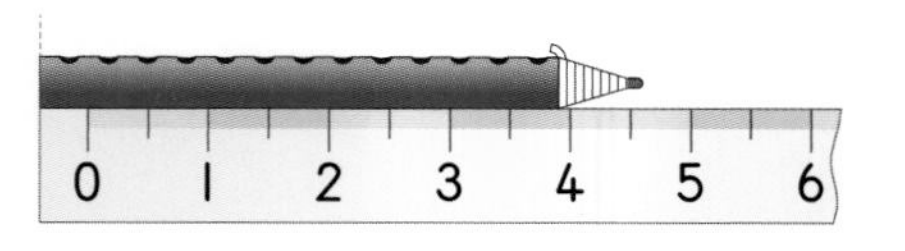


➡ 물건의 한쪽 끝을 자의 눈금 0에 맞추어야 해요.

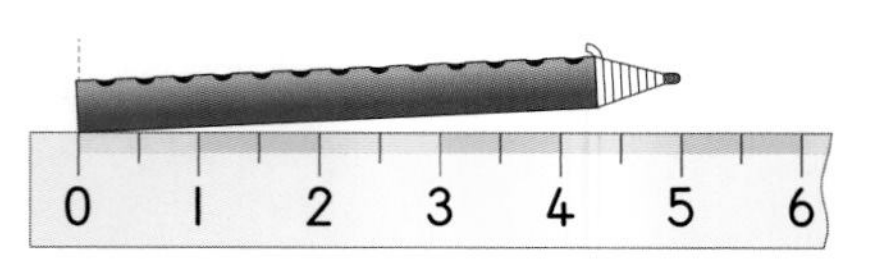


➡ 물건을 자에 딱 붙여서 재야 해요.

# 개념 2 길이를 어림해 볼까요 (1)

## 알고 있어요!

• 자로 연필의 길이 재기

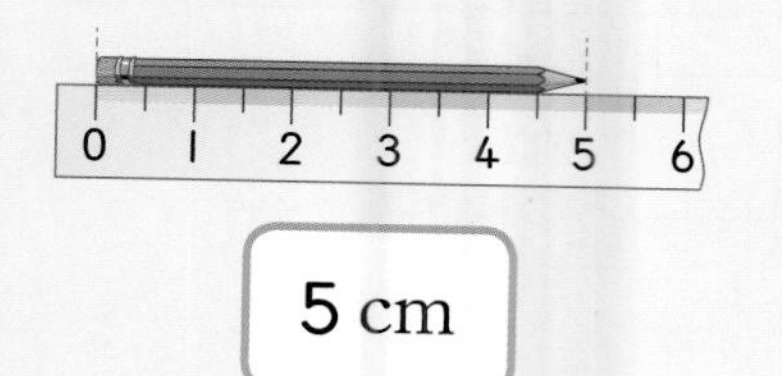

5 cm

연필이 눈금에 정확히 맞지 않을 때는 어떻게 할까?

자가 없을 때는 어떻게 잴까?

## 알고 싶어요!

연필의 길이를 어림해 보아요

(1) 자가 있지만 물건이 자의 눈금에 정확히 맞지 않을 때

길이가 자의 눈금 사이에 있을 때는 가까이에 있는 쪽의 숫자를 읽으며 숫자 앞에 약을 붙여 말해요.

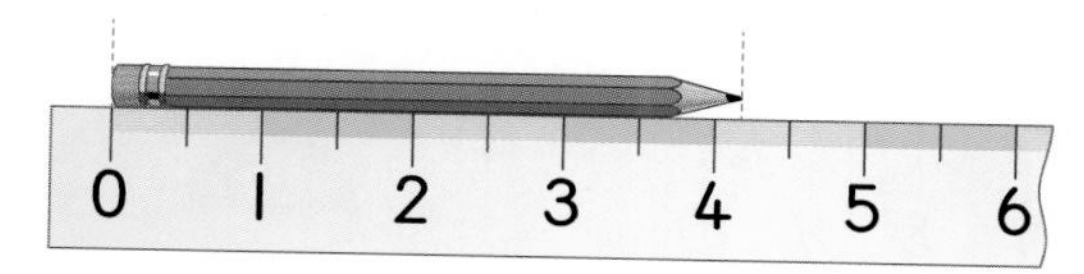

4 cm에 더 가까워요. 그런데 정확한 수치는 아니라서 약 4 cm라고 해요.

(2) 자가 없을 때

몸의 부분이나 다른 물건으로 연필의 길이를 어림해요.

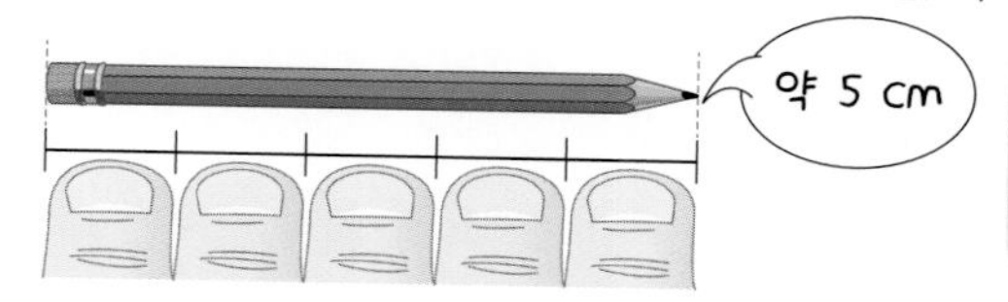


내 엄지손톱의 길이는 약 1 cm예요.

1 cm 알기 ➡ 1 cm 단위로 어림하기

[가까이 있는 쪽의 숫자를 읽어요]

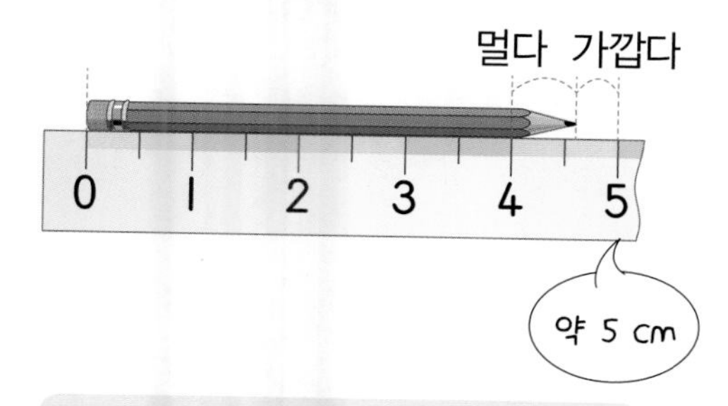


5 cm에 더 가까워요. 이럴 때는 '약 5 cm'라고 해요.

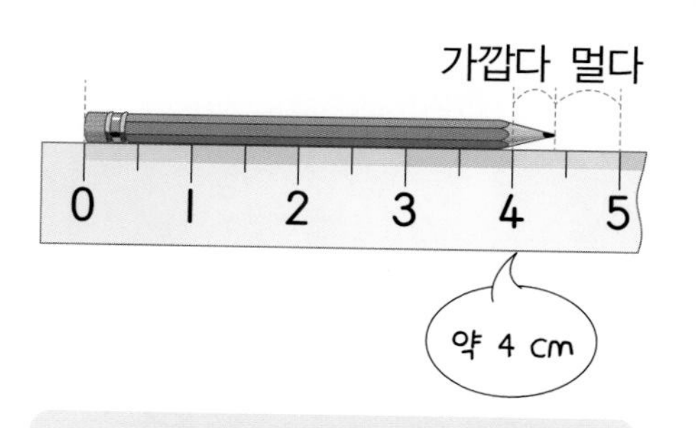


4 cm에 더 가까워요. 이럴 때는 '약 4 cm'라고 해요.

# 수해력을 확인해요

• 연필의 길이 재기

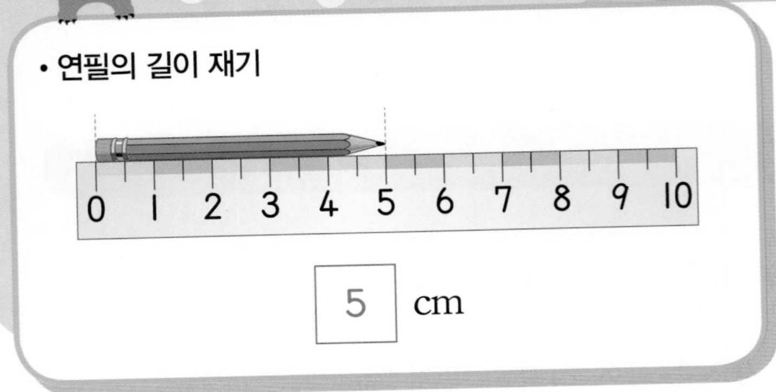


5 cm

**01~07** 연필의 길이는 몇 cm인지 써 보세요.

**01**

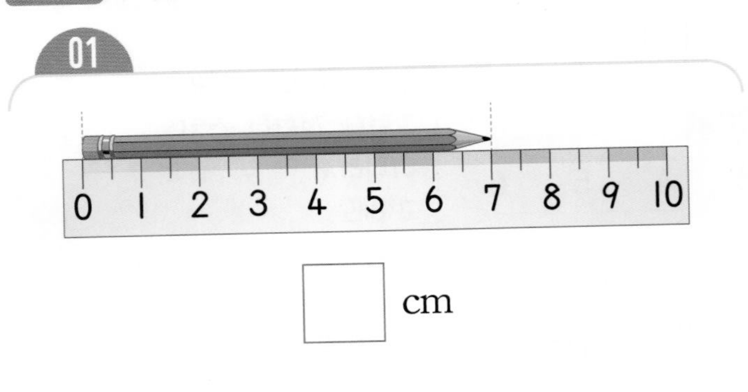


☐ cm

**02**

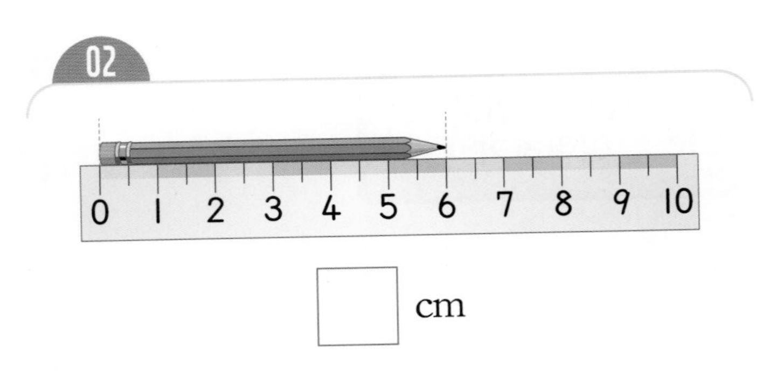


☐ cm

**03**

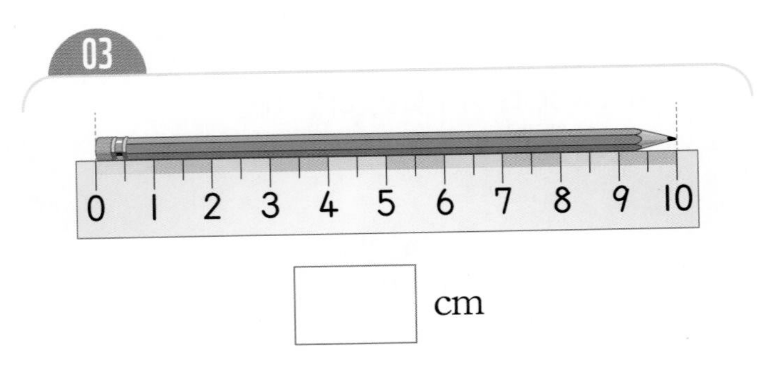


☐ cm

**04**

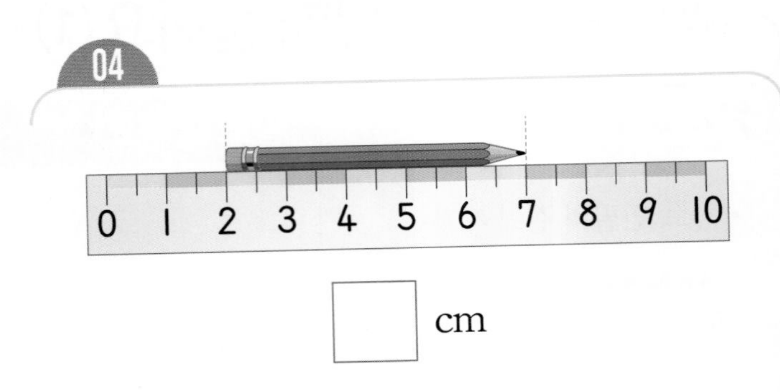


☐ cm

**05**

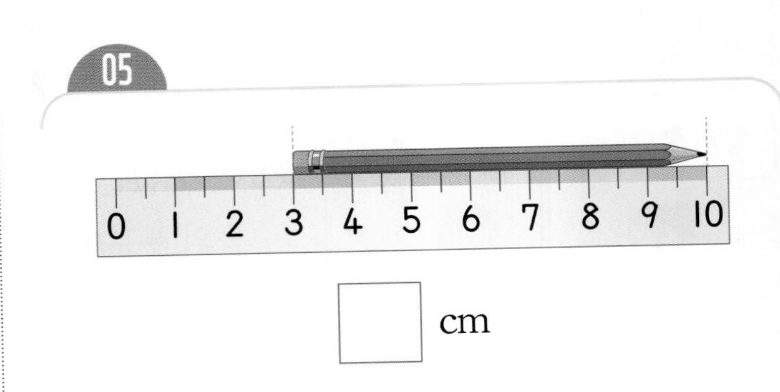


☐ cm

**06**

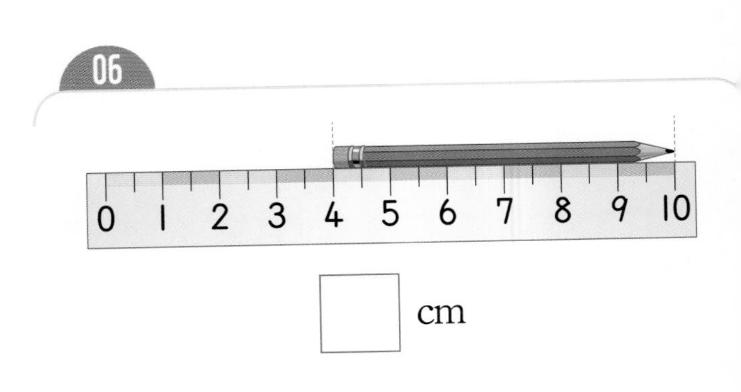


☐ cm

**07**

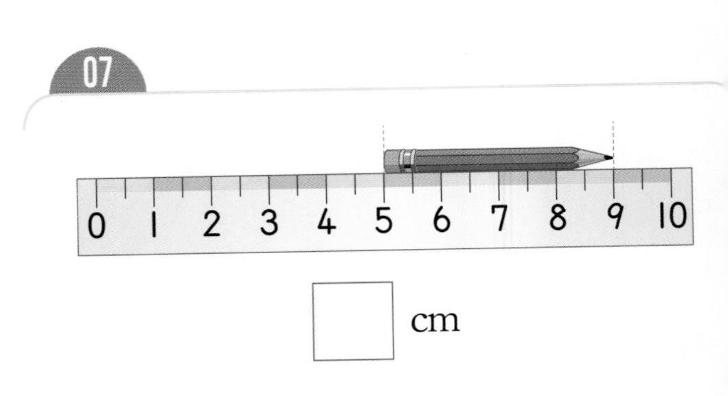


☐ cm

• 연필의 길이 어림하기

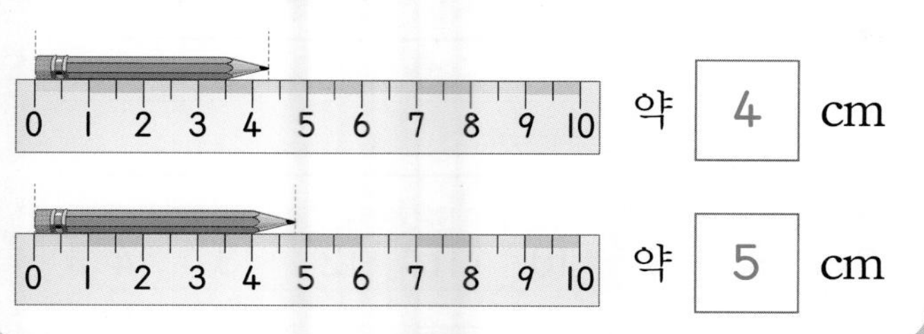


08~14 연필의 길이는 약 몇 cm인지 써 보세요.

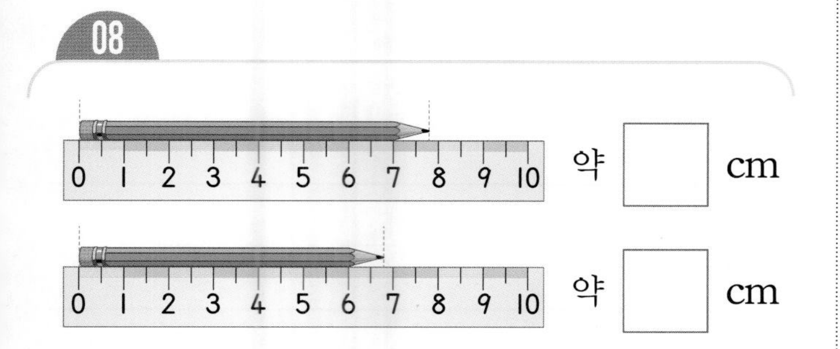


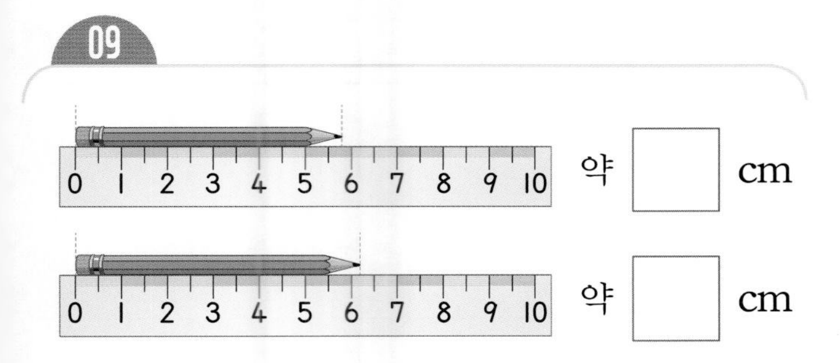


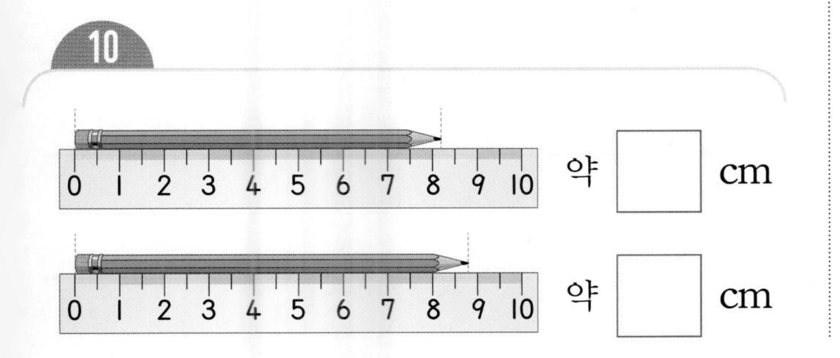


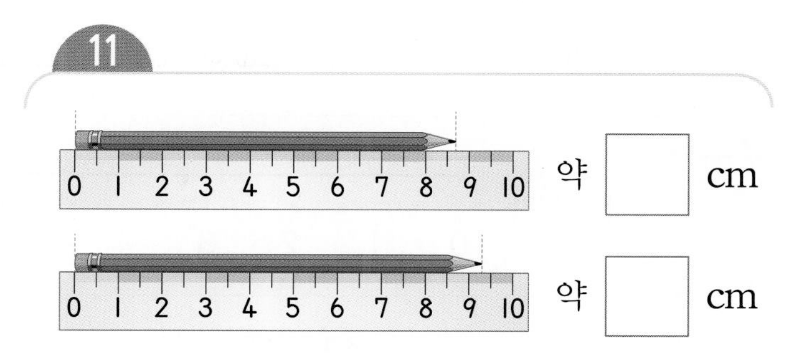


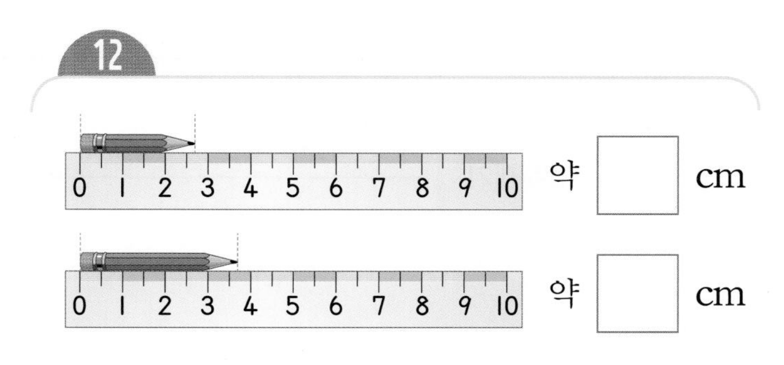


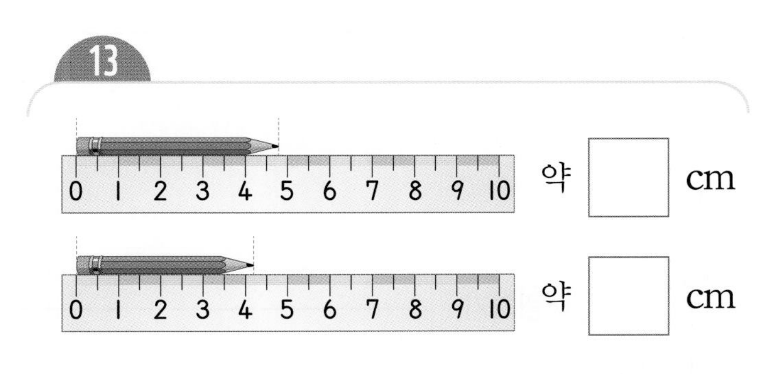


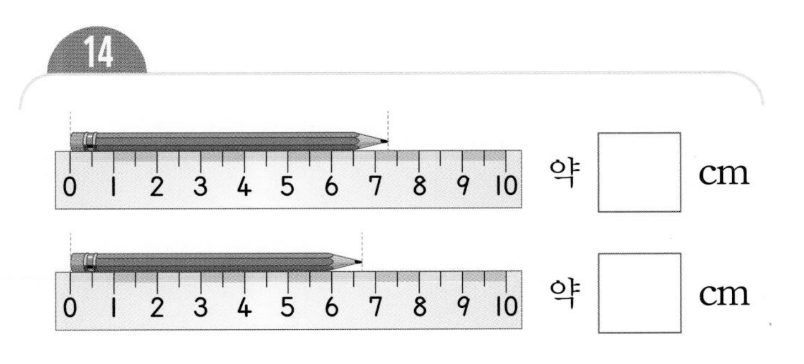

# 수해력을 확인해요

정답과 풀이 10쪽

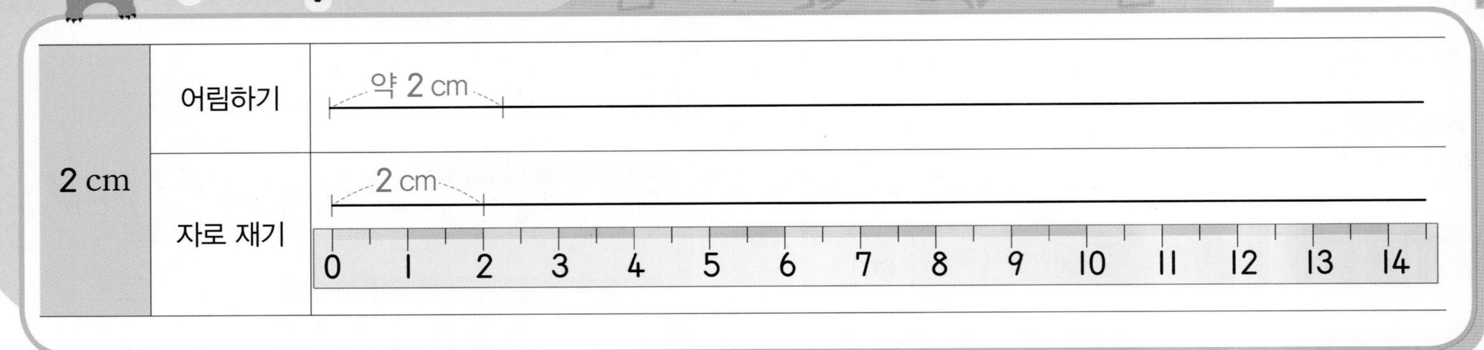


**15~18 길이를 어림하여 나타내고, 자로 재어 나타내 보세요.**

**15**

| 4 cm | 어림하기 | |
|---|---|---|
| | 자로 재기 | |

**16**

| 7 cm | 어림하기 | |
|---|---|---|
| | 자로 재기 | |

**17**

| 10 cm | 어림하기 | |
|---|---|---|
| | 자로 재기 | |

**18**

| 12 cm | 어림하기 | |
|---|---|---|
| | 자로 재기 | |

## 수해력을 높여요

**01** 주어진 길이만큼 점선을 따라 선을 그어 보세요.

(1) 1 cm

(2) 2 cm

**02** □ 안에 알맞은 수를 써넣으세요.

(1) 4 cm는 1 cm가 □번입니다.

(2) 1 cm가 □번이면 9 cm입니다.

**03** 같은 길이를 찾아 선으로 이어 보세요.

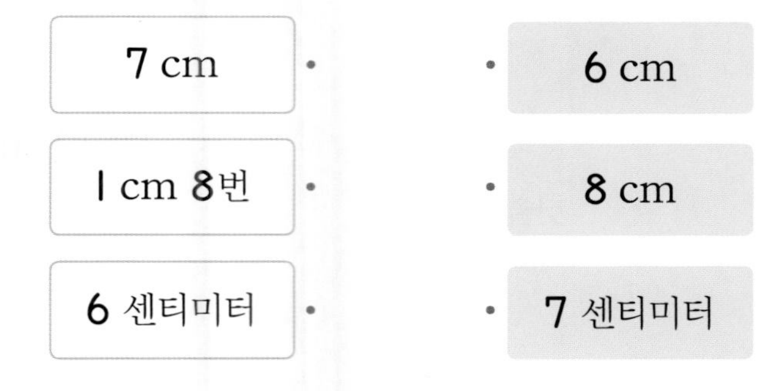


**04** 그림을 보고 □ 안에 알맞은 수를 써넣고 주어진 길이를 써 보세요.

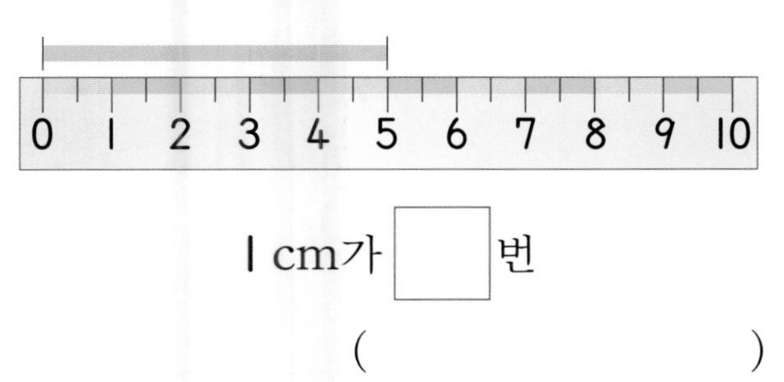


1 cm가 □번

(　　　　　　)

**05** 색 테이프의 길이는 몇 cm인지 써 보세요.

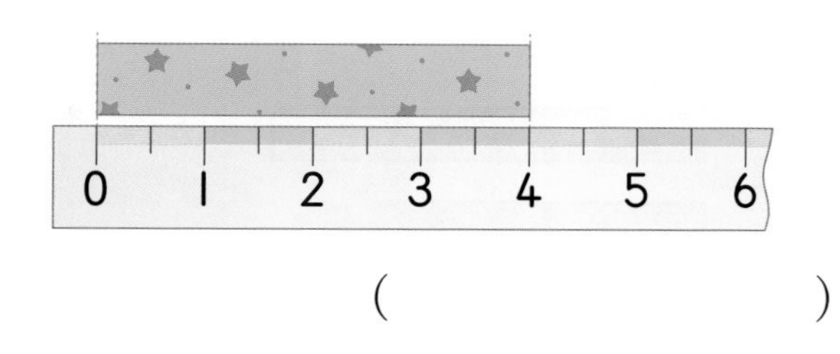


(　　　　　　)

**06** 지우개의 길이는 몇 cm인지 써 보세요.

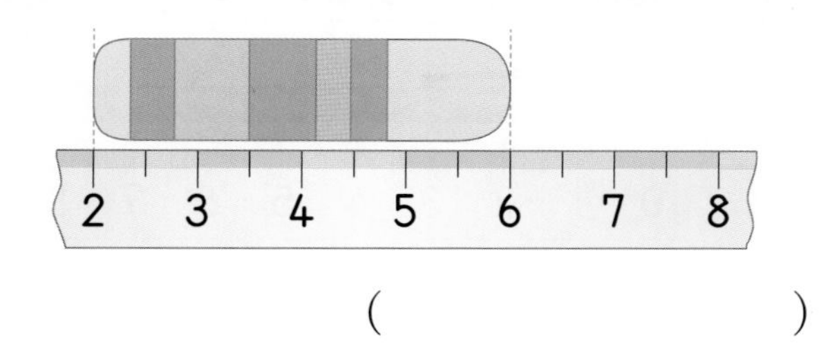


(　　　　　　)

**07** 같은 길이끼리 선으로 이어 보세요.

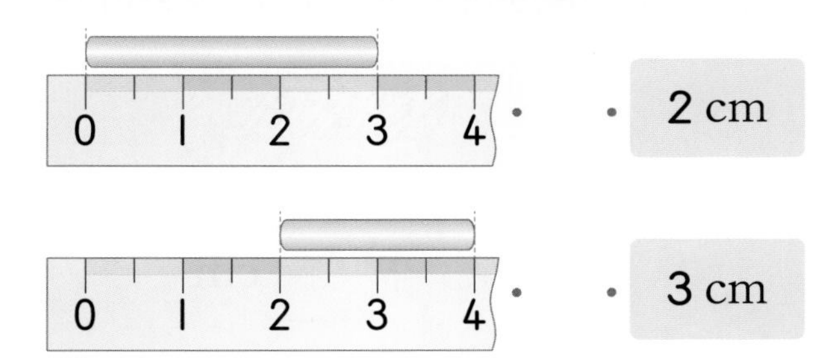


**08** 길이가 더 짧은 빨대를 찾아 ○표 하세요.

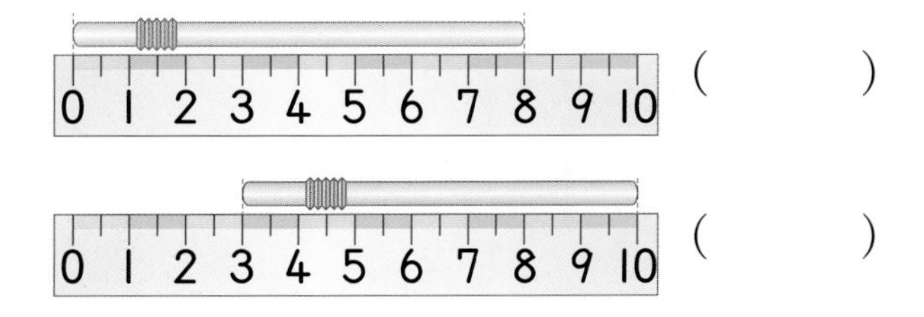


(　　)

(　　)

**09** 길이가 5 cm인 종이 테이프를 찾아 ○표 하세요.

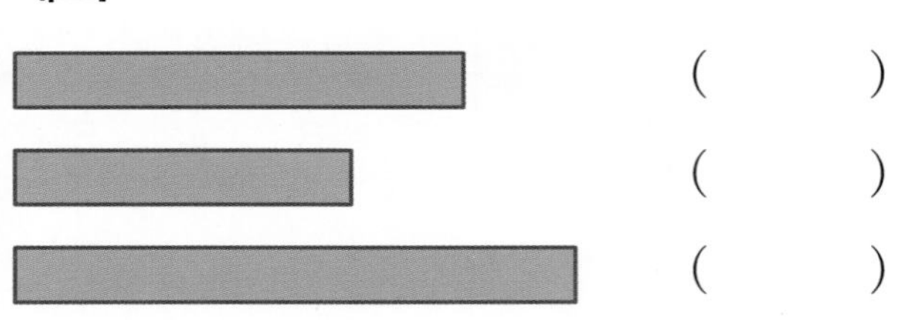

(　　　)
(　　　)
(　　　)

**10** 그림을 보고 □ 안에 알맞은 수를 써넣으세요.

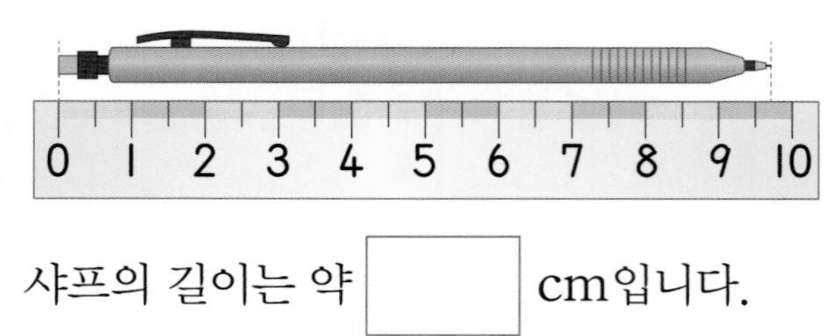

샤프의 길이는 약 □ cm입니다.

**11** 자를 이용하여 풍선껌의 길이를 재어 보세요.

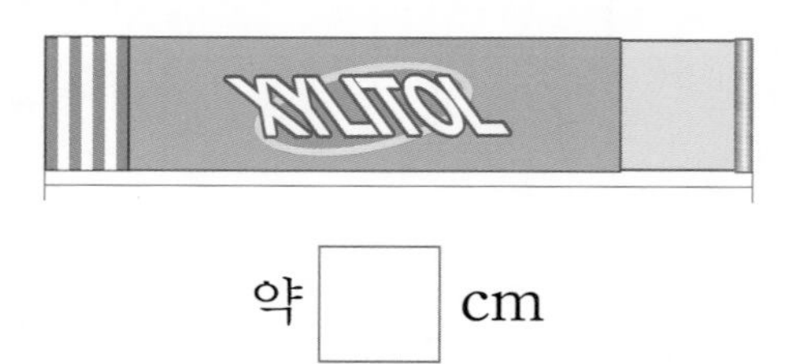


약 □ cm

**12** 막대 ㉮의 길이를 자로 재어 보면 3 cm입니다. 막대 ㉯의 길이를 어림하면 약 몇 cm인지 구해 보세요.

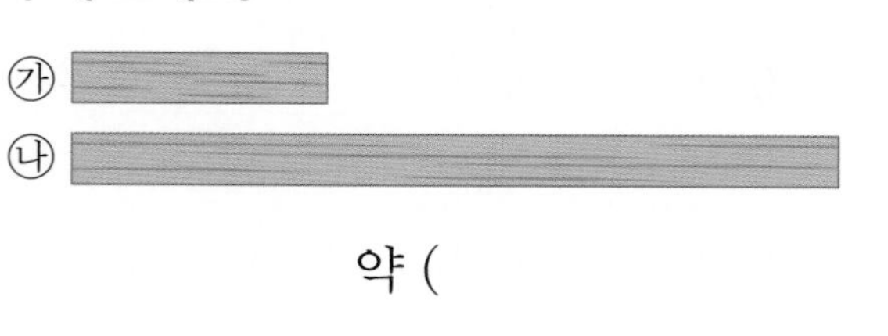


약 (　　　　　　)

**13** 물건의 길이는 약 몇 cm인지 구해 보세요.

(1)

0 1 2 3 4 5 6 7 8 9 10

약 (　　　　　　)

(2)

0 1 2 3 4 5 6 7 8 9 10

약 (　　　　　　)

**14** 물건의 실제 길이에 가장 가까운 것을 찾아 선으로 이어 보세요.

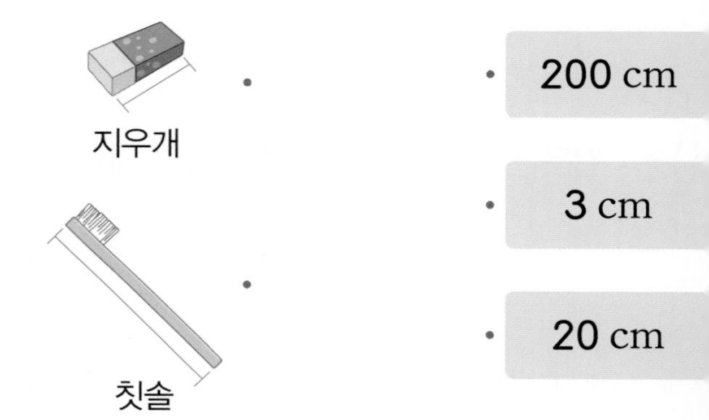


**15** 실생활 활용

학교와 서점 중 집에서 더 가까운 곳은 어디인지 자로 재어 구해 보세요.

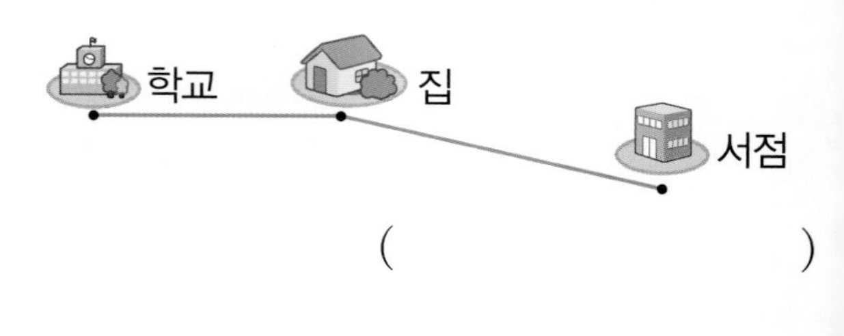


(　　　　　　)

# 수해력을 완성해요

정답과 풀이 11쪽

대표 응용 1

## 자석의 길이 구하기

자를 사용하여 자석의 길이를 재었습니다. 자석의 한쪽 끝을 자의 눈금 2에 맞추고 다른 쪽 끝의 눈금을 읽었더니 7 cm였습니다. 이 자석의 길이는 몇 cm인지 구해 보세요.

N S

**해결하기**

1단계 자 위에 자석을 대어 봅니다.

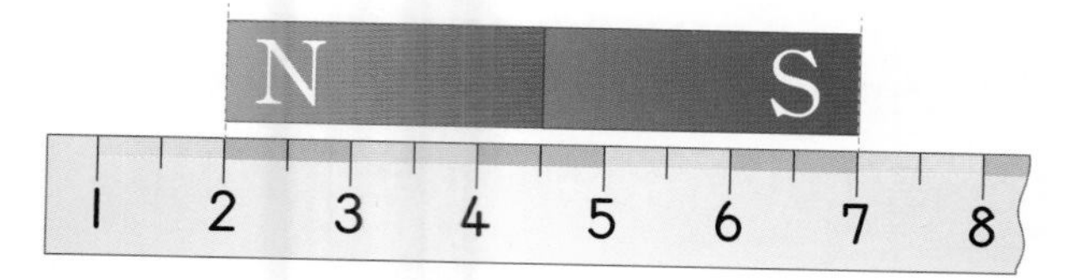


2단계 1단계에서 맞춘 눈금에서 다른 쪽 끝까지 1 cm가 몇 번 들어가는지 세어 봅니다.

2부터 7까지 1 cm가 ☐ 번 들어갑니다.

3단계 자석의 길이는 ☐ cm입니다.

### 1-1

자를 사용하여 자석의 길이를 재었습니다. 자석의 한쪽 끝을 자의 눈금 3에 맞추고 다른 쪽 끝의 눈금을 읽었더니 7 cm였습니다. 이 자석의 길이는 몇 cm인가요?

N S

(　　　　　　　　)

### 1-2

자를 사용하여 자석의 길이를 재었습니다. 자석의 한쪽 끝을 자의 눈금 7에 맞추고 다른 쪽 끝의 눈금을 읽었더니 12 cm였습니다. 이 자석의 길이는 몇 cm인가요?

(　　　　　　　　)

### 1-3

자를 사용하여 자석의 길이를 재었습니다. 자석의 한쪽 끝을 자의 눈금 13에 맞추고 다른 쪽 끝의 눈금을 읽었더니 30 cm였습니다. 이 자석의 길이는 몇 cm인가요?

(　　　　　　　　)

### 1-4

자를 사용하여 자석의 길이를 재었습니다. 자석의 한쪽 끝을 자의 눈금 8에 맞추고 다른 쪽 끝의 눈금을 읽었더니 23 cm였습니다. 이 자석의 길이는 몇 cm인가요?

(　　　　　　　　)

## 개념 1 1 m를 알아볼까요

**알고 있어요!**

• 자를 사용해서 물건의 길이를 잴 수 있어요.

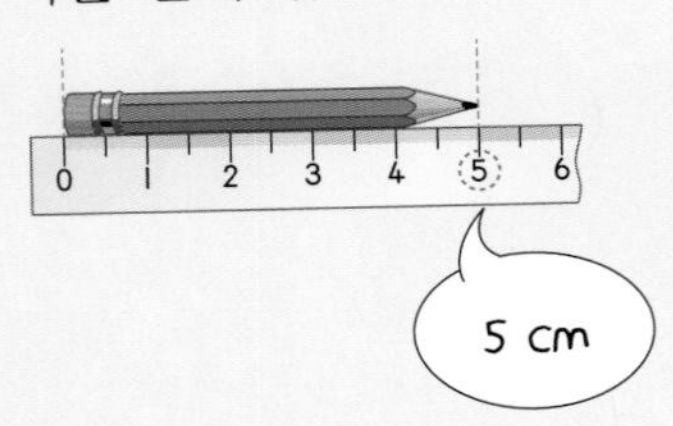


커다란 나무의 높이를 재려면 어떻게 해야 할까요?

더 긴 자를 사용하면 돼요.

**알고 싶어요!**

cm보다 더 큰 단위를 알아보아요

100 cm는 1 m와 같아요. 1 m는 **1 미터**라고 읽어요.

100 cm=1 m

1 m

150 cm는 1 m보다 50 cm 더 길어요. 150 cm를 1 m 50 cm라고도 써요. 1 m 50 cm를 **1 미터 50 센티미터**라고 읽어요.

150 cm=1 m 50 cm

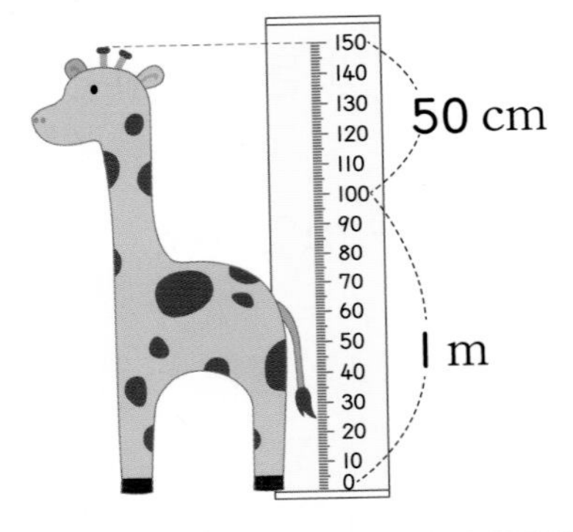


1 cm 알기 ➡ 1 m 알기

[줄자를 사용해서 길이 재는 방법]

1단계: 물건의 한쪽 끝을 줄자의 눈금 0에 맞추어요.

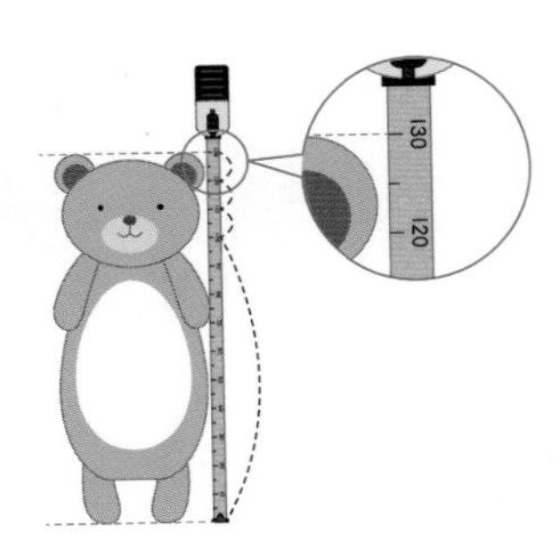


2단계: 물건의 다른 쪽 끝에 있는 줄자의 눈금을 읽어요. 곰 인형의 키는 130 cm이고 1 m 30 cm라고도 해요.

# 개념 2 길이를 어림해 볼까요(2)

## 알고 있어요!

• 물건의 길이를 어림할 수 있어요.

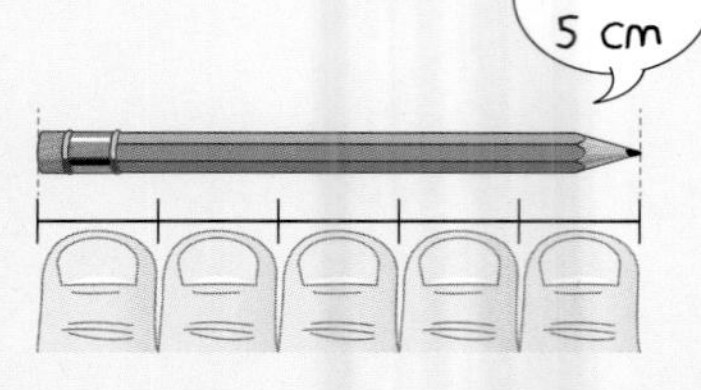


• 자가 없을 때는 몸을 이용해서 물건의 길이를 어림할 수 있어요.

높은 빌딩이나 아주 먼 거리는 어떻게 어림할 수 있을까요?

## 알고 싶어요!

**I m 단위로 어림해 보아요**

내 몸을 이용해서 어림할 수 있어요.

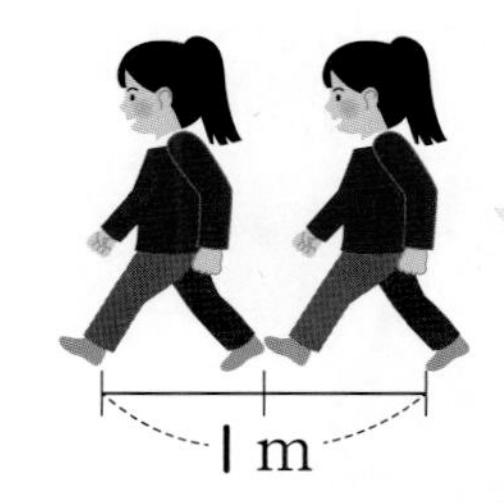


약 I m예요.

길이가 약 I m인 물건을 이용해서 길이를 어림할 수 있어요.

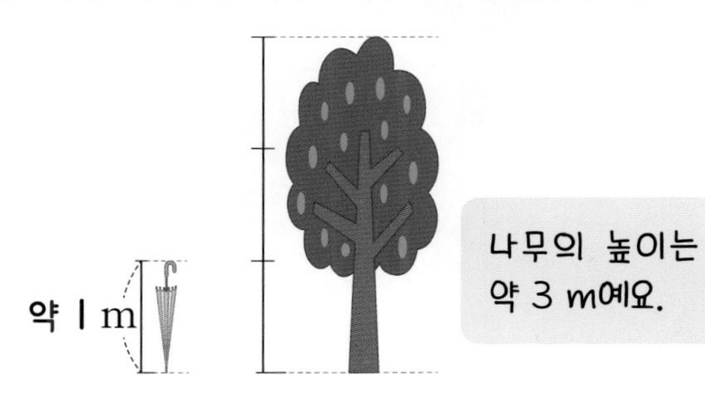


나무의 높이는 약 3 m예요.

cm 단위로 어림하기 → m 단위로 어림하기

**[여러 가지 물건으로 길이 어림하기]**

• 높이를 어림할 때

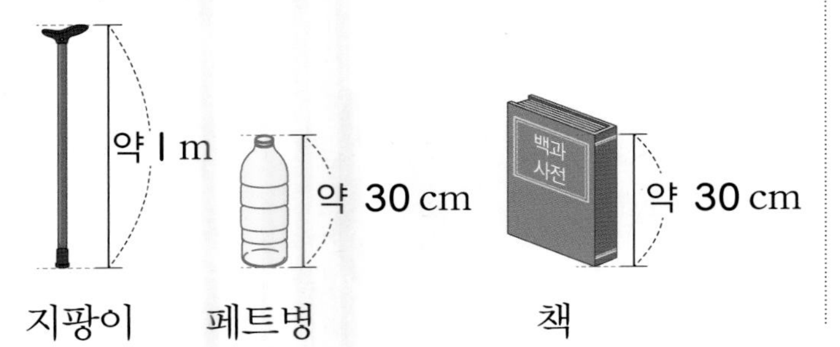


• 긴 길이를 어림할 때

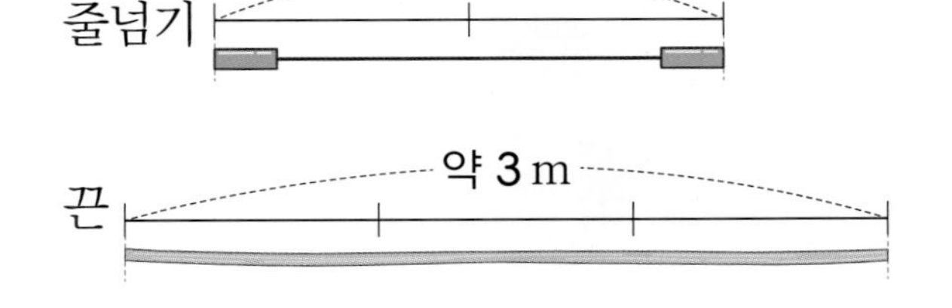

# 수해력을 확인해요

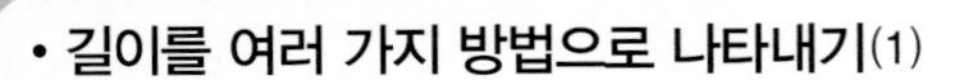


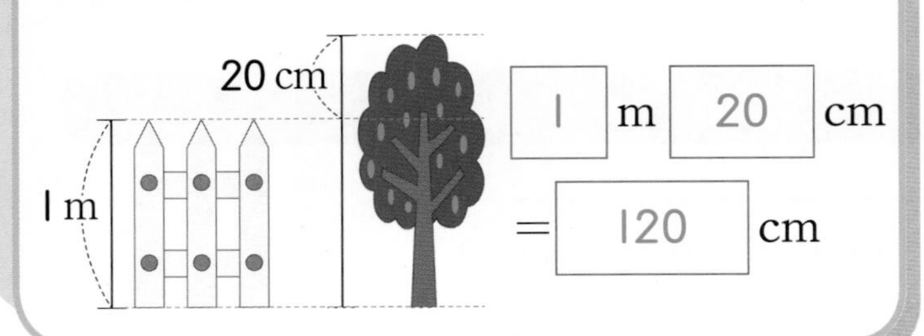


01~07 나무의 높이는 얼마인지 구해 보세요.

01

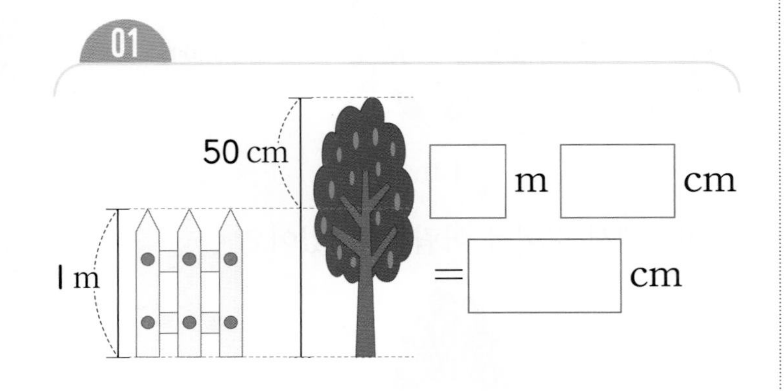


02

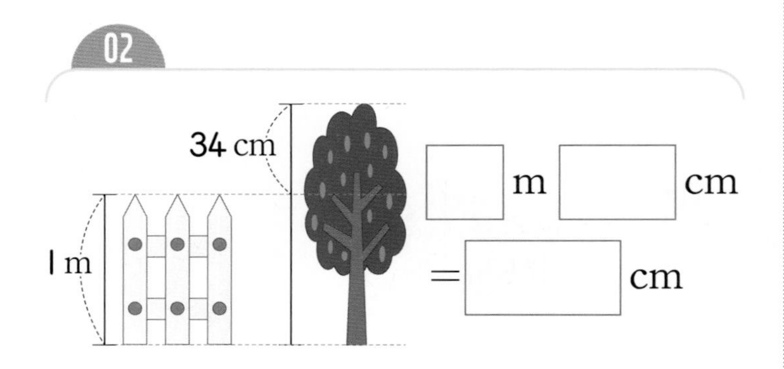


03

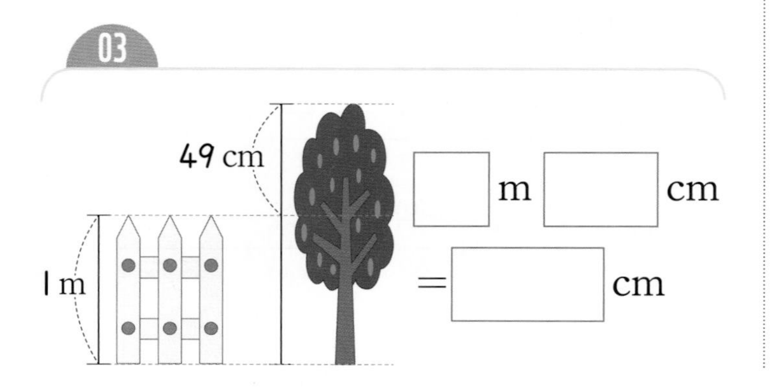


04

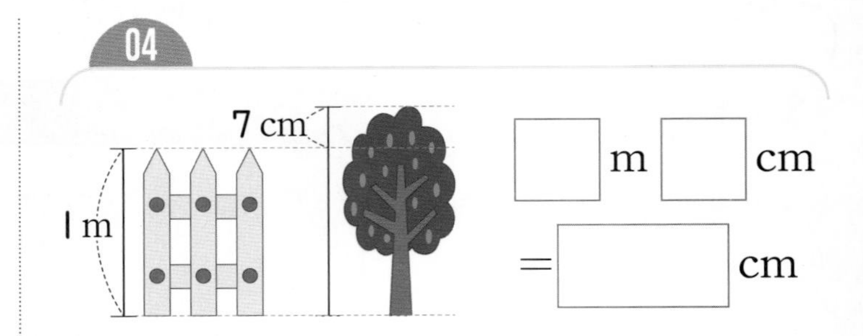


05

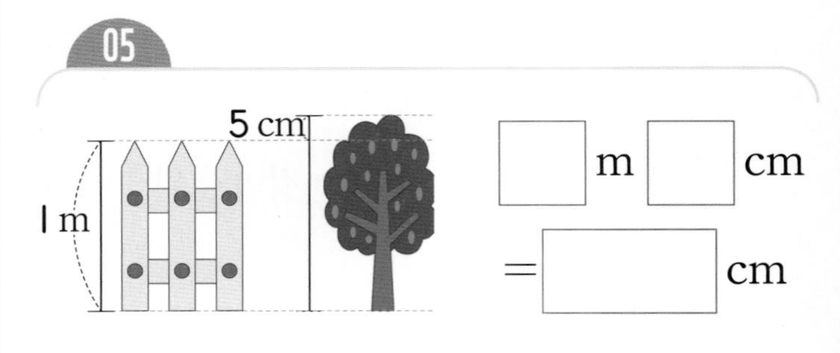


06

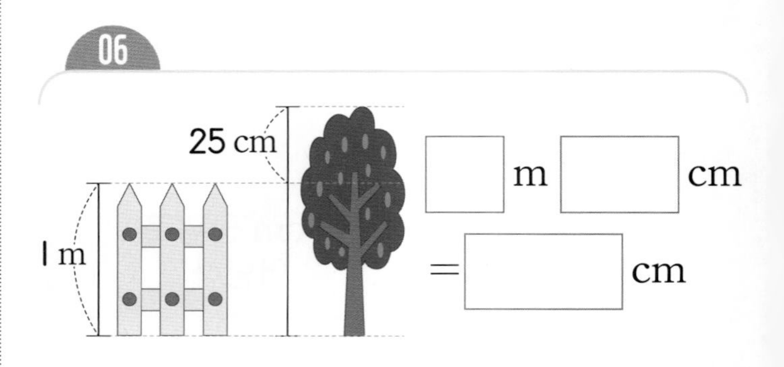


07

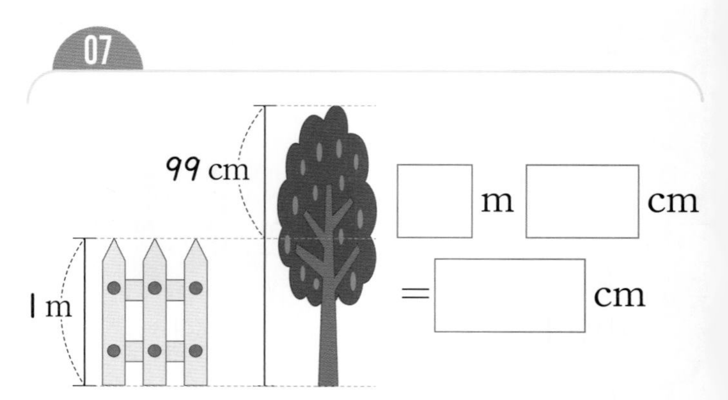

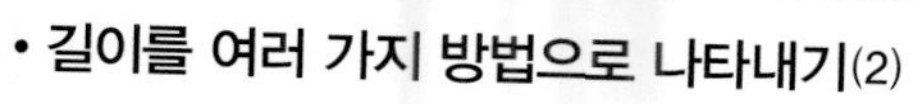

• 길이를 여러 가지 방법으로 나타내기(2)

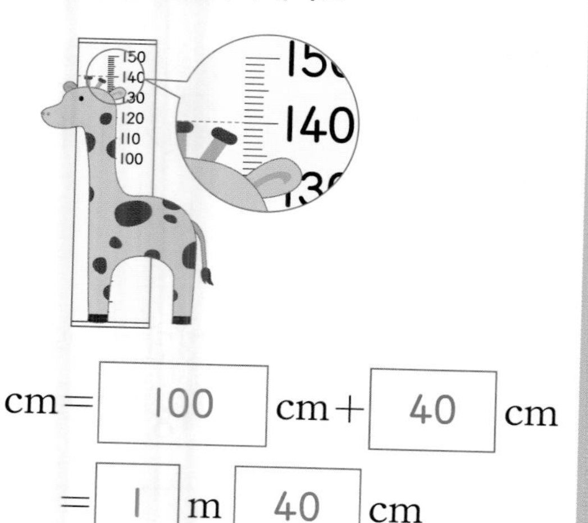


[140] cm = [100] cm + [40] cm

= [1] m [40] cm

**08~12** 기린의 키를 구해 보세요.

**08**

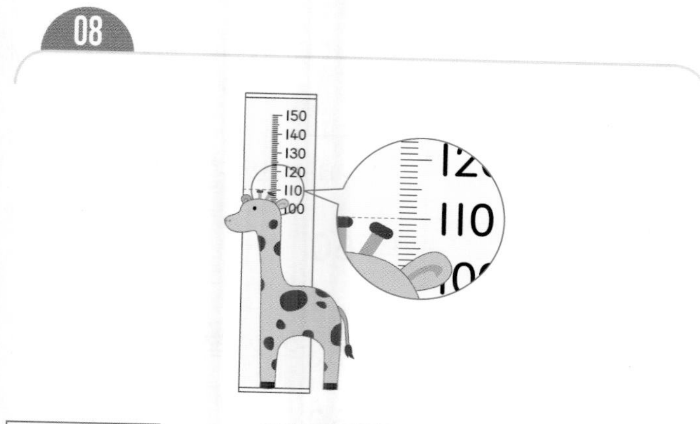


[ ] cm = [ ] cm + [ ] cm

= [ ] m [ ] cm

**09**

[ ] cm = [ ] cm + [ ] cm

= [ ] m [ ] cm

**10**

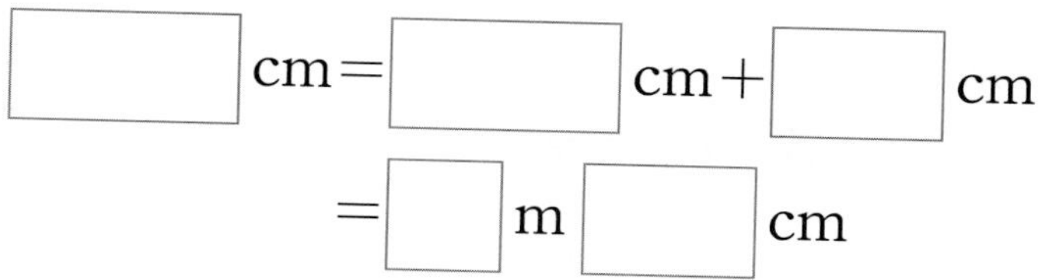

[ ] cm = [ ] cm + [ ] cm

= [ ] m [ ] cm

**11**

[ ] cm = [ ] cm + [ ] cm

= [ ] m [ ] cm

**12**

[ ] cm = [ ] cm + [ ] cm

= [ ] m [ ] cm

# 수해력을 확인해요

정답과 풀이 12쪽

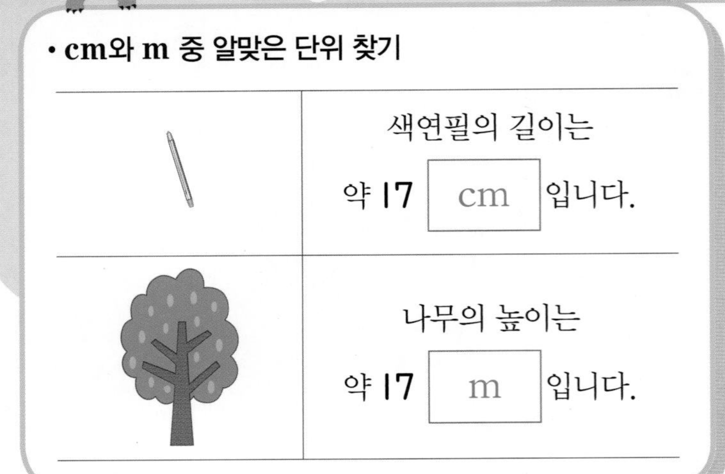

• cm와 m 중 알맞은 단위 찾기

| | |
|---|---|
| | 색연필의 길이는 약 17 [cm] 입니다. |
| | 나무의 높이는 약 17 [m] 입니다. |

**13~17** cm와 m 중 알맞은 단위를 써 보세요.

## 13

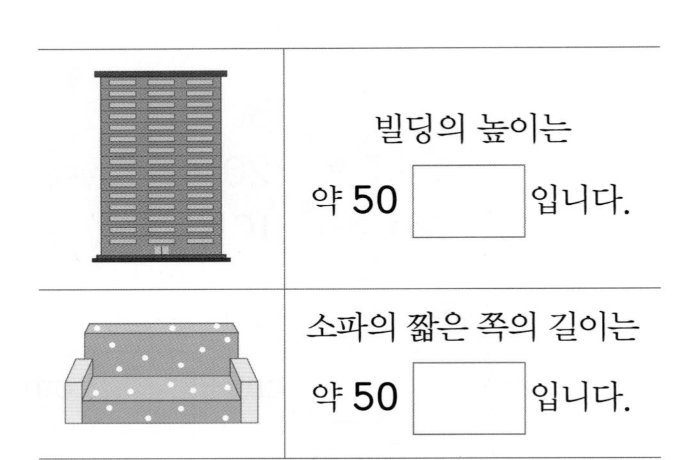

| | |
|---|---|
| | 빌딩의 높이는 약 50 [ ] 입니다. |
| | 소파의 짧은 쪽의 길이는 약 50 [ ] 입니다. |

## 14

| | |
|---|---|
| | 호박의 길이는 약 21 [ ] 입니다. |
| | 필통의 길이는 약 21 [ ] 입니다. |

## 15

| | |
|---|---|
| | 젓가락의 길이는 약 18 [ ] 입니다. |
| | 횡단보도의 길이는 약 18 [ ] 입니다. |

## 16

| | |
|---|---|
| | 바지의 길이는 약 60 [ ] 입니다. |
| | 운동장의 긴 쪽의 길이는 약 60 [ ] 입니다. |

## 17

| | |
|---|---|
| | 꽃병의 높이는 약 20 [ ] 입니다. |
| | 전봇대의 높이는 약 20 [ ] 입니다. |

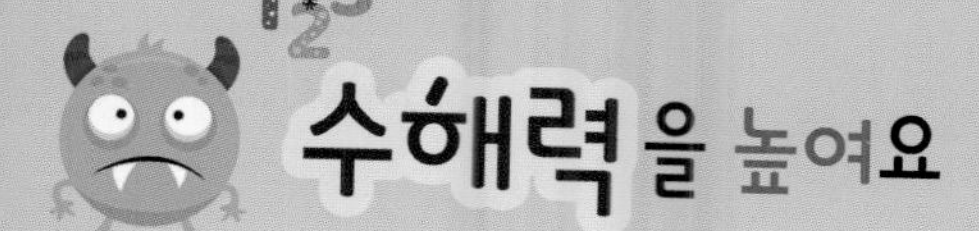


**01** □ 안에 알맞게 써넣으세요.

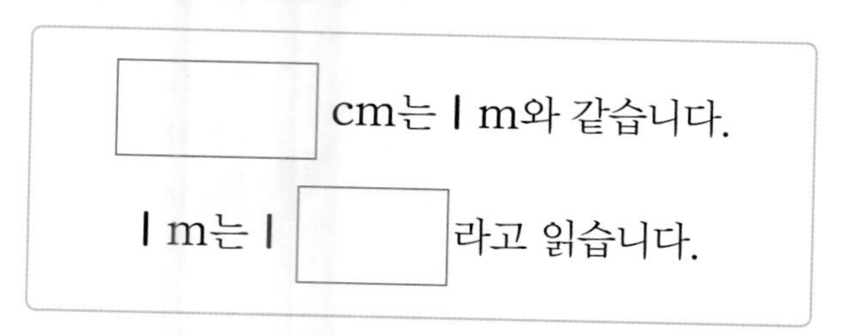

cm는 1 m와 같습니다.
1 m는 1 라고 읽습니다.

**02** 그림을 보고 □ 안에 알맞은 수를 써넣으세요.

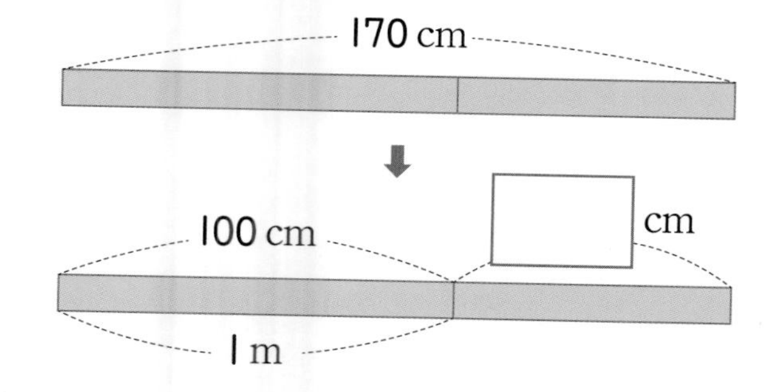


**03** 길이를 바르게 읽어 보세요.

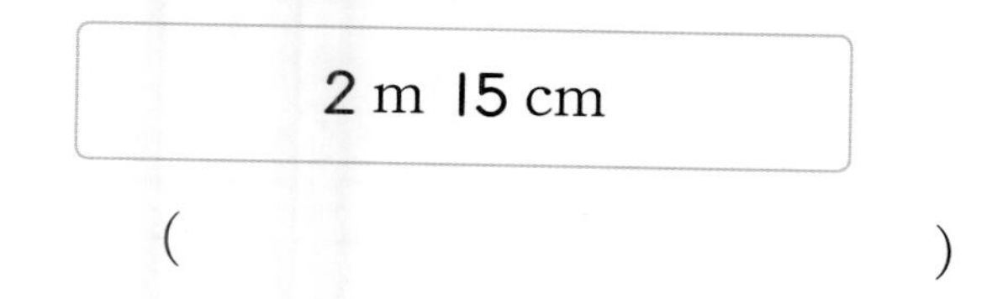


(                    )

**04** 자에서 화살표가 가리키는 눈금을 읽고 □ 안에 알맞은 수를 써넣으세요.

□ m □ cm

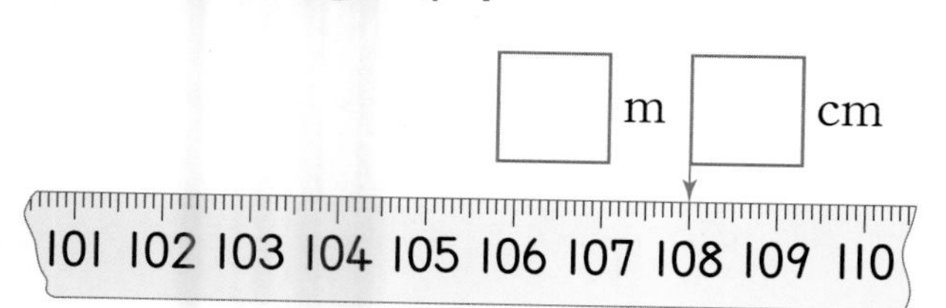


**05** 마당에 있는 나무의 높이는 300 cm입니다. 이 나무의 높이는 몇 m인지 구해 보세요.

(                    )

**06** □ 안에 알맞은 수를 써넣으세요.

(1) 4 m = □ cm

(2) 590 cm = □ m □ cm

**07** 보기 에서 알맞은 길이를 골라 문장을 완성해 보세요.

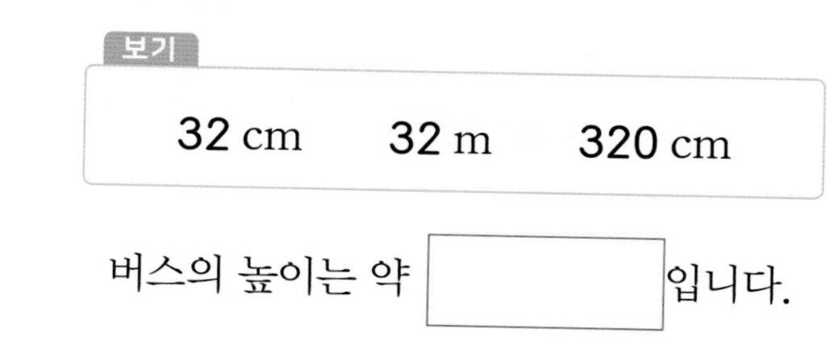


버스의 높이는 약 □ 입니다.

**08** 길이가 같은 것끼리 선으로 이어 보세요.

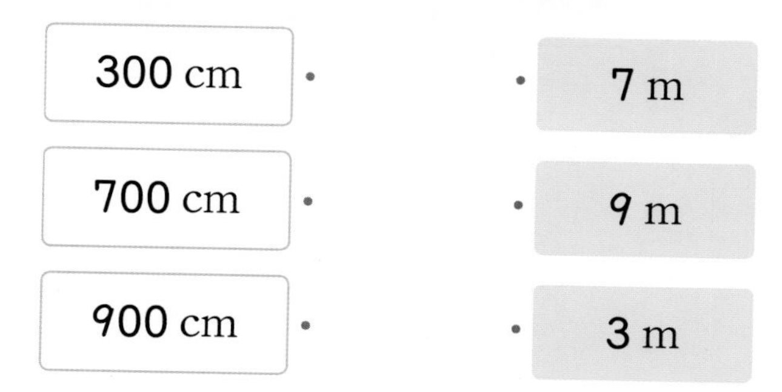


**09** 길이를 나타낸 단위가 잘못된 것을 찾아 기호를 써 보세요.

㉠ 붓의 길이는 21 cm입니다.
㉡ 줄넘기의 길이는 260 cm입니다.
㉢ 건물의 높이는 33 m입니다.
㉣ 숟가락의 길이는 20 m입니다.

(                    )

10 길이가 1 m보다 긴 것을 모두 찾아 기호를 써 보세요.

㉠ 수학책의 긴 쪽의 길이
㉡ 크레파스의 길이
㉢ 기차의 길이
㉣ 비행기의 긴 쪽의 길이

( )

11 서빈이는 음악실 한쪽 벽의 길이를 걸음으로 재었더니 약 10걸음이었습니다. 서빈이의 두 걸음이 1 m라면 음악실 한쪽 벽의 길이는 약 몇 m인지 구해 보세요.

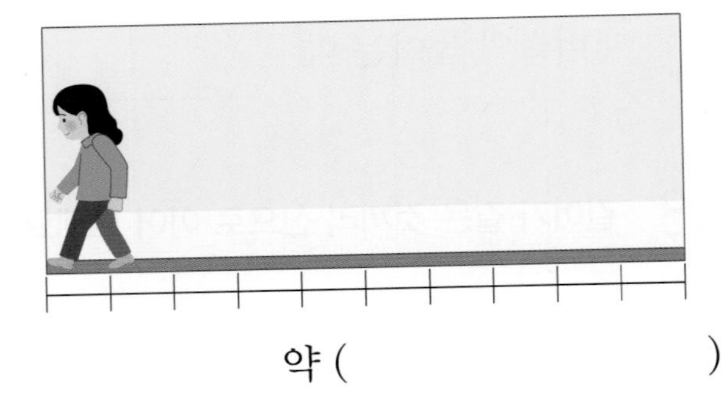

약 ( )

12 버섯을 먹은 앨리스의 키가 커졌습니다. 카드 병정의 키가 1 m라면 앨리스의 키는 약 몇 m인지 구해 보세요.

약 ( )

13 실생활 활용

소민이의 키는 몇 m 몇 cm인지 구해 보세요.

( )

14 교과 융합

줄자의 눈금을 0부터 시작하여 책꽂이의 긴 쪽의 길이를 재고 있습니다. 잰 길이를 2가지 방법으로 나타내 보세요.

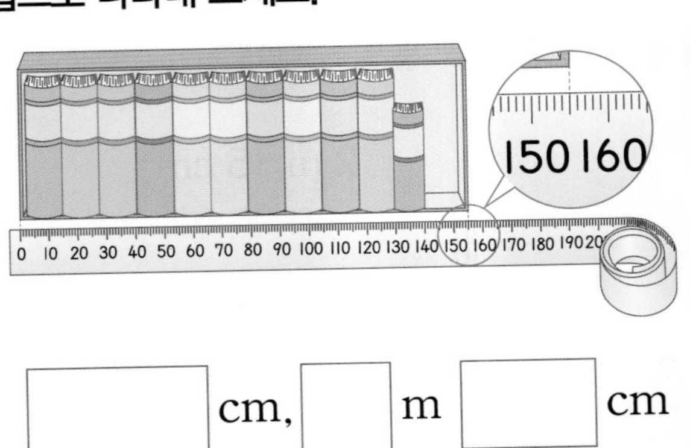


☐ cm, ☐ m ☐ cm

# 수해력을 완성해요

정답과 풀이 13쪽

대표 응용 1

## 한 고랑의 길이 구하기

아빠의 한 걸음은 1 m입니다. 고추밭 한 고랑의 길이는 아빠의 걸음으로 7걸음 간 길이보다 30 cm 더 깁니다. 고추밭 한 고랑의 길이는 약 몇 m 몇 cm인지 구해 보세요.

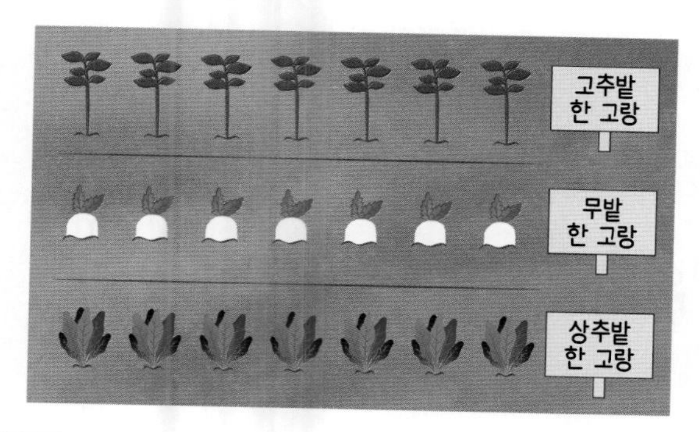


**해결하기**

1단계 고추밭 한 고랑의 길이를 그림으로 나타내 봅니다.

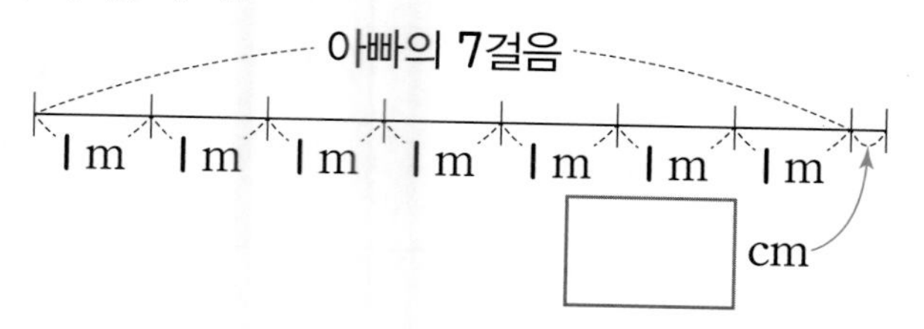


2단계 아빠의 한 걸음은 ☐ m이므로 7걸음은 약 ☐ m입니다.

3단계 아빠의 7걸음보다 30 cm 더 긴 길이는 약 ☐ m ☐ cm이므로 고추밭 한 고랑의 길이는 약 ☐ m ☐ cm입니다.

### 1-1

아빠의 한 걸음은 1 m입니다. 고구마밭 한 고랑의 길이는 아빠의 걸음으로 5걸음 간 길이보다 70 cm 더 깁니다. 고구마밭 한 고랑의 길이는 약 몇 m 몇 cm인가요?

약 (                    )

### 1-2

아빠의 한 걸음은 1 m입니다. 옥수수밭 한 고랑의 길이는 아빠의 걸음으로 12걸음 간 길이보다 50 cm 더 깁니다. 옥수수밭 한 고랑의 길이는 약 몇 m 몇 cm인가요?

약 (                    )

### 1-3

삽 한 자루의 길이는 1 m입니다. 상추밭 한 고랑의 길이는 삽으로 6번 잰 길이보다 20 cm 더 깁니다. 상추밭 한 고랑의 길이는 약 몇 m 몇 cm인가요?

약 (                    )

# 4. 길이의 합과 차 구하기

## 개념 1 길이의 합을 구해 볼까요

**알고 있어요!**

• 몇 m 몇 cm로 나타내기
127 cm=1 m 27 cm

• 받아올림이 있는
(두 자리 수)+(두 자리 수)

| | 1 | |
|---|---|---|
| | 3 | 5 |
| + | 5 | 9 |
| | 9 | 4 |

길이의 덧셈도 할 수 있을까요?

**알고 싶어요!**

두 길이의 합을 구해 보아요

m는 m끼리, cm는 cm끼리 더하여 구해요.

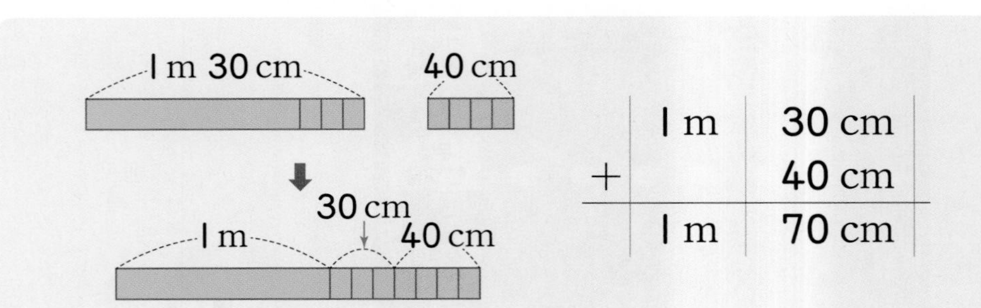


| | 1 m | 30 cm |
|---|---|---|
| + | | 40 cm |
| | 1 m | 70 cm |

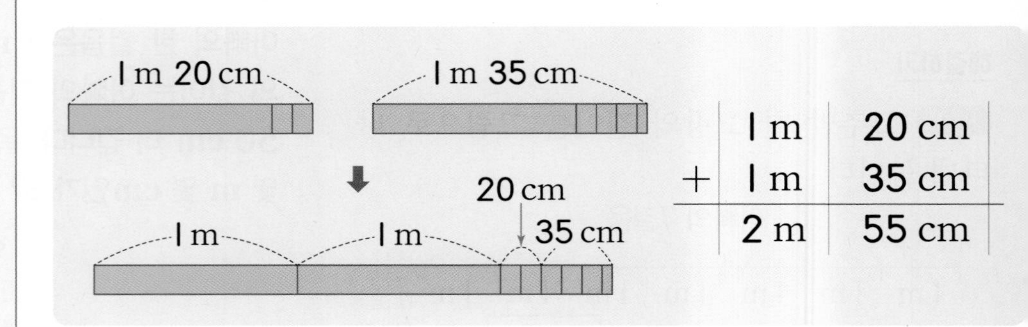


| | 1 m | 20 cm |
|---|---|---|
| + | 1 m | 35 cm |
| | 2 m | 55 cm |

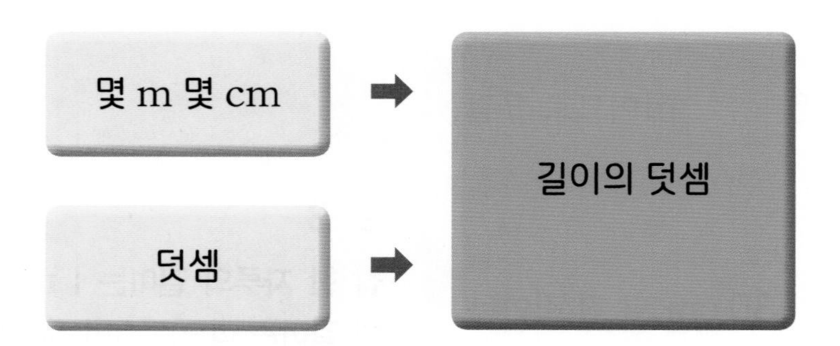


[길이의 합을 구할 때는 같은 단위끼리 계산하면 돼요]

| | 1 m | 23 cm |
|---|---|---|
| + | 3 m | 35 cm |
| | | 58 cm |

➡

| | 1 m | 23 cm |
|---|---|---|
| + | 3 m | 35 cm |
| | 4 m | 58 cm |

두 길이의 합을 계산하려면 m는 m끼리, cm는 cm끼리 더해야 해요.

## 개념 2 길이의 차를 구해 볼까요

**알고 있어요!**

- 몇 m 몇 cm로 나타내기
  123 cm=1 m 23 cm

- 받아내림이 있는 (두 자리 수)−(두 자리 수)

| | 6<br>~~7~~ | 10<br>5 |
|---|---|---|
| − | 2 | 8 |
| | 4 | 7 |

길이의 뺄셈도 할 수 있을까요?

**알고 싶어요!**

두 길이의 차를 구해 보아요

m는 m끼리, cm는 cm끼리 빼서 구해요.

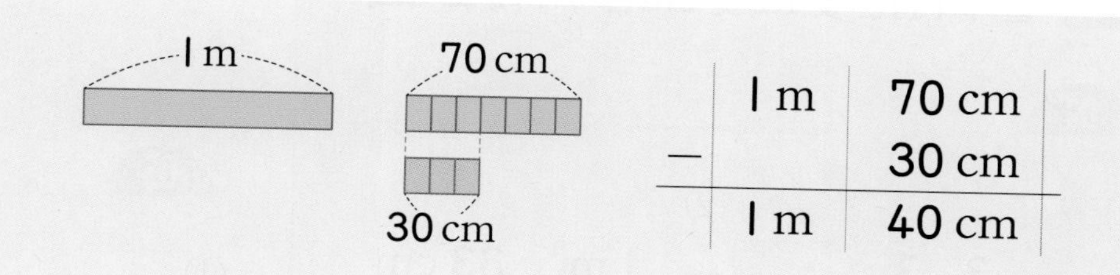


| | 1 m | 70 cm |
|---|---|---|
| − | | 30 cm |
| | 1 m | 40 cm |

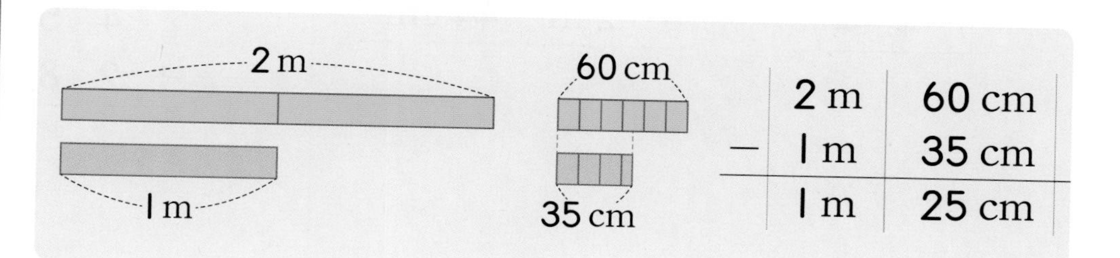


| | 2 m | 60 cm |
|---|---|---|
| − | 1 m | 35 cm |
| | 1 m | 25 cm |

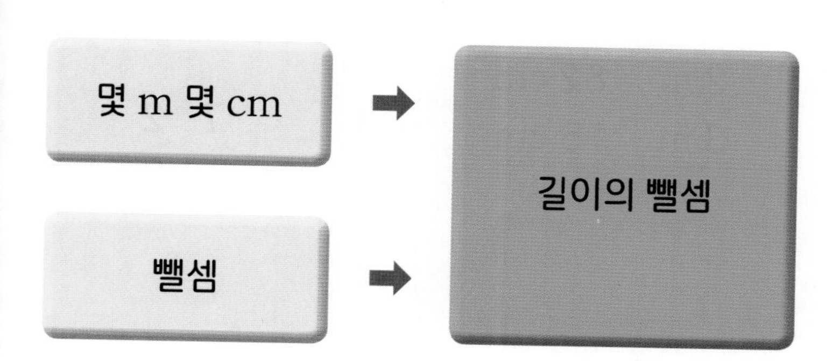


[길이의 차를 구할 때는 같은 단위끼리 계산하면 돼요]

| | 5 m | 65 cm |
|---|---|---|
| − | 3 m | 34 cm |
| | | 31 cm |

➡

| | 5 m | 65 cm |
|---|---|---|
| − | 3 m | 34 cm |
| | 2 m | 31 cm |

두 길이의 차를 계산하려면 m는 m끼리, cm는 cm끼리 빼야 해요.

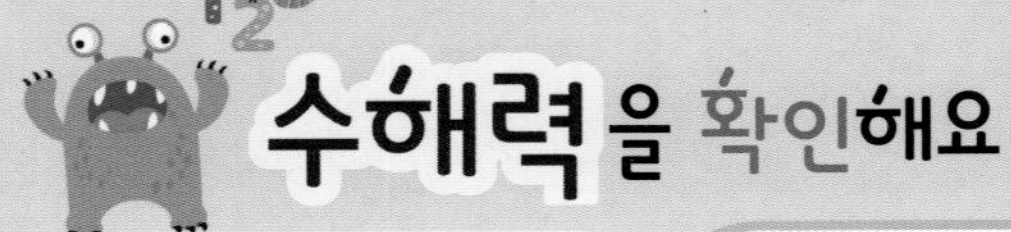


(1) 덧셈하기

$$\begin{array}{r} 4\;3 \\ +\;5\;2 \\ \hline 9\;5 \end{array}$$

(2) 길이의 합 구하기

$$\begin{array}{rrr} & 1\text{ m} & 43\text{ cm} \\ + & 1\text{ m} & 52\text{ cm} \\ \hline & 2\text{ m} & 95\text{ cm} \end{array}$$

**01~07** 길이의 합은 몇 m 몇 cm인지 구해 보세요.

**01**

(1)

$$\begin{array}{r} 3\;3 \\ +\;4\;4 \\ \hline \end{array}$$

(2)

$$\begin{array}{rrr} & 1\text{ m} & 33\text{ cm} \\ + & 2\text{ m} & 44\text{ cm} \\ \hline \end{array}$$

**02**

(1)

$$\begin{array}{r} 8\;2 \\ +\;1\;5 \\ \hline \end{array}$$

(2)

$$\begin{array}{rrr} & 2\text{ m} & 82\text{ cm} \\ + & 3\text{ m} & 15\text{ cm} \\ \hline \end{array}$$

**03**

(1)

$$\begin{array}{r} 3\;5 \\ +\;2\;9 \\ \hline \end{array}$$

(2)

$$\begin{array}{rrr} & 4\text{ m} & 35\text{ cm} \\ + & 5\text{ m} & 29\text{ cm} \\ \hline \end{array}$$

**04**

(1)

$$\begin{array}{r} 2\;6 \\ +\;6\;4 \\ \hline \end{array}$$

(2)

$$\begin{array}{rrr} & 2\text{ m} & 26\text{ cm} \\ + & 1\text{ m} & 64\text{ cm} \\ \hline \end{array}$$

**05**

(1)

$$\begin{array}{r} 4\;5 \\ +\;2\;8 \\ \hline \end{array}$$

(2)

$$\begin{array}{rrr} & 3\text{ m} & 45\text{ cm} \\ + & 3\text{ m} & 28\text{ cm} \\ \hline \end{array}$$

**06**

(1)

$$\begin{array}{r} 7\;2 \\ +\;1\;7 \\ \hline \end{array}$$

(2)

$$\begin{array}{rrr} & 5\text{ m} & 72\text{ cm} \\ + & 4\text{ m} & 17\text{ cm} \\ \hline \end{array}$$

**07**

(1)

$$\begin{array}{r} 4\;8 \\ +\;1\;3 \\ \hline \end{array}$$

(2)

$$\begin{array}{rrr} & 2\text{ m} & 48\text{ cm} \\ + & 6\text{ m} & 13\text{ cm} \\ \hline \end{array}$$

(1) 뺄셈하기

$$\begin{array}{r} 3\ 0 \\ -\ 1\ 3 \\ \hline 1\ 7 \end{array}$$

(2) 길이의 차 구하기

$$\begin{array}{rr} 3\text{ m} & 30\text{ cm} \\ -\ 2\text{ m} & 13\text{ cm} \\ \hline 1\text{ m} & 17\text{ cm} \end{array}$$

08 ~ 14 길이의 차는 몇 m 몇 cm인지 구해 보세요.

08

(1)

$$\begin{array}{r} 4\ 1 \\ -\ 1\ 7 \\ \hline \end{array}$$

(2)

$$\begin{array}{rr} 2\text{ m} & 41\text{ cm} \\ -\ 1\text{ m} & 17\text{ cm} \\ \hline \end{array}$$

09

(1)

$$\begin{array}{r} 9\ 2 \\ -\ 4\ 7 \\ \hline \end{array}$$

(2)

$$\begin{array}{rr} 3\text{ m} & 92\text{ cm} \\ -\ 1\text{ m} & 47\text{ cm} \\ \hline \end{array}$$

10

(1)

$$\begin{array}{r} 7\ 0 \\ -\ 1\ 8 \\ \hline \end{array}$$

(2)

$$\begin{array}{rr} 4\text{ m} & 70\text{ cm} \\ -\ 1\text{ m} & 18\text{ cm} \\ \hline \end{array}$$

11

(1)

$$\begin{array}{r} 8\ 3 \\ -\ 6\ 5 \\ \hline \end{array}$$

(2)

$$\begin{array}{rr} 5\text{ m} & 83\text{ cm} \\ -\ 2\text{ m} & 65\text{ cm} \\ \hline \end{array}$$

12

(1)

$$\begin{array}{r} 3\ 2 \\ -\ 2\ 6 \\ \hline \end{array}$$

(2)

$$\begin{array}{rr} 4\text{ m} & 32\text{ cm} \\ -\ 1\text{ m} & 26\text{ cm} \\ \hline \end{array}$$

13

(1)

$$\begin{array}{r} 9\ 5 \\ -\ 5\ 8 \\ \hline \end{array}$$

(2)

$$\begin{array}{rr} 8\text{ m} & 95\text{ cm} \\ -\ 3\text{ m} & 58\text{ cm} \\ \hline \end{array}$$

14

(1)

$$\begin{array}{r} 6\ 4 \\ -\ 3\ 8 \\ \hline \end{array}$$

(2)

$$\begin{array}{rr} 6\text{ m} & 64\text{ cm} \\ -\ 3\text{ m} & 38\text{ cm} \\ \hline \end{array}$$

# 수해력을 확인해요

정답과 풀이 14쪽

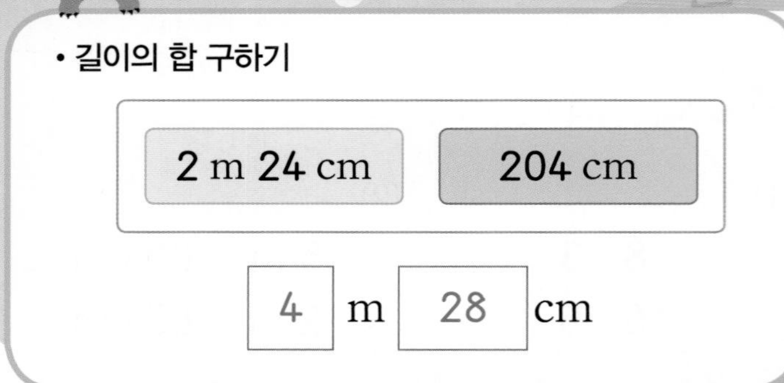

• 길이의 합 구하기
2 m 24 cm
204 cm
4 m 28 cm


**15~17** 두 길이의 합을 구해 보세요.

15

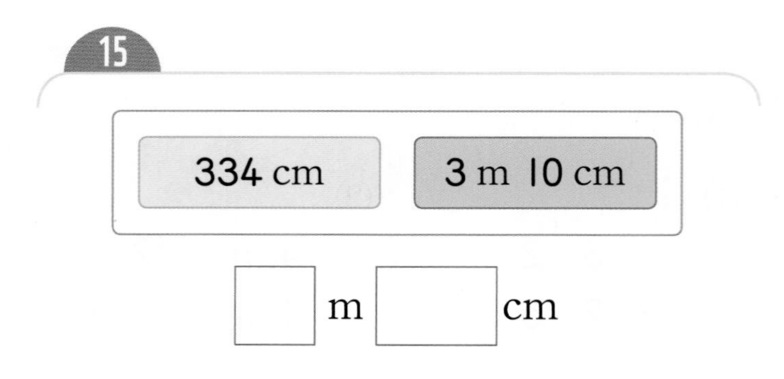


16

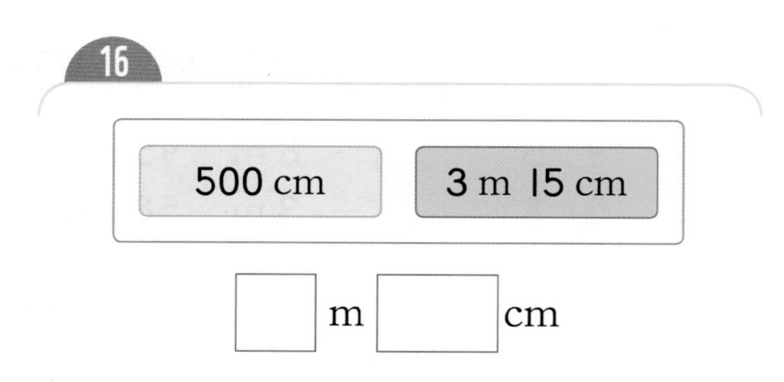


17

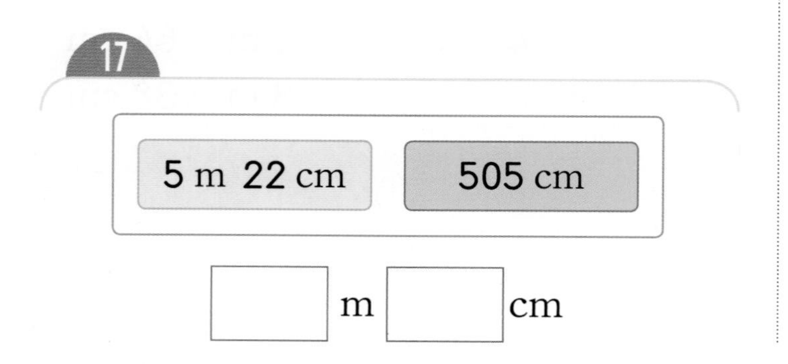

• 길이의 차 구하기
8 m 25 cm
702 cm
1 m 23 cm


**18~20** 두 길이의 차를 구해 보세요.

18

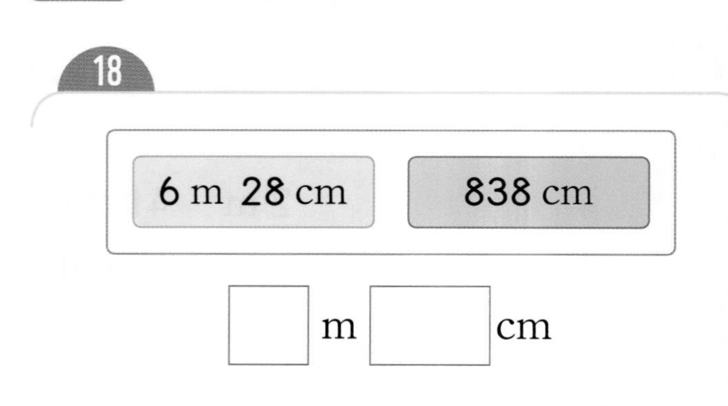


19

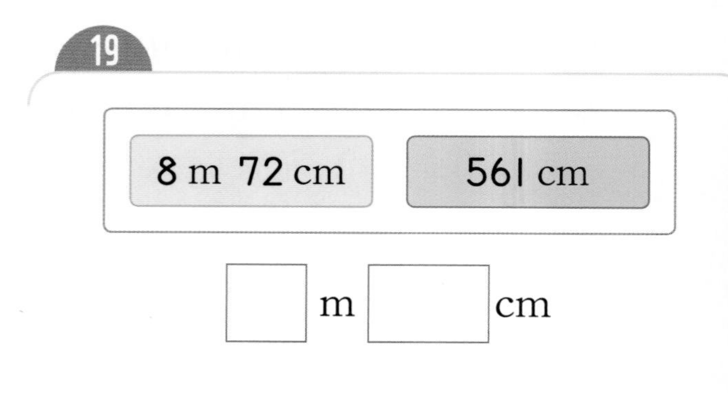


20

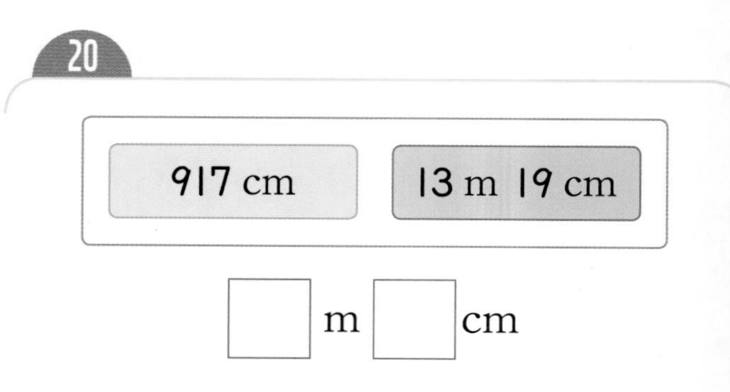

# 수해력을 높여요

01 길이의 합을 구해 보세요.

$$\begin{array}{rrrr} & 1\ \text{m} & 39\ \text{cm} \\ + & 5\ \text{m} & 53\ \text{cm} \\ \hline & \square\ \text{m} & \square\ \text{cm} \end{array}$$

02 길이의 차를 구해 보세요.

$$\begin{array}{rrrr} & 4\ \text{m} & 75\ \text{cm} \\ - & 1\ \text{m} & 50\ \text{cm} \\ \hline & \square\ \text{m} & \square\ \text{cm} \end{array}$$

03~04 색 테이프의 전체 길이를 구하려고 합니다. □ 안에 알맞은 수를 써넣으세요.

03

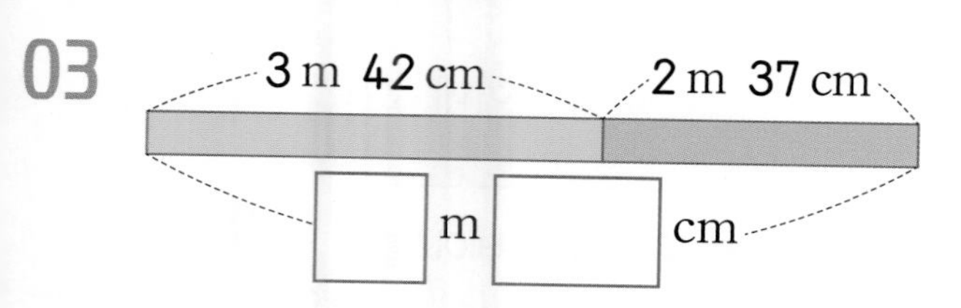


04

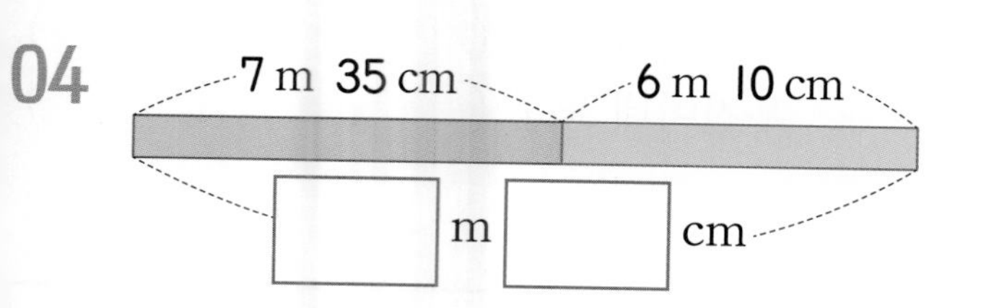


05 사용한 색 테이프의 길이는 몇 **m** 몇 **cm**인지 구해 보세요.

처음 길이: 6 m 74 cm

사용하고 남은 길이: 3 m 20 cm

(　　　　　　　　)

06 길이가 더 긴 것의 기호를 써 보세요.

㉠ 6 m 86 cm − 4 m 46 cm
㉡ 453 cm − 2 m 47 cm

(　　　　　　　　)

07 수진이의 키는 1 **m** 42 **cm**이고, 아버지의 키는 수진이보다 38 **cm** 더 큽니다. 수진이 아버지의 키는 몇 **m** 몇 **cm**인지 구해 보세요.

(　　　　　　　　)

**08** 길이가 2 m 24 cm인 고무줄이 있습니다. 이 고무줄을 양쪽에서 잡아당겼더니 4 m 50 cm가 되었습니다. 처음보다 고무줄이 몇 m 몇 cm 늘어났는지 구해 보세요.

(　　　　　　)

**09** 삼각형에서 가장 긴 변과 두 번째로 긴 변의 길이의 합은 몇 m 몇 cm인지 구해 보세요.

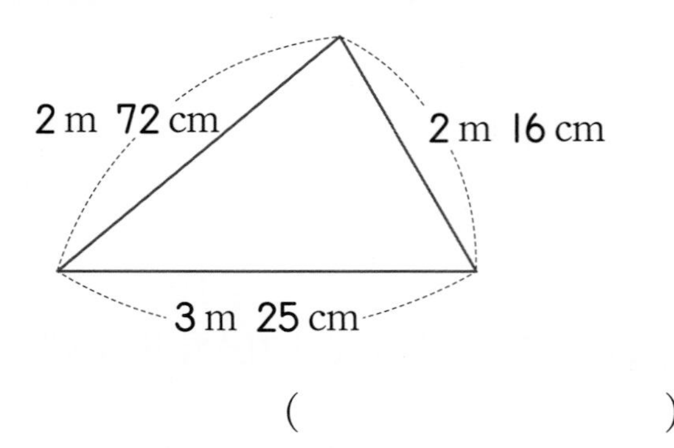


(　　　　　　)

**10** □ 안에 알맞은 수를 써넣으세요.

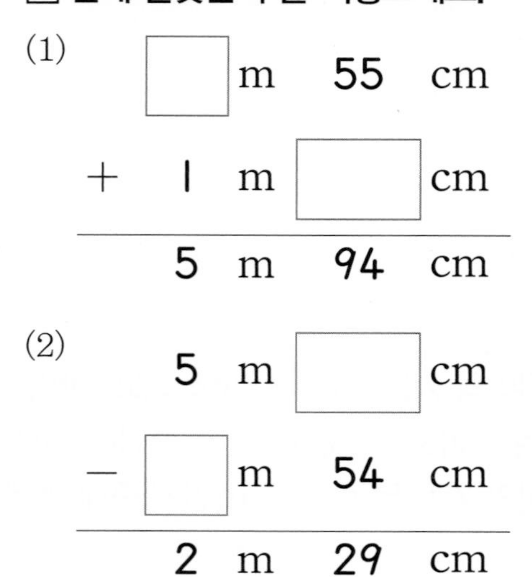


**11** 실생활 활용

집에서 공원을 거쳐 체육관까지 가는 거리는 몇 m 몇 cm인지 구해 보세요.

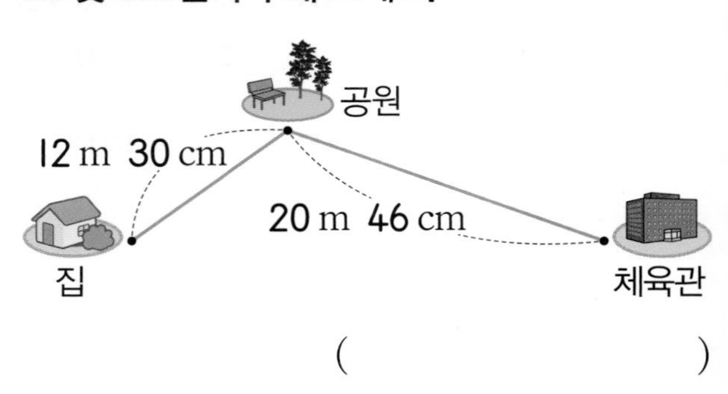


(　　　　　　)

**12** 교과 융합

수업 시간에 〈집 꾸미기〉를 하면서 색 테이프를 이어 붙여 울타리를 만들었습니다. 민서네 모둠과 우진이네 모둠이 만든 울타리의 길이는 각각 몇 m 몇 cm인지 구해 보세요.

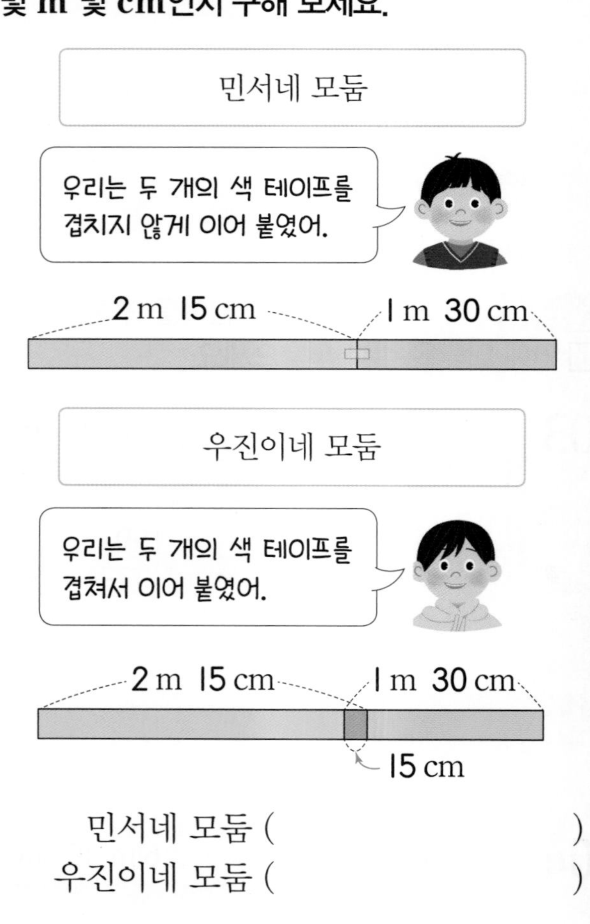


민서네 모둠 (　　　　　　)
우진이네 모둠 (　　　　　　)

# 수해력을 완성해요

대표 응용 **1**

## 거리 구하기

**학교에서 도서관을 거쳐서 병원에 가는 거리는 학교에서 곧바로 병원에 가는 거리보다 몇 m 몇 cm 더 먼지 구해 보세요.**

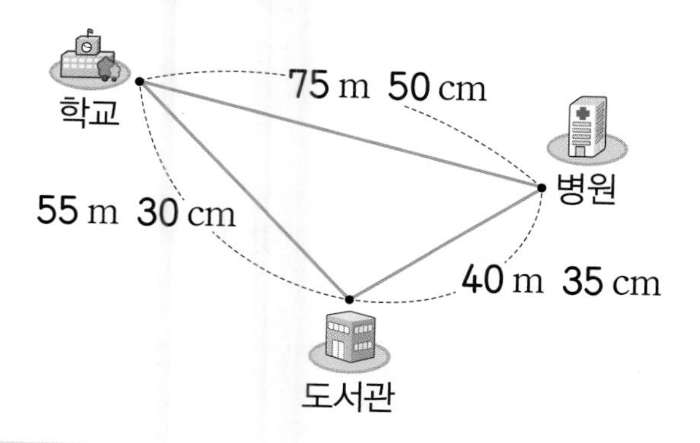


**해결하기**

1단계 학교에서 도서관을 거쳐서 병원에 가는 거리를 구합니다.
학교에서 도서관을 거쳐서 병원에 가는 거리는 학교에서 도서관까지의 거리와 도서관에서 병원까지의 거리를 더해서 구합니다.

$$\begin{array}{r} 55\text{ m }30\text{ cm} \\ +\ 40\text{ m }35\text{ cm} \\ \hline \square\text{ m }\square\text{ cm} \end{array}$$

2단계 학교에서 곧장 병원에 가는 거리는 □ m □ cm입니다.

3단계 학교에서 도서관을 거쳐서 병원에 가는 거리와 학교에서 곧장 병원에 가는 거리의 차를 구합니다.

$$\begin{array}{r} \square\text{ m }\square\text{ cm} \\ -\ 75\text{ m }50\text{ cm} \\ \hline \square\text{ m }\square\text{ cm} \end{array}$$

### 1-1

**1의 그림을 보고 학교에서 도서관까지 가는 거리와 학교에서 병원까지 가는 거리의 차는 몇 m 몇 cm인지 구해 보세요.**

(　　　　　　　　)

### 1-2

**수돗가에서 딸기밭을 거쳐서 고구마밭에 가는 거리는 수돗가에서 곧바로 고구마밭으로 가는 거리보다 몇 m 몇 cm 더 먼지 구해 보세요.**

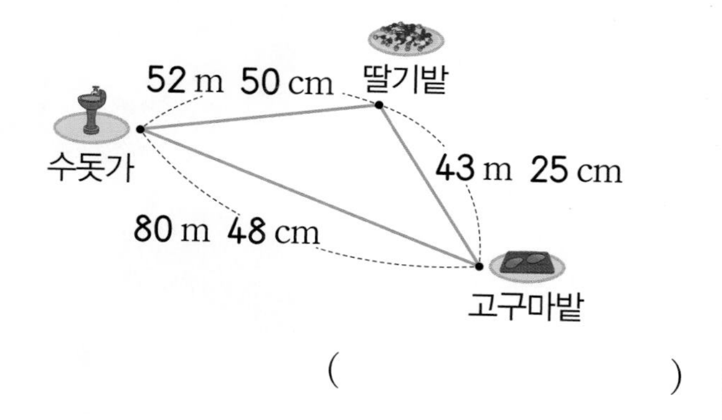


(　　　　　　　　)

### 1-3

**놀이공원 입구에서 대관람차를 거쳐서 회전목마로 가는 거리는 놀이공원 입구에서 곧바로 회전목마로 가는 거리보다 몇 m 몇 cm 더 먼지 구해 보세요.**

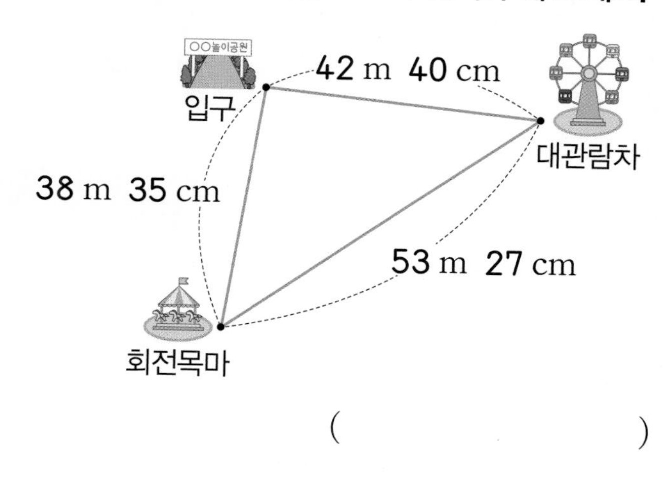


(　　　　　　　　)

# 캠핑장에 왔어요.

휴일을 맞이하여 진우네 가족이 시원한 계곡으로 캠핑을 왔어요. 맛있는 음식도 만들어 먹고, 신나게 물놀이도 할 거예요.

활동 1 캠핑장에 왔으니 캠핑카를 주차해야 해요. 진우네 캠핑카의 길이는 아빠 걸음으로 6걸음이에요. 아빠의 한 걸음이 1 m라면 캠핑카의 길이는 약 몇 m인가요?

약 (                    )

활동 2 지금부터는 텐트를 치려고 해요. 텐트의 긴 쪽은 아빠 걸음으로 5걸음을 가고도 30 cm를 더 가야 해요. 아빠의 한 걸음이 1 m라면 텐트의 긴 쪽의 길이는 약 몇 m 몇 cm인가요?

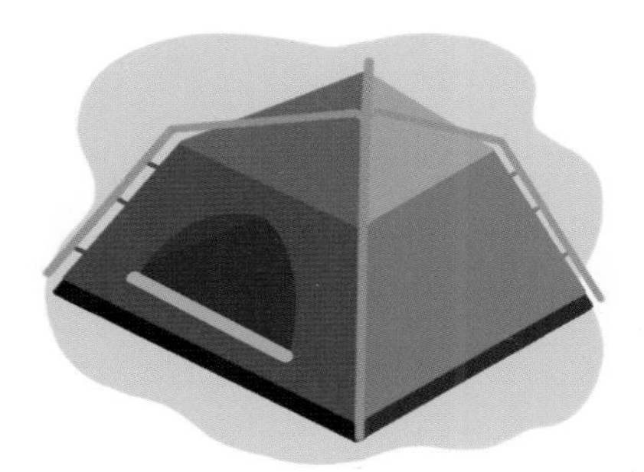

약 (                    )

활동 3 드디어 식사 시간이에요. 저기에 야외 테이블이 있네요. 진우는 집에서 가져온 테이블보를 꺼냈어요. 테이블보의 길이는 진우의 뼘으로 10번쯤이고 아빠의 뼘으로는 6번쯤이에요. 한 뼘의 길이가 더 긴 사람은 누구인가요?

(                    )

활동 4 맛있는 식사도 했고, 온 가족이 신나게 놀고 있어요. 아빠가 진우 동생을 어깨 위에 올렸어요. 아빠의 발부터 어깨까지 길이가 1 m 45 cm이고, 아빠의 어깨부터 진우 동생의 머리끝까지 길이가 53 cm예요. 아빠의 발부터 진우 동생의 머리끝까지 높이는 몇 m 몇 cm인가요?

(                    )

# 03 단원

# 분류하기

등장하는 주요 수학 어휘

**분류 기준**

## 1 분류 기준 정하기

연습 강화 학습 계획: 월 일

- 개념 1 같은 답이 나오는 질문을 찾아볼까요
- 개념 2 분류 기준을 정하는 방법을 알아볼까요(1)
- 개념 3 분류 기준을 정하는 방법을 알아볼까요(2)
- 개념 4 분류표를 만드는 방법을 알아볼까요

## 2 기준에 따라 분류하기

연습 강화 응용 강화 학습 계획: 월 일

- 개념 1 정해진 기준에 따라 분류해 볼까요(1)
- 개념 2 정해진 기준에 따라 분류해 볼까요(2)
- 개념 3 분류하여 세어 볼까요
- 개념 4 세면서 표시해 볼까요

## 3 분류한 결과 말하기

연습 강화 응용 강화 학습 계획: 월 일

- 개념 1 분류하여 세어 본 결과를 말해 볼까요(1)
- 개념 2 분류하여 세어 본 결과를 말해 볼까요(2)

이번 3단원에서는
분명한 분류 기준을 세워 분류하는 방법을 배울 거예요.
비슷한 것끼리 묶어본 경험을 떠올려 보세요.

# 개념 1 같은 답이 나오는 질문을 찾아볼까요

## 알고 있어요!

어떤 가방인가요?

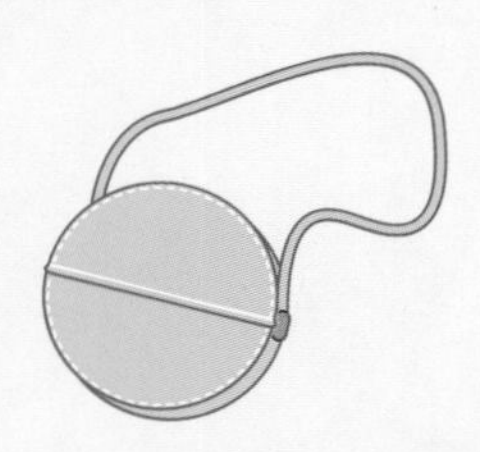

파란색 가방입니다.
원 모양의 가방입니다.
끈이 한 개인 가방입니다.
내가 좋아하는 가방입니다.

## 알고 싶어요!

가방을 보고 같은 답이 나오는 질문을 찾아보아요

| 내가 좋아하는 가방 | 친구가 좋아하는 가방 |
|---|---|
|  |   |

↓

좋아하는 것은 사람마다 달라요.

| 빨간색 가방 |
|---|
|   |

↓

누구나 같은 답을 해요.

특징 생각하기 ➡ 같은 답이 나오는 질문 찾기

[같은 답이 나오는 질문 찾기]

원 모양의 가방은?

끈이 두 개인 가방은?

⬇

누구나 같은 답을 하는 질문이에요.

멋진 가방은?

크기가 큰 가방은?

⬇

사람마다 다른 답을 할 수 있는 질문이에요.

## 개념 2 분류 기준을 정하는 방법을 알아볼까요(1)

### 알고 있어요!

삼각형 모양 물건은?
검은색 옷은?
다리가 4개인 동물은?

⬇

모두 생각이 같아요.

멋진 풍경은?
색깔이 연한 색연필은?
좋아하는 장난감은?

⬇

사람마다 생각이 달라요.

### 알고 싶어요!

누구나 같은 답을 할 수 있는 질문을 떠올려 보아요.

↓

글자 수가 한 글자인 과일은?

귤 배 감

↓

글자 수는 분명한 분류 기준이 될 수 있어요.

같은 답이 나오는 질문 찾기 ➡ 분류 기준 정하기

누가 분류를 하더라도 분류 결과가 같아야 해요!

[글자 수를 기준으로 과일 분류하기]

| 한 글자인 과일 | 두 글자인 과일 |
|---|---|
| 귤 배 감 | 사과 포도 살구 망고 자두 |

# 개념 3 분류 기준을 정하는 방법을 알아볼까요(2)

## 알고 싶어요!

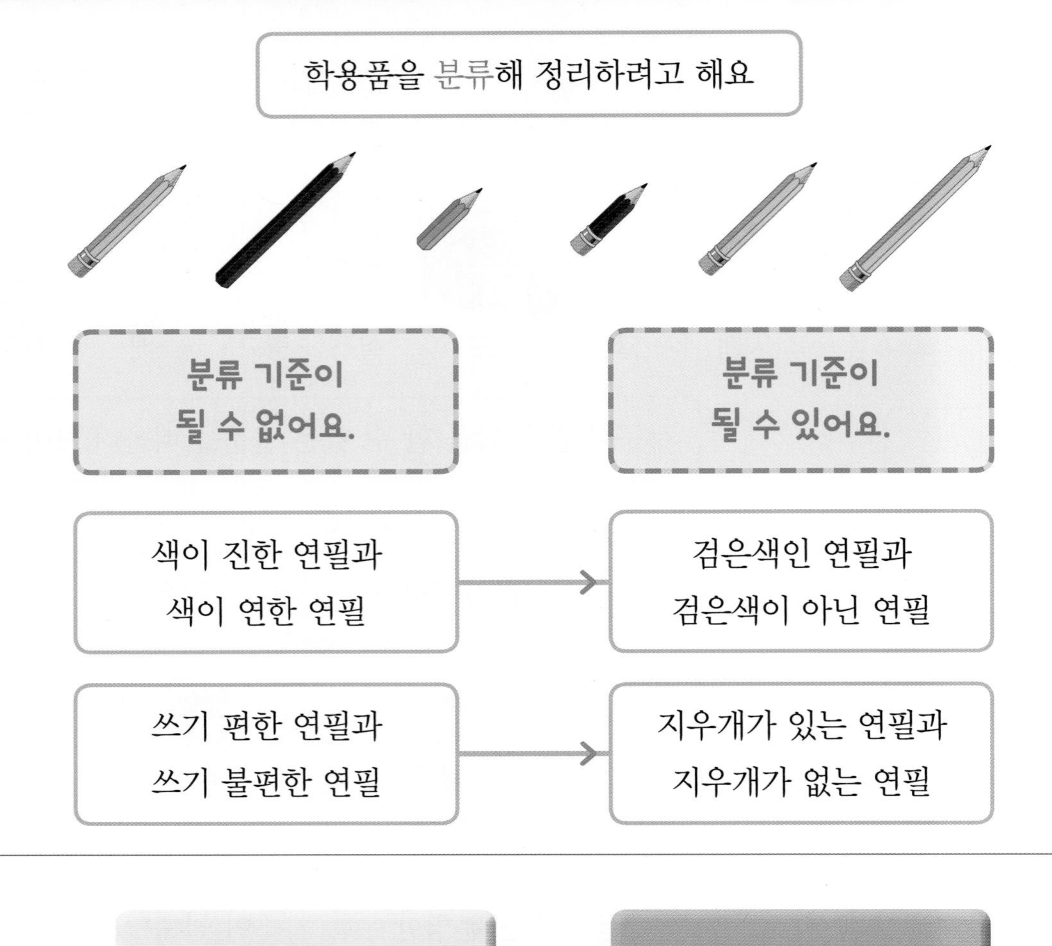

학용품을 분류해 정리하려고 해요
분류 기준이 될 수 없어요.
분류 기준이 될 수 있어요.
색이 진한 연필과 색이 연한 연필
검은색인 연필과 검은색이 아닌 연필
쓰기 편한 연필과 쓰기 불편한 연필
지우개가 있는 연필과 지우개가 없는 연필


특징 알아보기 ➡ 분명한 분류 기준 찾기

모두가 인정하는 분명한 기준으로 분류해야 해요!

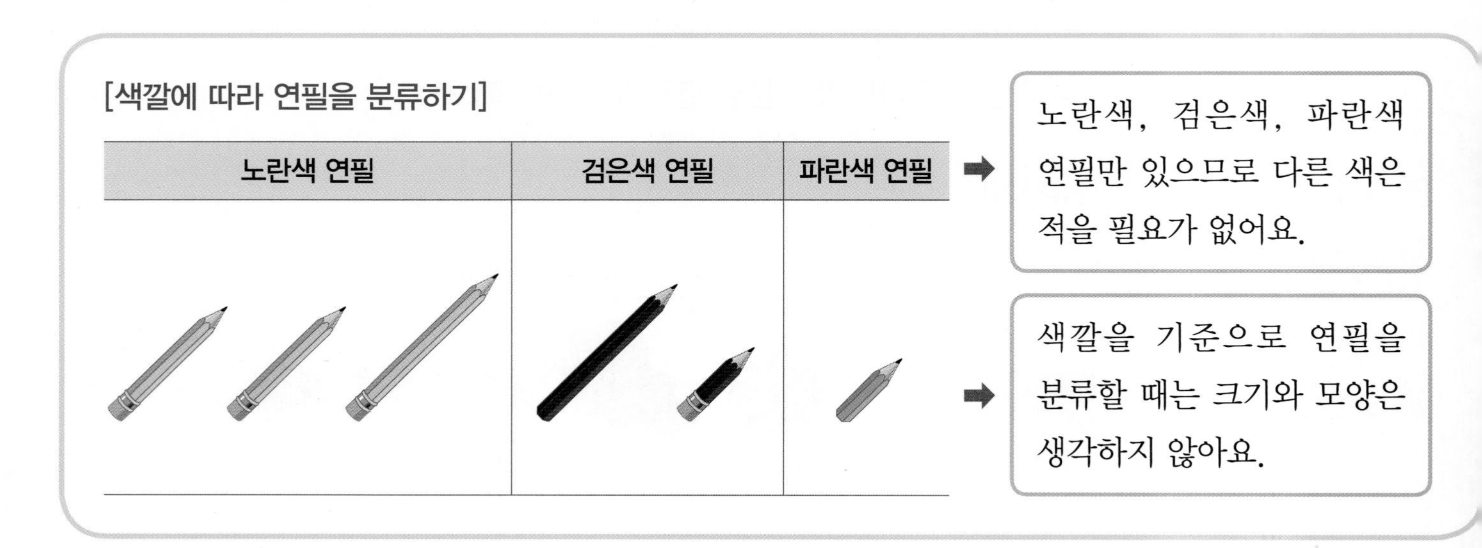

[색깔에 따라 연필을 분류하기]
노란색 연필
검은색 연필
파란색 연필
노란색, 검은색, 파란색 연필만 있으므로 다른 색은 적을 필요가 없어요.
색깔을 기준으로 연필을 분류할 때는 크기와 모양은 생각하지 않아요.

# 개념 4 분류표를 만드는 방법을 알아볼까요

## 알고 싶어요!

옷을 분류해 정리하려고 해요

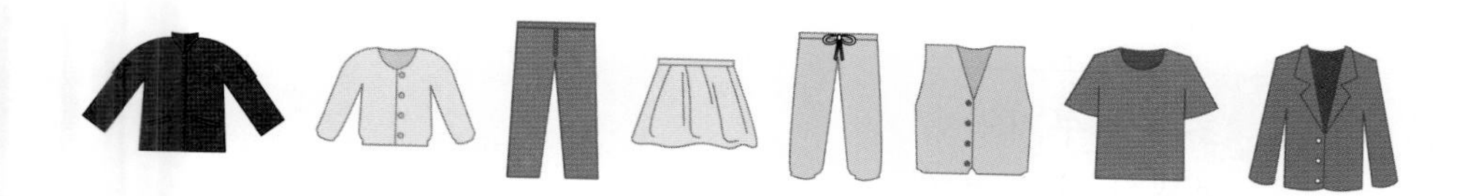

분류 기준: 지퍼가 있는 옷과
단추가 있는 옷

| 지퍼가 있는 옷 | 단추가 있는 옷 |
|---|---|
|  |  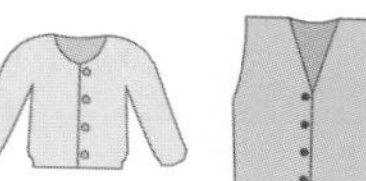  |

분류 기준으로 모든 물건이
분류되지 않았어요.

지퍼가 있나요?
단추가 있나요?
와 같은 질문에 누구나
같은 답을 할 수 있어요.

지퍼도 없고
단추도 없는
옷은
어떻게 하죠?

분명한 분류 기준 찾기  분류표 만들기

분류한 다음 빠뜨리거나 두 번 들어간 것이 없어야 해요!

[지퍼와 단추에 따라 옷을 다시 분류하기]

| 지퍼가 있는 옷 | 단추가 있는 옷 | 지퍼도 없고 단추도 없는 옷 |
|---|---|---|
| | | |

이렇게 표를 만들면 모든
옷을 분류할 수 있어요.

## 수해력을 확인해요

• 분류하는 기준으로 알맞은 것 찾기

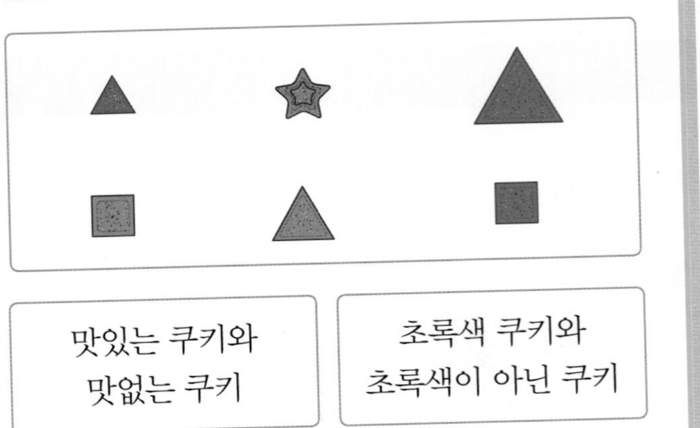

| 맛있는 쿠키와 맛없는 쿠키 | 초록색 쿠키와 초록색이 아닌 쿠키 |
|---|---|
| (　　) | ( ○ ) |

**01~03** 위의 쿠키를 분류하는 기준으로 알맞은 것에 ○표 하세요.

**01**

| 삼각형 모양 쿠키와 삼각형 모양이 아닌 쿠키 | 모양이 예쁜 쿠키와 예쁘지 않은 쿠키 |
|---|---|
| (　　) | (　　) |

**02**

| 별 모양 쿠키와 삼각형 모양 쿠키와 사각형 모양 쿠키 | 크기가 큰 쿠키와 크기가 작은 쿠키 |
|---|---|
| (　　) | (　　) |

**03**

| 분홍색 쿠키와 노란색 쿠키 | 빨간색 쿠키와 초록색 쿠키 |
|---|---|
| (　　) | (　　) |

**04~07** 옷을 분류하는 기준으로 알맞은 것에 ○표 하세요.

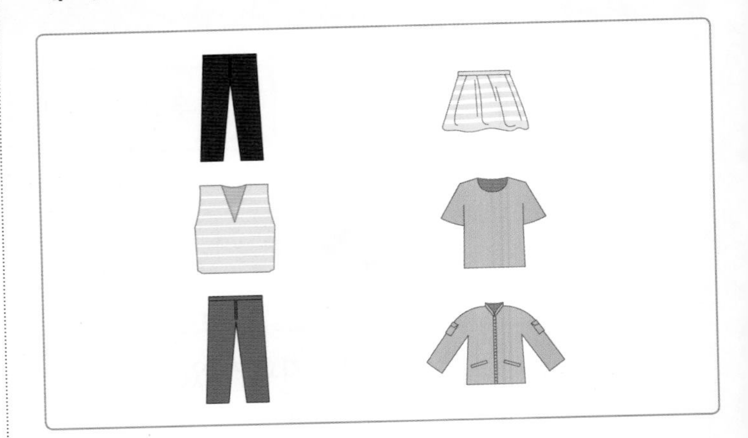

**04**

| 양말과 양말이 아닌 것 | 바지와 바지가 아닌 것 |
|---|---|
| (　　) | (　　) |

**05**

| 자주 입는 것과 자주 입지 않는 것 | 위에 입는 옷과 아래에 입는 옷 |
|---|---|
| (　　) | (　　) |

**06**

| 노란색 옷과 검은색 옷 | 보라색 옷과 보라색이 아닌 옷 |
|---|---|
| (　　) | (　　) |

**07**

| 무늬가 있는 옷과 무늬가 없는 옷 | 하트 무늬 옷과 줄무늬 옷 |
|---|---|
| (　　) | (　　) |

**분류 기준에 따라 분류하기에 알맞은 것 찾기**

분류 기준: 모양

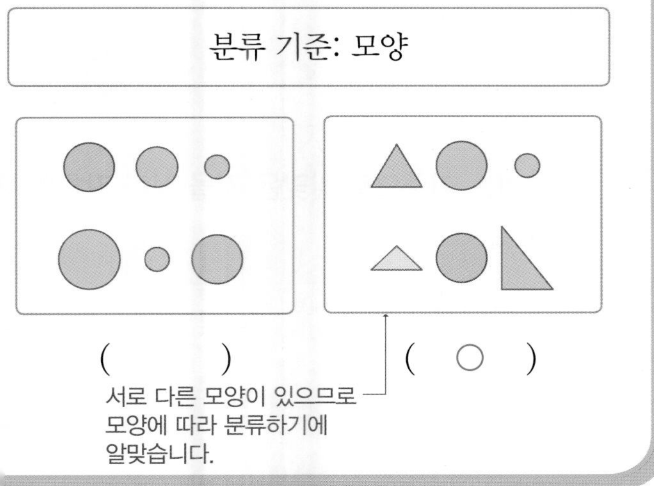

(    )    (  ○  )

서로 다른 모양이 있으므로 모양에 따라 분류하기에 알맞습니다.

**08~12 정해진 기준에 따라 분류하기에 알맞은 것에 ○표 하세요.**

## 08

분류 기준: 색깔

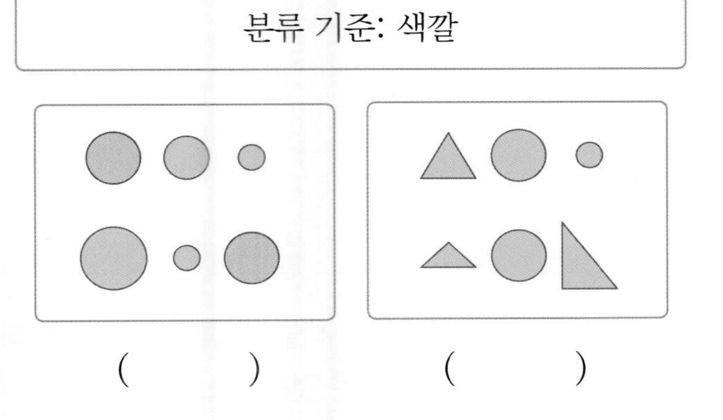

(    )    (    )

## 09

분류 기준: 무늬

(    )    (    )

## 10

분류 기준: 다리의 수

(    )    (    )

## 11

분류 기준: 우유의 맛

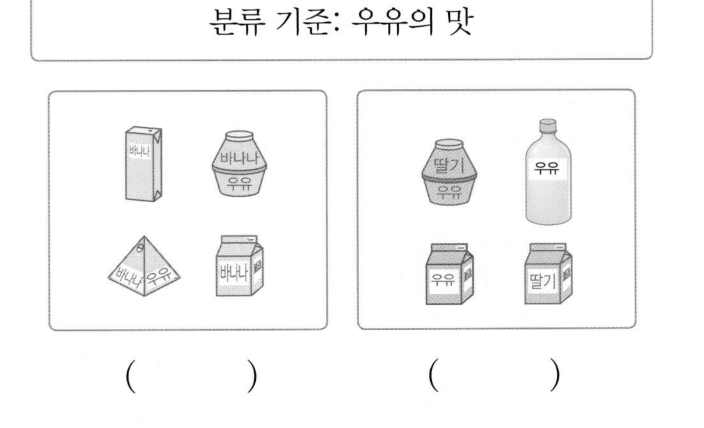


(    )    (    )

## 12

분류 기준: 길이

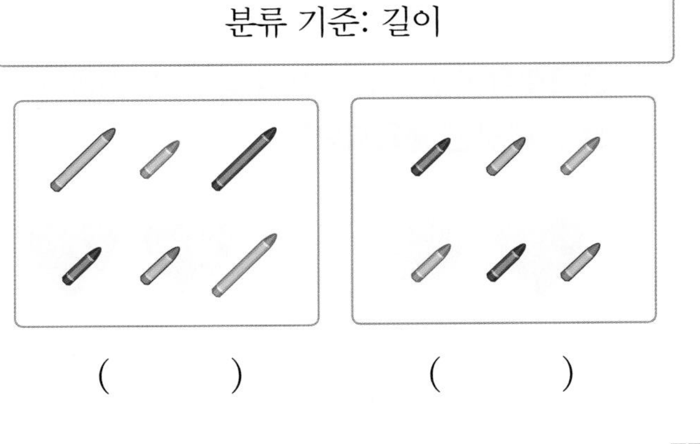

(    )    (    )

# 수해력을 높여요

## 01 수첩을 보고 누구나 같은 답을 할 수 있는 질문을 만들었습니다. 알맞게 만든 것에 ○표 하세요.

| 스프링이 있는 수첩은 어느 것인가요? | 갖고 싶은 수첩은 어느 것인가요? |
|---|---|
| (　　　) | (　　　) |

## 02 동물을 분류할 수 있는 기준을 알맞게 이야기한 사람을 찾아 이름을 써 보세요.

날개가 있는 동물과 날개가 없는 동물로 분류해 볼래.
무서운 동물과 무섭지 않은 동물로 분류해 볼래.
민주
형민

(　　　　　　　　)

## 03 초콜릿을 모양, 크기, 색깔 중 어떤 것을 기준으로 분류하면 좋을까요?

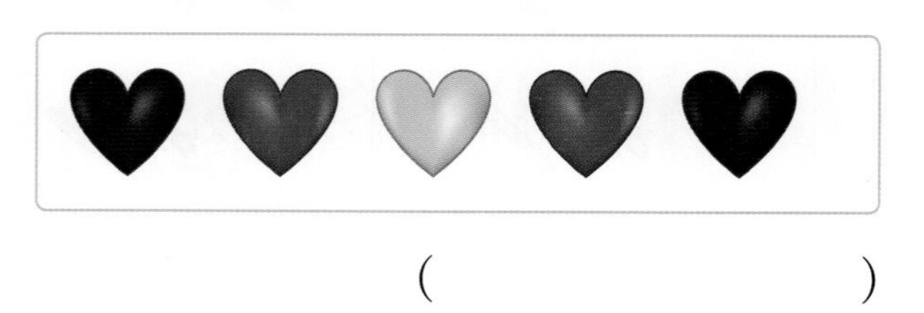

(　　　　　　　　)

**04~05** 꽃을 분류하려고 합니다. 물음에 답해 보세요.

## 04 분류하는 기준으로 알맞은 것을 찾아 기호를 써 보세요.

㉠ 꽃잎의 수　　　　㉡ 꽃잎의 색깔

(　　　　)

[부록]의 자료를 사용하세요.

## 05 알맞은 분류 기준을 쓰고 꽃을 분류해 붙임 딱지를 붙여 보세요.

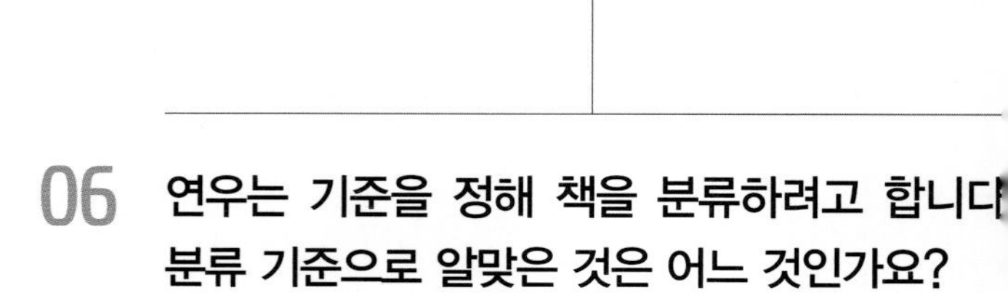

| | |
|---|---|
| | |

## 06 연우는 기준을 정해 책을 분류하려고 합니다. 분류 기준으로 알맞은 것은 어느 것인가요?

(　　　)

① 재미있는 책과 재미없는 책
② 큰 책과 작은 책
③ 동화책과 그림책
④ 제목이 영어인 책과 한글인 책
⑤ 사각형 모양 책과 삼각형 모양 책

07~08 시계 가게에서 시계를 세 개의 상자에 나누어 담아 정리하려고 합니다. 물음에 답해 보세요.

**07** 어떻게 분류하여 정리하면 좋을지 써 보세요.

---

---

[부록]의 자료를 사용하세요.

**08** 알맞은 분류 기준을 쓰고 시계를 분류해 붙임 딱지를 붙여 보세요.

| | | |
|---|---|---|
| | | |

**09** 컵을 다음과 같이 분류했습니다. 어떤 것을 기준으로 분류했는지 빈칸에 써넣으세요.

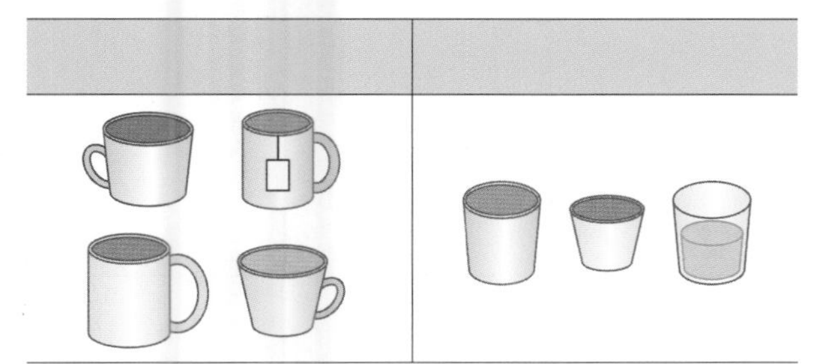

[부록]의 자료를 사용하세요.

**10** 실생활 활용

윤주는 다음과 같은 재활용 쓰레기를 정리해 버리려고 합니다. 보기 에서 알맞은 분류 기준을 찾아 쓰고 재활용 쓰레기를 분류해 붙임 딱지를 붙여 보세요.

우유갑 페트병 주스 팩 요구르트병 신문지

보기

스티로폼 캔류 종이류
플라스틱류 비닐류 유리류

| | |
|---|---|
| | |

**11** 교과 융합

글자를 분류하는 기준으로 알맞은 것을 찾아 ○표 하고 글자를 분류해 보세요.

| | | | |
|---|---|---|---|
| 곰 | 강 | 요 | 밥 |
| 홍 | 나 | 글 | 너 |

⬇

시옷이 있는 글자와 시옷이 없는 글자 / 받침이 있는 글자와 받침이 없는 글자

⬇

| | |
|---|---|
| | |

# 수해력을 완성해요

대표 응용 1

## 분류 기준을 찾아 국기 분류하기

세계 여러 나라의 국기에는 다양한 색깔이 들어 있습니다. 국기에 들어 있는 색깔의 수에 따른 분류 기준을 찾고 국기를 분류해 붙임 딱지를 붙여 보세요.

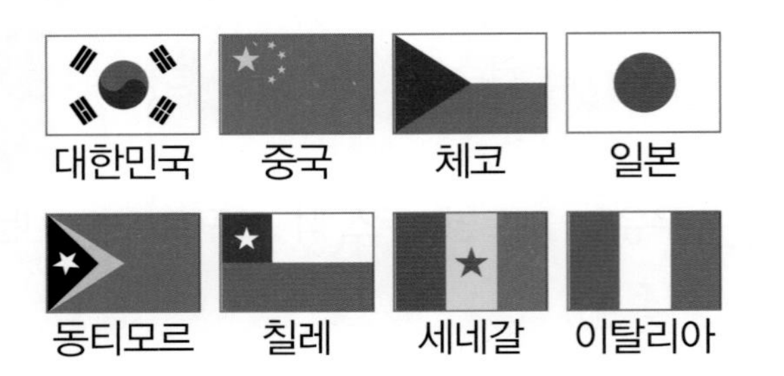


**해결하기**

1단계 대한민국 국기에는 하얀색, ☐, ☐, ☐이 들어 있으므로 색깔의 수는 ☐개입니다.

2단계 다른 나라 국기에는 ☐개, ☐개, 4개의 색깔이 들어 있습니다.

3단계 ☐ 안에 알맞은 수를 쓰고 국기를 분류해 붙임 딱지를 붙여 보세요.

| 색깔의 수가 ☐개인 국기 | 색깔의 수가 ☐개인 국기 | 색깔의 수가 ☐개인 국기 |
|---|---|---|
| | | |

[부록]의 자료를 사용하세요.

## 1-1

세계 여러 나라의 국기에는 삼각형, 사각형, 원, 별 모양과 같이 다양한 모양이 들어 있습니다. 물음에 답해 보세요.

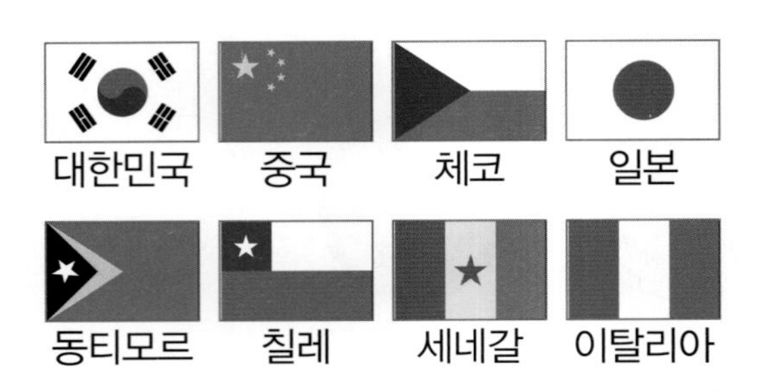


(1) 모양에 따른 분류 기준을 찾고 국기를 분류해 붙임 딱지를 붙여 보세요.

| ☐ 모양이 들어 있는 국기 | ☐ 모양이 들어 있지 않은 국기 |
|---|---|
| | |

(2) 다른 모양에 따른 분류 기준을 찾고 국기를 분류해 붙임 딱지를 붙여 보세요.

| ☐ 모양이 들어 있는 국기 | ☐ 모양이 들어 있지 않은 국기 |
|---|---|
| | |

대표 응용 2

## 분류 기준을 정해 단추 분류하기

다양한 단추들이 있습니다. 무엇을 기준으로 정리하면 좋을지 생각해 단추를 분류해 붙임 딱지를 붙여 보세요.

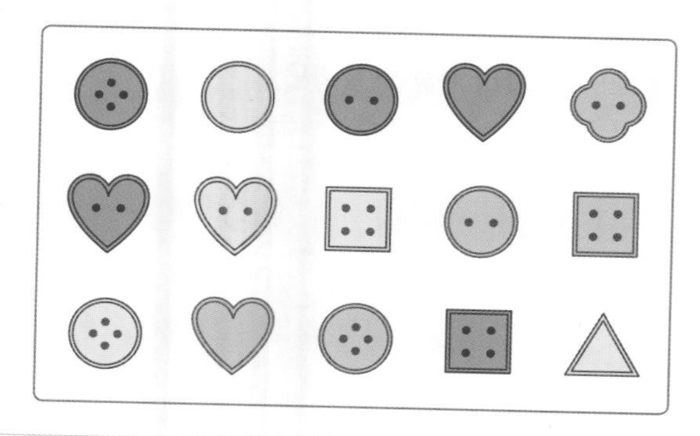

**해결하기**

1단계 단추의 색깔에는 빨간색, [ ], [ ]이 있습니다.

2단계 단춧구멍의 수는 0개, [ ]개, [ ]개가 있습니다.

3단계 알맞은 분류 기준을 쓰고 단추를 분류해 붙임 딱지를 붙여 보세요.

필요한 만큼 칸을 나누어요.

## 2-1

다양한 단추들이 있습니다. 물음에 답해 보세요.

(1) 무엇을 기준으로 정리하면 좋을지 생각해 단추를 분류해 붙임 딱지를 붙여 보세요.

필요한 만큼 칸을 나누어요.

(2) 또 다른 기준을 찾아 단추를 분류해 붙임 딱지를 붙여 보세요.

필요한 만큼 칸을 나누어요.

# 개념 1 정해진 기준에 따라 분류해 볼까요(1)

## 알고 있어요!

분류 기준이 될 수 없어요.

- 멋진 것과 멋지지 않은 것
- 진한 색인 것과 연한 색인 것

분류 기준이 될 수 있어요.

- 삼각형 모양인 것과 사각형 모양인 것
- 빨간색인 것과 분홍색인 것

## 알고 싶어요!

모양 블록을 정리하려고 해요

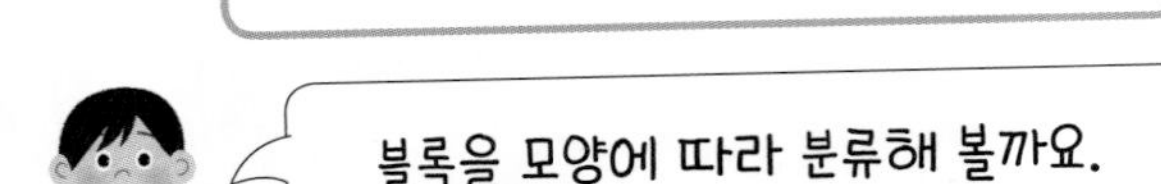


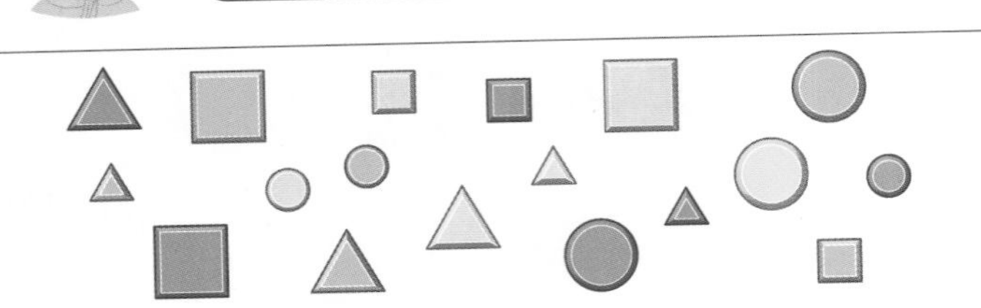

분류 기준: 모양

| 삼각형 모양의 블록 | 사각형 모양의 블록 | 원 모양의 블록 |
|---|---|---|
| | | |

정해진 분류 기준 확인하기 ➡ 분류 기준에 맞게 분류하기

분류 기준이 달라지면 분류 결과도 달라져요!

[색깔을 기준으로 블록 분류하기]

분류 기준: 색깔

| 빨간색 블록 | 노란색 블록 | 파란색 블록 |
|---|---|---|
| | | |

## 개념 2 정해진 기준에 따라 분류해 볼까요(2)

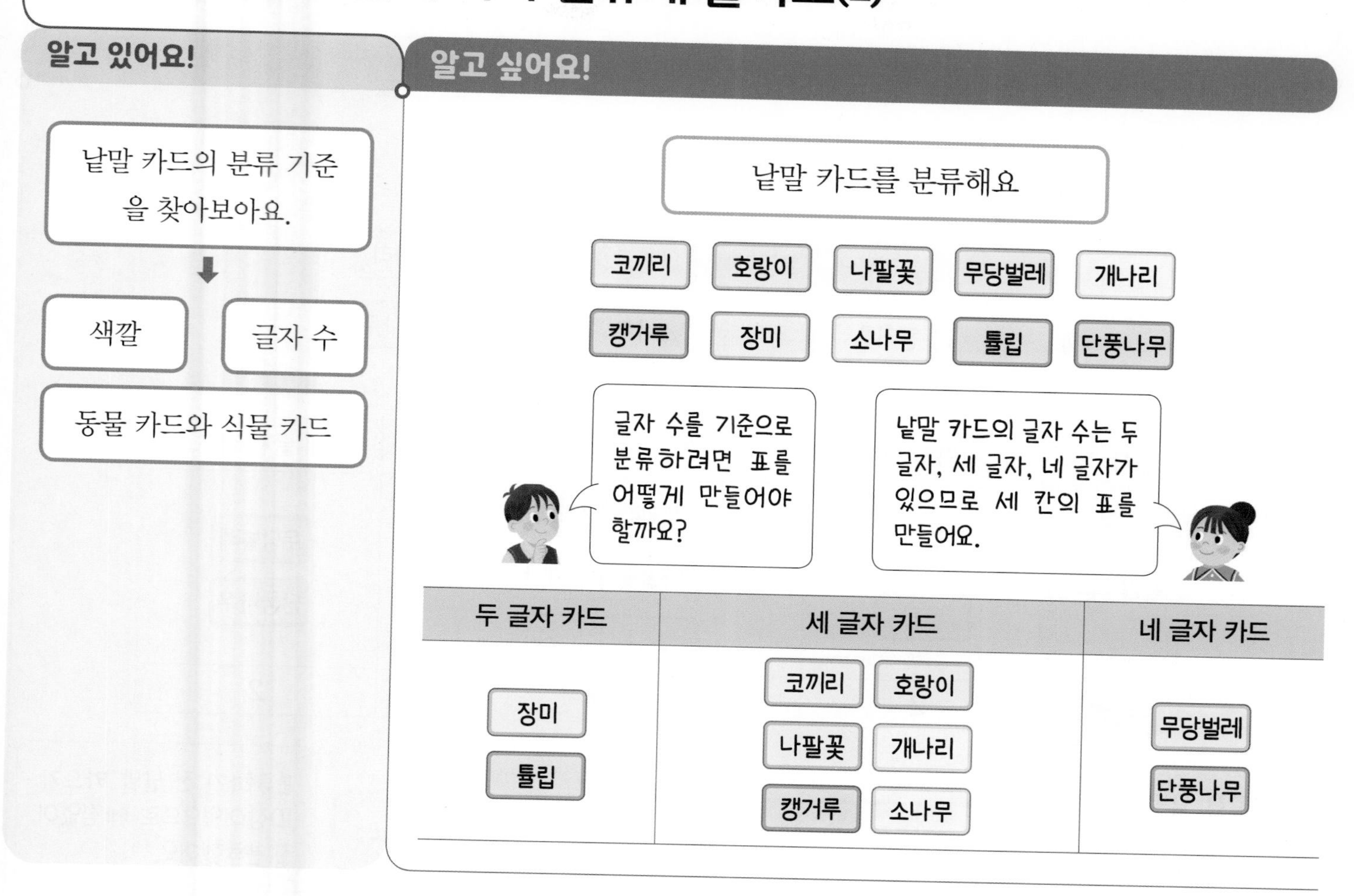


| 두 글자 카드 | 세 글자 카드 | 네 글자 카드 |
|---|---|---|
| 장미, 튤립 | 코끼리, 호랑이, 나팔꽃, 개나리, 캥거루, 소나무 | 무당벌레, 단풍나무 |

정해진 분류 기준 확인하기  표 만들어 분류하기

정해진 분류 기준에 맞게 필요한 칸을 만들어요!

[색깔을 기준으로 낱말카드 분류하기]

모두 4가지 색깔이 있으므로 네 칸의 표를 만들어요.

빨간색 카드, 노란색 카드, ... 모두 몇 가지 색깔이 있을까요?

| 빨간색 카드 | 노란색 카드 | 파란색 카드 | 초록색 카드 |
|---|---|---|---|
| 캥거루, 튤립, 단풍나무 | 개나리, 소나무 | 코끼리, 나팔꽃, 장미 | 호랑이, 무당벌레 |

## 개념 3 분류하여 세어 볼까요

### 알고 싶어요!

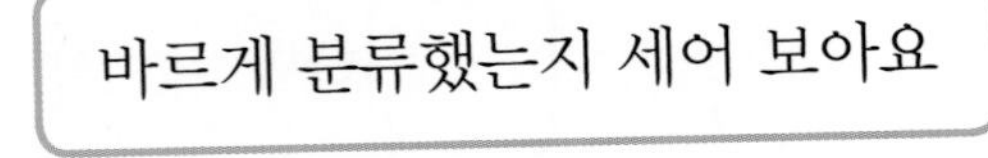


코끼리 호랑이 나팔꽃 무당벌레 개나리

캥거루 장미 소나무 튤립 단풍나무

| 글자 수 | 두 글자 카드 | 세 글자 카드 | 네 글자 카드 |
|---|---|---|---|
| 낱말 카드 | 장미, 튤립 | 코끼리, 호랑이, 나팔꽃, 개나리, 캥거루, 소나무 | 무당벌레, 단풍나무 |
| 카드 수(장) | 2 | 6 | 2 |

분류한 낱말 카드의 수를 모두 더하면 몇 장이 되어야 할까요?

분류한 카드는 모두 2+6+2=10(장)이에요

분류하기 전 낱말 카드가 10장이었으므로 빠짐없이 잘 분류했어요.

정해진 분류 기준 확인하기  분류하여 세어 보기

[낱말 카드 10장을 색깔을 기준으로 바르게 분류했는지 세어 보기]

| 색깔 | 빨간색 카드 | 노란색 카드 | 파란색 카드 | 초록색 카드 |
|---|---|---|---|---|
| 낱말 카드 | 캥거루, 튤립, 단풍나무 | 개나리, 소나무 | 코끼리, 나팔꽃, 장미 | 호랑이, 무당벌레 |
| 카드 수(장) | 3 | 2 | 3 | 2 |

분류한 카드는 모두 3+2+3+2=10(장)이므로 빠짐없이 잘 분류했어요.

## 개념 4 세면서 표시해 볼까요

### 알고 있어요!

• 개수를 셀 때 /로 표시할 수 있어요.

| / | // | /// | //// |
|---|---|---|---|
| 1개 | 2개 | 3개 | 4개 |

| ~~////~~ | ~~////~~ / | ~~////~~ // |
|---|---|---|
| 5개 | 6개 | 7개 |

### 알고 싶어요!

카드 수를 세면서 분류해요

코끼리 호랑이 나팔꽃 무당벌레 개나리
캥거루 장미 소나무 튤립 단풍나무

| 종류 | 동물 카드 | 식물 카드 |
|---|---|---|
| 세면서 표시하기 | //// | ~~////~~ |
| 카드 수(장) | 4 | 5 |

분류하기 전 카드가 10장이었으므로 한 장이 빠졌어요.

바르게 다시 분류해요

| 종류 | 동물 카드 | 식물 카드 |
|---|---|---|
| 세면서 표시하기 | //// | ~~////~~ / |
| 카드 수(장) | 4 | 6 |

분류하여 세어 보기  빠진 것이 없는지 확인하기

분류하기 전과 후의 낱말 카드의 수는 같아요!

[개수를 셀 때 다른 방법으로 표시하기]

개수를 셀 때 한자 正(바를 정)으로 표시할 수 있어요.

| 一 | T | 下 | 正 | 正 | 正一 | 正T | 正下 | 正正 | 正正 |
|---|---|---|---|---|---|---|---|---|---|
| 1개 | 2개 | 3개 | 4개 | 5개 | 6개 | 7개 | 8개 | 9개 | 10개 |

# 수해력을 확인해요

• 잘못 분류된 것 찾기

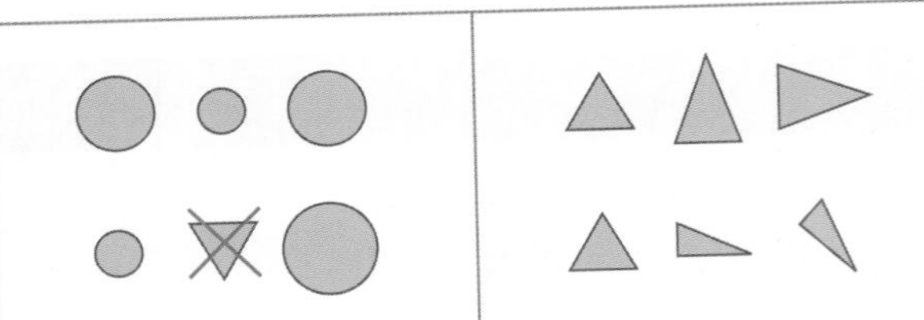

ㄴ 모양을 기준으로 분류했으므로 원이 있는 칸에 삼각형이 잘못 분류되었습니다.

**01~06** 어떤 기준에 따라 분류했습니다. 잘못 분류된 것을 찾아 ×표 하세요.

01

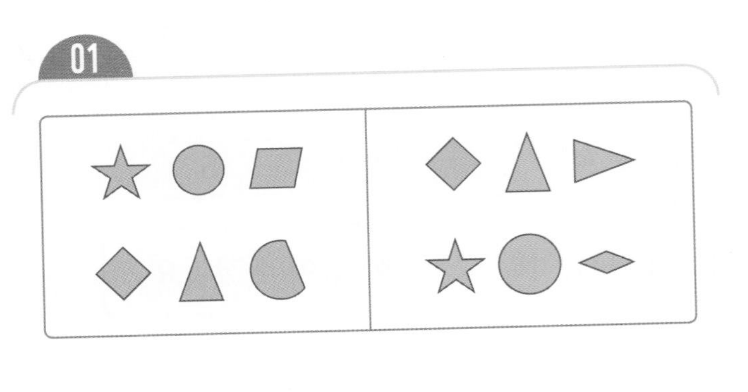

02

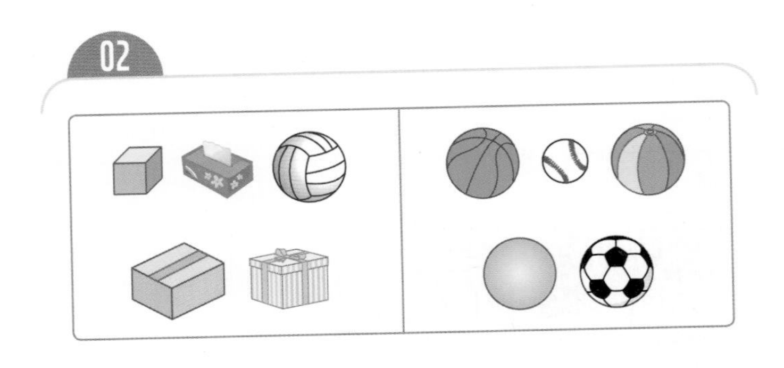

03

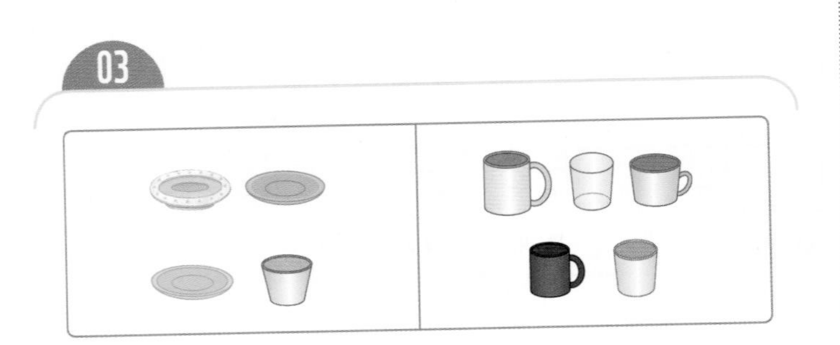

04

05

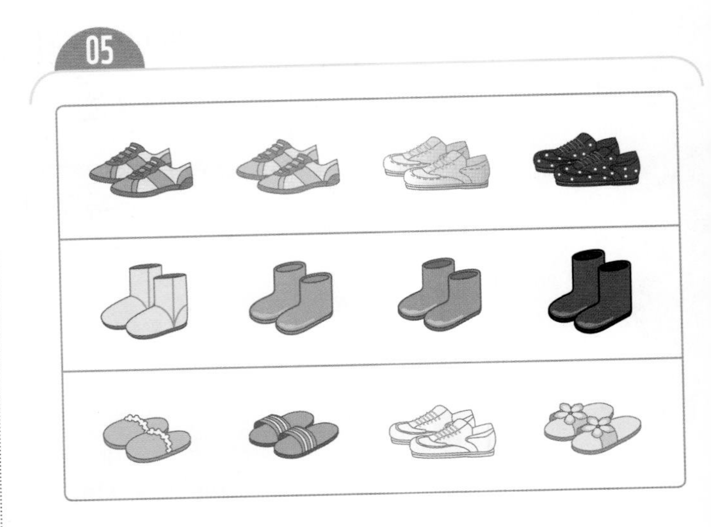

06

## 분류하고 세어 보기

〈좋아하는 과일〉

| 과일 | 사과 | 포도 | 딸기 | 귤 |
|---|---|---|---|---|
| 세면서 표시하기 | | | | |
| 학생 수 (명) | 5 | 5 | 4 | 4 |

**07 ~ 09 우리 반 친구들 18명에게 조사한 결과를 기준에 따라 분류하고 그 수를 세어 보세요.**

### 07

〈좋아하는 색깔〉

| 색깔 | 빨간색 | 노란색 | 초록색 | 파란색 |
|---|---|---|---|---|
| 세면서 표시하기 | | | | |
| 학생 수 (명) | | | | |

### 08

〈여행 가고 싶은 장소〉

| 바다 | 동물원 | 바다 | 바다 | 동물원 | 놀이 공원 |
|---|---|---|---|---|---|
| 놀이 공원 | 바다 | 바다 | 놀이 공원 | 동물원 | 바다 |
| 바다 | 놀이 공원 | 바다 | 동물원 | 놀이 공원 | 놀이 공원 |

| 장소 | 바다 | 동물원 | 놀이공원 |
|---|---|---|---|
| 세면서 표시하기 | | | |
| 학생 수 (명) | | | |

### 09

〈어제 읽은 책 수〉

| 1권 | 4권 | 2권 | 1권 | 3권 | 읽지 않음 |
|---|---|---|---|---|---|
| 읽지 않음 | 4권 | 1권 | 4권 | 2권 | 3권 |
| 4권 | 3권 | 읽지 않음 | 2권 | 3권 | 2권 |

| 책 수 | 읽지 않음 | 1권 | 2권 | 3권 | 4권 |
|---|---|---|---|---|---|
| 세면서 표시하기 | | | | | |
| 학생 수 (명) | | | | | |

# 수해력을 높여요

**01** 사탕을 기준에 따라 분류하여 기호를 써넣으세요.

| 막대가 있는 사탕 | 막대가 없는 사탕 |
| --- | --- |
| | |

**02** 01에서 막대가 있는 사탕과 막대가 없는 사탕은 모두 몇 개인가요?

( )

**03** 지수는 엄마와 시장에 다녀와서 과일, 빵, 음료수로 다음과 같이 정리했습니다. 잘못 정리한 것을 찾아 ○표 하고, 그렇게 생각한 이유를 써 보세요.

이유

**04** 여러 가지 모양의 블록으로 벌과 꽃을 만들었습니다. 블록을 기준에 따라 분류하고 그 수를 세어 보세요.

| 블록 모양 |  |  |  |  |
| --- | --- | --- | --- | --- |
| 세면서 표시하기 | | | | |
| 블록 수 (개) | | | | |

**05** 일회용품을 정리하려고 합니다. 기준에 따라 분류하여 기호를 써넣으세요.

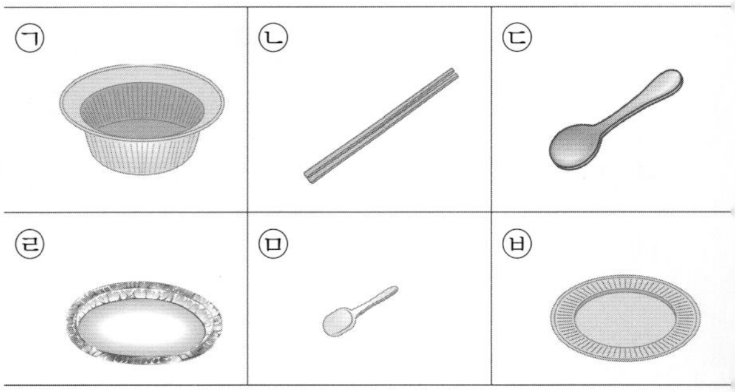


수저는 숟가락과 젓가락을 말해요.

| | |
| --- | --- |
| 일회용 수저 | |
| 일회용 그릇 | |

**06** 자를 이용해 막대의 길이를 재어 보고 기준에 따라 분류하여 번호를 써넣으세요.

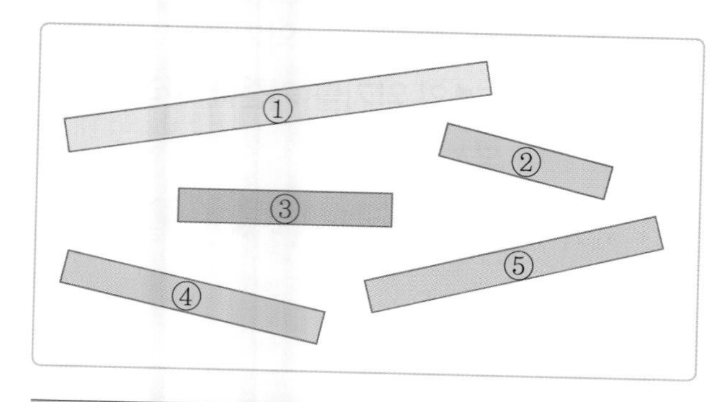


| 3 cm보다 긴 막대 | 3 cm보다 짧은 막대 |
|---|---|
| | |

**07~08** 낱말 카드를 보고 물음에 답해 보세요.

| 토마토 | 별똥별 | 치즈 | 일요일 | 아이 |
|---|---|---|---|---|
| 전반전 | 스위스 | 기러기 | 바나나 | 오디오 |
| 일주일 | 상상 | 두부 | 라디오 | 지우개 |

**07** 낱말 카드를 기준에 따라 분류하고 그 수를 세어 보세요.

| 종류 | 똑바로 읽을 때와 거꾸로 읽을 때가 같은 낱말 카드 | 똑바로 읽을 때와 거꾸로 읽을 때가 다른 낱말 카드 |
|---|---|---|
| 세면서 표시하기 | | |
| 카드 수 (장) | | |

**08** 똑바로 읽을 때와 거꾸로 읽을 때가 다른 낱말 카드 중 먹을 수 있는 것이 적힌 낱말 카드는 모두 몇 장인가요?

( )

**09** 수 카드를 기준에 따라 분류하고 그 수를 세어 보세요.

| 201 | 235 | 183 | 214 |
|---|---|---|---|
| 217 | 178 | 139 | 225 |

| 종류 | 200보다 큰 수 | 200보다 작은 수 |
|---|---|---|
| 세면서 표시하기 | | |
| 카드 수 (장) | | |

[부록]의 자료를 사용하세요.

**10** 교과 융합

물가나 물속에서 볼 수 있는 동물입니다. 기준에 따라 분류해 붙임 딱지를 붙여 보세요.

| 날개가 있는 동물 | 날개가 없는 동물 |
|---|---|
| | |

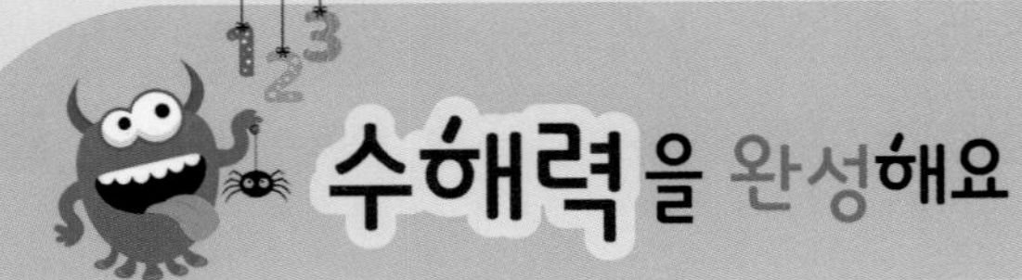


[부록]의 자료를 사용하세요.

대표 응용 1

## 악기 분류하기

악기를 기준에 따라 분류해 붙임 딱지를 붙여 보세요.

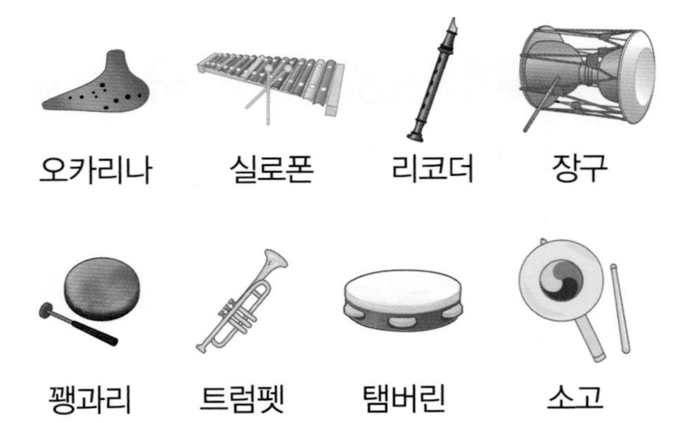


**해결하기**

1단계 입으로 불어 소리를 내는 악기는

오카리나, [ ], [ ] 입니다.

2단계 손이나 채로 쳐서 소리를 내는 악기는

실로폰, 장구, [ ], [ ], [ ] 입니다.

3단계 분류 기준에 따라 악기를 분류해 붙임 딱지를 붙여 보세요.

| 입으로 불어 소리를 내는 악기 | 손이나 채로 쳐서 소리를 내는 악기 |
|---|---|
| | |

## 1-1

채가 있는 악기와 채가 없는 악기로도 악기를 분류할 수 있습니다. **1**의 악기를 기준에 따라 분류해 붙임 딱지를 붙여 보세요.

| 채가 있는 악기 | 채가 없는 악기 |
|---|---|
| | |

## 1-2

우리나라 악기와 다른 나라 악기로도 악기를 분류할 수 있습니다. **1**의 악기를 기준에 따라 분류해 붙임 딱지를 붙여 보세요.

| 우리나라 악기 | 다른 나라 악기 |
|---|---|
| | |

악기 이름이 영어인지 우리말인지 생각해 보세요.

대표 응용 **2** 분류하여 세어 보기

세 자리 수를 기준에 따라 분류할 때 나에 들어갈 수는 몇 개인지 구해 보세요.

| 253 | 750 | 893 | 459 | 818 |
|---|---|---|---|---|
| 723 | 303 | 152 | 207 | 464 |

| 십의 자리 숫자가 50을 나타내는 수 | 십의 자리 숫자가 50을 나타내지 않는 수 |
|---|---|
| 가 | 나 |

**해결하기**

1단계 분류하려는 세 자리 수는 모두 ☐ 개입니다.

2단계 가에 들어갈 수는 253, ☐, ☐, ☐ 입니다.

3단계 가에 들어갈 수는 ☐ 개이므로 나에 들어갈 수는 ☐ 개입니다.

## 2-1

세 자리 수를 기준에 따라 분류할 때 나에 들어갈 수는 몇 개인지 구해 보세요.

| 785 | 102 | 929 | 568 | 323 |
|---|---|---|---|---|
| 767 | 999 | 521 | 805 | 121 |

| 백의 자리 숫자가 500을 나타내는 수 | 백의 자리 숫자가 500을 나타내지 않는 수 |
|---|---|
| 가 | 나 |

( )

## 2-2

세 자리 수를 기준에 따라 분류할 때 나에 들어갈 수는 몇 개인지 구해 보세요.

| 785 | 102 | 929 | 496 | 323 |
|---|---|---|---|---|
| 590 | 286 | 114 | 268 | 512 |
| 723 | 373 | 192 | 967 | 464 |

| 500보다 큰 수 | 500보다 작은 수 |
|---|---|
| 가 | 나 |

( )

## 2-3

세 자리 수를 기준에 따라 분류할 때 가와 다에 들어갈 수는 모두 몇 개인지 구해 보세요.

| 785 | 102 | 929 | 496 | 323 |
|---|---|---|---|---|
| 590 | 586 | 115 | 268 | 512 |

| 일의 자리 수가 5보다 작은 수 | 일의 자리 수가 5인 수 | 일의 자리 수가 5보다 큰 수 |
|---|---|---|
| 가 | 나 | 다 |

( )

# 3. 분류한 결과 말하기

## 개념 1 분류하여 세어 본 결과를 말해 볼까요(1)

**알고 있어요!**

우리 반 친구들이 좋아하는 운동 조사하기

친구들이 좋아하는 운동 경기를 알아보는 것을 '조사한다'라고 해요.

**알고 싶어요!**

운동회 때 어떤 운동 경기를 할지 결정해요

자신이 좋아하는 운동 경기를 하나씩 적어 주세요.

| 축구 | 야구 | 축구 | 축구 | 피구 |
|---|---|---|---|---|
| 달리기 | 축구 | 야구 | 달리기 | 달리기 |
| 달리기 | 피구 | 야구 | 축구 | 축구 |

우리 반 친구들 15명에게 조사했어요.

종류별로 분류해서 수를 세어 보세요.

| 종류 | 축구 | 야구 | 피구 | 달리기 |
|---|---|---|---|---|
| 학생 수(명) | 6 | 3 | 2 | 4 |

학생 수를 다시 더하면 $6+3+2+4=15$(명) 이므로 빠짐없이 조사했어요.

➡ 우리 반 친구들이 가장 좋아하는 운동은 축구이므로 운동회 때 축구를 함께 하면 좋겠습니다.

조사하기 ➡ 분류하고 세어 보기 ➡ 세어 본 결과 이야기하기

[분류한 결과를 표시하며 세기]

| 축구 | 야구 | 축구 | 축구 | 피구 |
|---|---|---|---|---|
| 달리기 | 축구 | 야구 | 달리기 | 달리기 |
| 달리기 | 피구 | 야구 | 축구 | 축구 |

같은 종류는 같은 모양으로 표시하면서 개수를 세면 편리해요.

## 개념 2 분류하여 세어 본 결과를 말해 볼까요(2)

**알고 있어요!**

우리 반 대표 학생 투표하기

대표가 되고 싶어 하는 학생 중 한 명을 뽑는 것을 '투표한다'라고 해요.

**알고 싶어요!**

우리 반 대표 학생을 한 명 뽑아요.

| 이름 | 김지수 | 고예서 | 박수민 | 홍현우 |
|---|---|---|---|---|
| 세면서 표시하기 | 𝍸 / | 𝍸 // | //// | /// |
| 받은 표 수 (표) | 6 | 7 | 4 | 3 |

받은 표 수를 다시 더하면 $6+7+4+3=20$(표) 이므로 빠짐없이 투표했어요.

➡ 가장 많은 표를 받은 학생은 고예서이므로 우리 반 대표는 고예서로 하면 좋겠습니다.

투표하기 ➡ 분류하고 세어 보기 ➡ 세어 본 결과 이야기하기

[투표 결과에 따라 다시 투표하기]

만약 김지수 7표, 고예서 7표로 표가 같았다면 두 사람을 후보로 해서 다시 투표를 해요.

이때는 김지수와 고예서 중 한 명에게 투표해야 해요.

〈다시 투표한 결과〉

| 이름 | 김지수 | 고예서 |
|---|---|---|
| 세면서 표시하기 | 𝍸 /// | 𝍸 𝍸 // |
| 받은 표 수 (표) | 8 | 12 |

# 수해력을 확인해요

**01~03** 우산을 기준에 따라 분류하여 그 수를 세어 보고 결과를 써 보세요.

**01**

| 색깔 | 빨간색 | 파란색 | 초록색 |
|---|---|---|---|
| 우산 수(개) | | | |

**02**

가장 많은 우산의 색깔은 [ ] 입니다.

**03**

가장 적은 우산의 색깔은 [ ] 입니다.

**04~06** 수근이네 반 친구들이 좋아하는 간식을 분류하여 그 수를 세어 보고 결과를 써 보세요.

**04**

| 종류 | 떡볶이 | 햄버거 | 피자 |
|---|---|---|---|
| 학생 수(명) | | | |

**05**

가장 많은 학생들이 좋아하는 간식은 [ ] 입니다.

**06**

가장 적은 학생들이 좋아하는 간식은 [ ] 입니다.

**07~09** 승희의 옷을 분류하여 그 수를 세어 보고 결과를 써 보세요.

**07**

| 종류 | 원피스 | 위에 입는 옷 | 아래에 입는 옷 |
|---|---|---|---|
| 옷 수(벌) | | | |

**08**

가장 많은 옷의 종류는 [ ] 입니다.

**09**

가장 적은 옷의 종류는 [ ] 입니다.

• 18명에게 조사했을 때 빈칸에 알맞은 수 구하기

〈동생 수〉

| 동생 수 | 동생 없음 | 1명 | 2명 | 3명 |
|---|---|---|---|---|
| 학생 수 (명) | 8 | 5 | 4 | 1 |

18－10＝8　　5＋4＋1＝10

**10~16** 우리 반 친구들 18명에게 조사한 것을 기준에 따라 분류하여 그 수를 세어 보았습니다. 빈칸에 알맞은 수를 써넣으세요. (단, 18명 모두 한 가지씩 대답했습니다.)

**10**

〈성별〉

| 성별 | 남학생 | 여학생 |
|---|---|---|
| 학생 수 (명) | | 11 |

**11**

〈아침 먹기〉

| 아침 식사 | 아침을 먹은 사람 | 아침을 먹지 않은 사람 |
|---|---|---|
| 학생 수 (명) | 13 | |

**12**

〈가지고 있는 지우개 수〉

| 지우개 수 | 지우개 없음 | 1개 | 2개 |
|---|---|---|---|
| 학생 수 (명) | 2 | 10 | |

**13**

〈좋아하는 우유 맛〉

| 맛 | 바나나 | 딸기 | 초콜릿 |
|---|---|---|---|
| 학생 수 (명) | | 6 | 7 |

**14**

〈좋아하는 계절〉

| 계절 | 봄 | 여름 | 가을 | 겨울 |
|---|---|---|---|---|
| 학생 수 (명) | | 6 | 4 | 5 |

**15**

〈혈액형〉

| 혈액형 | A형 | B형 | O형 | AB형 |
|---|---|---|---|---|
| 학생 수 (명) | 5 | 3 | | 4 |

**16**

〈동물원에서 보고 싶은 동물〉

| 동물 | (기린) | (코끼리) | (곰) | (사자) | (토끼) |
|---|---|---|---|---|---|
| 학생 수 (명) | 5 | 3 | | 3 | 6 |

# 수해력을 높여요

01~03 세윤이는 아빠와 시장에 가기 전 사야 할 것을 적어 보았습니다. 물음에 답해 보세요.

| 갈치 | 고등어 | 물병 | 감자 |
|---|---|---|---|
| 양파 | 새우 | 당근 | 컵 |
| 고구마 | 무 | 가지 | 오이 |

**01** 채소 가게, 그릇 가게, 생선 가게에서 사야 할 것의 종류를 세면서 표시해 보세요.

| 가게 | 채소 가게 | 그릇 가게 | 생선 가게 |
|---|---|---|---|
| 세면서 표시하기 | | | |

**02** 사야 할 것의 종류가 가장 많은 가게는 어느 가게인가요?

( )

**03** 시장으로 출발하려는데 아빠가 다음과 같이 말씀하셨습니다. 어느 가게에서 사야 할 것의 종류가 어떻게 달라지나요?

깜빡할 뻔했네!
접시랑 국그릇도 사야 해.

☐ 가게에서 사야 할 것의 종류가 ☐ 가지가 됩니다.

04~06 담희는 8월에 간 학원을 달력에 정리했습니다. 물음에 답해 보세요.

| 8월 | | | | | | |
|---|---|---|---|---|---|---|
| 일 | 월 | 화 | 수 | 목 | 금 | 토 |
| | | 1 미술 | 2 | 3 | 4 태권도 | 5 영어 |
| 6 | 7 피아노 | 8 미술 | 9 | 10 | 11 태권도 | 12 영어 |
| 13 | 14 | 15 미술 | 16 | 17 | 18 태권도 | 19 영어 |
| 20 | 21 피아노 | 22 미술 | 23 | 24 | 25 태권도 | 26 영어 |
| 27 | 28 | 29 미술 | 30 | 31 | | |

**04** 담희가 간 학원을 종류에 따라 분류하고 그 수를 세어 보세요.

| 종류 | 피아노 | 미술 | 태권도 | 영어 |
|---|---|---|---|---|
| 세면서 표시하기 | | | | |
| 간 횟수(번) | | | | |

**05** 담희가 8월에 가장 적게 간 학원은 어떤 학원인가요?

( )

**06** 담희는 8월에 모두 몇 번 학원에 갔나요?

( )

정답과 풀이 22쪽

07~09 우리 반 친구들이 이름표를 만들었습니다. 이름표를 보고 물음에 답해 보세요.

| 김이슬 | 정은우 | 김승룡 | 이채하 |
|---|---|---|---|
| 박범서 | 이형권 | 정하정 | 조아라 |
| 박소희 | 이재민 | 조용광 | 김수근 |
| 조 희 | 조상천 | 박찬진 | 이서하 |

## 07 실생활 활용

'김이슬'에서 '김'을 이름의 '성'이라고 합니다. 우리 반 친구들은 어떤 성을 가지고 있나요?

(　　　　　　　　　　　　　　　　　　　)

## 08 실생활 활용

성에 따라 우리 반 친구들의 이름을 분류하려고 합니다. 분류표에 분류 기준을 알맞게 적고 이름을 분류하여 그 수를 세어 보세요.

필요한 만큼 칸을 나누어 보세요.

| 성씨 | |
|---|---|
| 세면서 표시하기 | |
| 학생 수 (명) | |

[부록]의 자료를 사용하세요.

## 09 교과 융합

가을이는 친척을 그리고 가을이가 부르는 이름을 적어 보았습니다. 분류 기준에 따라 보기 의 친척 붙임 딱지를 붙여 분류하고 그 수를 세어 보세요.

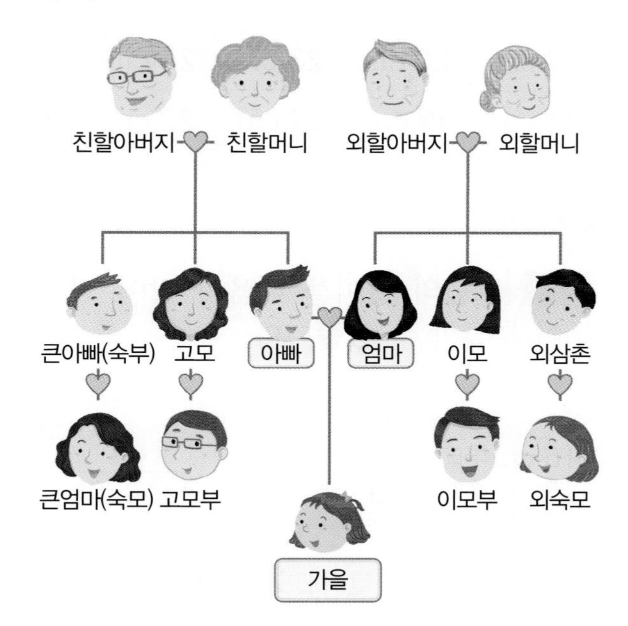


보기

| 아빠 쪽 친척 | 엄마 쪽 친척 |
|---|---|
| | |
| □ 명 | □ 명 |

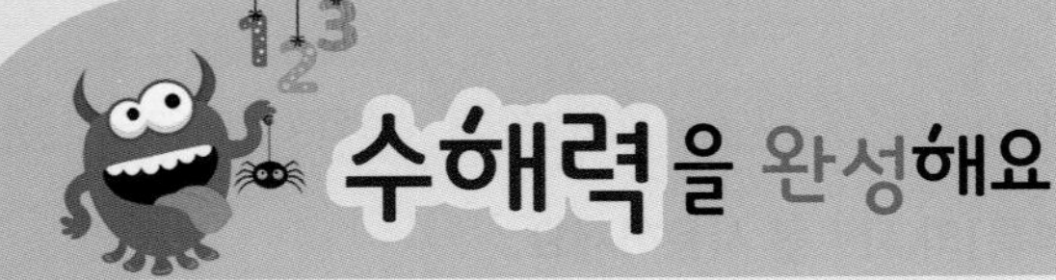


대표 응용 1

## 수의 범위로 분류한 결과 말하기

문구점에서 판매하는 필통의 길이를 재어 보았습니다. 기준에 따라 분류하고 어느 범위의 필통이 가장 많은지 구해 보세요.

| 17 cm | 20 cm | 23 cm | 24 cm | 19 cm |
|---|---|---|---|---|
| 18 cm | 19 cm | 21 cm | 22 cm | 16 cm |

**해결하기**

1단계 필통의 길이를 다음과 같이 범위를 나누어 분류할 수 있습니다.

| ① 16 cm부터 18 cm까지 | ② 19 cm부터 21 cm까지 | ③ □ cm부터 24 cm까지 |
|---|---|---|

2단계 17 cm는 ①에, 20 cm는 ②에, 23 cm는 □에 들어갑니다.

3단계 분류 기준에 따라 분류하여 그 수를 세어 봅니다.

| 필통 길이 | ① 16 cm부터 18 cm까지 | ② 19 cm부터 21 cm까지 | ③ 22 cm부터 24 cm까지 |
|---|---|---|---|
| 세면서 표시하기 | | | |
| 필통 수(개) | | | |

➡ □의 필통 수가 가장 많습니다.

## 1-1

미술관에 방문한 방문객의 나이는 다음과 같습니다. 나이에 따라 분류하고 어느 범위의 방문객이 가장 많은지 구해 보세요.

| 28살 | 35살 | 11살 | 39살 | 30살 |
|---|---|---|---|---|
| 21살 | 7살 | 33살 | 25살 | 10살 |

| 나이 | ① 1살부터 19살까지 | ② 20살부터 29살까지 | ③ 30살부터 39살까지 |
|---|---|---|---|
| 세면서 표시하기 | | | |
| 방문객 수(명) | | | |

➡ □의 방문객 수가 가장 많습니다.

## 1-2

우리 반 친구들이 줄넘기한 횟수를 조사했습니다. 기준에 따라 분류하고 어느 범위의 학생 수가 가장 많은지 구해 보세요.

| 22번 | 35번 | 78번 | 65번 | 62번 |
|---|---|---|---|---|
| 10번 | 15번 | 37번 | 27번 | 20번 |

| 줄넘기 횟수 | ① 1번부터 30번까지 | ② 31번부터 60번까지 | ③ 61번부터 90번까지 |
|---|---|---|---|
| 세면서 표시하기 | | | |
| 학생 수(명) | | | |

➡ □의 학생 수가 가장 많습니다.

대표 응용 **2**

## 두 가지 기준으로 분류한 결과 말하기

젤리 20개를 맛과 모양을 기준으로 분류했습니다. 딸기 맛 젤리가 8개이고, 곰돌이 모양 젤리 13개 중 5개가 딸기 맛입니다. 애벌레 모양 포도 맛 젤리는 몇 개인지 구해 보세요.

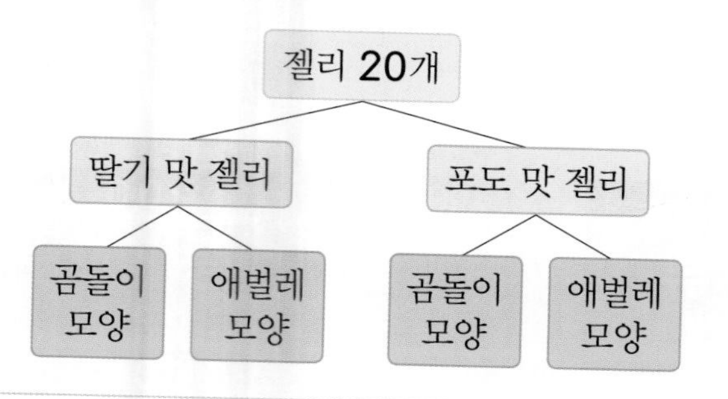


**해결하기**

1단계 젤리는 모두 ☐개인데 딸기 맛 젤리가 8개이므로 포도 맛 젤리는 ☐개입니다.

2단계 곰돌이 모양 젤리 13개 중 5개가 딸기 맛이므로 포도 맛 젤리 중 곰돌이 모양은 ☐개입니다.

3단계 포도맛 젤리는 ☐개인데 그중 ☐개가 곰돌이 모양이므로 애벌레 모양 포도 맛 젤리는 ☐개입니다.

## 2-1

떡 35개를 모양과 재료를 기준으로 분류했습니다. 동그란 떡이 20개이고, 팥떡 12개 중 동그란 떡이 7개입니다. 네모난 콩떡은 몇 개인가요?

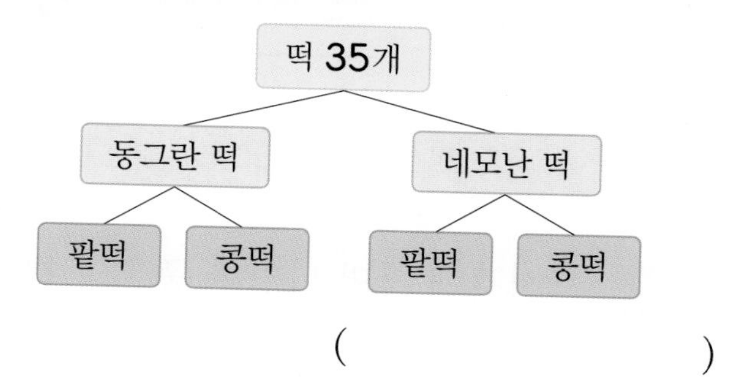


( )

## 2-2

책 42권을 글자와 그림을 기준으로 분류했습니다. 한글책이 25권이고 그림책 20권 중 12권이 한글책입니다. 그림 없는 영어책은 몇 권인가요?

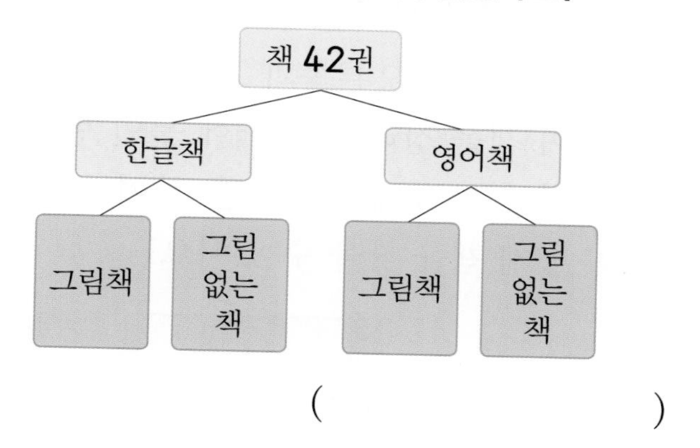


( )

## 2-3

우리 반 학생은 26명입니다. 남학생 14명 중 안경을 쓰는 학생은 4명이고, 여학생 중 안경을 쓰지 않는 학생이 7명이라면 안경을 쓰는 우리 반 학생은 모두 몇 명인가요?

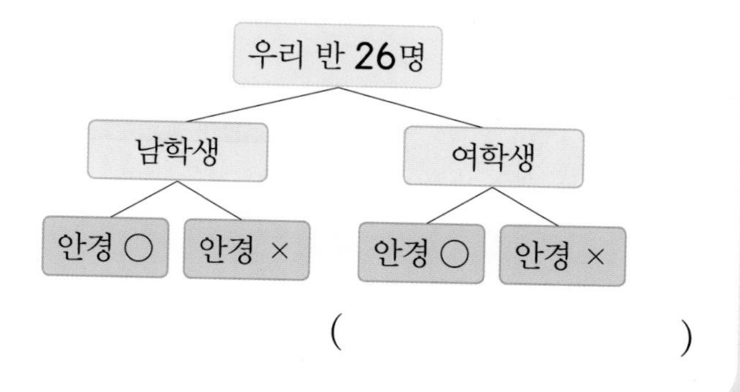


( )

## 수해력을 확장해요

# 도서관에서 책을 분류하는 방법

도서관에 가면 다양한 종류의 책을 많이 읽을 수 있어요. 그런데 도서관에서는 수많은 책들을 어떻게 정리할까요? 기준 없이 꽂아 놓으면 도서관에 온 사람들이 읽고 싶은 책을 찾기가 너무 어렵겠죠?

그래서 도서관에서는 책의 내용을 기준으로 오른쪽과 같이 번호를 붙여 책을 정리해요. 책에 붙인 번호에 맞게 책장에도 번호를 붙여 놓으면 쉽게 책을 찾을 수 있어요.

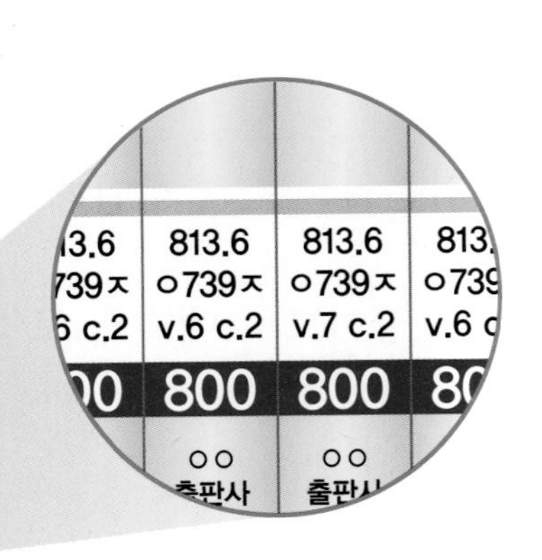

활동 1 도서관에 들어온 새로운 책을 정리하려고 합니다. 책의 제목을 보고 보기 에서 책의 분류 번호를 찾아 써 보세요.

보기

| 000 총류 | 100 철학 | 200 종교 | 300 사회과학 | 400 순수과학 |
|---|---|---|---|---|
| 백과사전<br>연감, 사전, 잡지<br>논문<br>컴퓨터 자료 등 | 충효, 논어<br>심리학, 윤리학<br>동 · 서양 철학<br>도덕 등 | 불교, 유교<br>기독교, 천주교<br>천도교<br>기타 종교 | 통일, 교육학<br>법학, 통계학<br>정치 · 행정학<br>경제학 등 | 과학, 자연<br>수학, 물리학<br>천문학<br>동 · 식물학 등 |

| 500 기술과학 | 600 예술 | 700 언어 | 800 문학 | 900 역사 |
|---|---|---|---|---|
| 의학, 농학<br>화학, 건축<br>기계<br>전기 등 | 음악, 미술<br>서예, 연극<br>사진<br>운동 등 | 한국어, 중국어<br>일본어, 영어<br>문법<br>회화 등 | 시, 수필<br>소설, 일기<br>동화<br>동요 등 | 각 국 역사<br>위인전<br>여행기, 탐험기<br>지리 등 |

| 책 | 책 분류 번호 | 책 | 책 분류 번호 |
|---|---|---|---|
| 위인전 세종대왕 | 900 | 우리 나라 옛날이야기 콩쥐 팥쥐 | |
| 어린이 백과사전 | | 알을 낳는 동물 모여라! | |
| 중국어 한 번 배워볼까? 字 | | 봄에 피는 식물 알기 | |
| 사진 작품 모음집 | | 우리 가족 유럽 여행기 | |
| 신라 문화재를 찾아서 | | 영어 공부 첫걸음! ABCD EFG | |

활동 2 분류 번호를 기준으로 책을 분류하고 그 수를 세어 보세요.

| 분류 번호 | 000 | 100 | 200 | 300 | 400 | 500 | 600 | 700 | 800 | 900 |
|---|---|---|---|---|---|---|---|---|---|---|
| 책 수(권) | | | | | | | | | | |

# 04 단원

# 시각과 시간

등장하는 주요 수학 어휘

몇 분, 몇 분 전, 1시간, 오전, 오후, 1주일, 1년


## 1 시각 알기
개념 강화 학습 계획: 월 일

개념 1 몇 시 몇 분을 읽어 볼까요(1)
개념 2 몇 시 몇 분을 읽어 볼까요(2)
개념 3 몇 시 몇 분 전으로 읽어 볼까요(1)
개념 4 몇 시 몇 분 전으로 읽어 볼까요(2)

## 2 시간 알기
개념 강화 학습 계획: 월 일

개념 1 1시간을 알아볼까요
개념 2 시간 띠를 알아볼까요
개념 3 지난 시간을 구해 볼까요
개념 4 하루의 시간을 알아볼까요

## 3 달력 알기
연습 강화 응용 강화 학습 계획: 월 일

개념 1 달력에서 규칙을 찾아볼까요
개념 2 일주일을 알아볼까요
개념 3 1년을 알아볼까요

오늘이 4월 23일이니
까 6일이 지나면
서하 생일이네?
29
서하생일

우리 그날 생일 케이크
먹는 거죠?
그럼! 오후 6시쯤
모여서 케이크
먹으면 되겠다!
04

근데 29일은 무슨
요일이에요?
달력을
한 번 보자!

이번 4단원에서는
시각과 시간, 달력에 대해 배울 거예요.
1학년 때 배운 몇 시, 몇 시 30분을 먼저 떠올려 보세요.

## 개념 1 몇 시 몇 분을 읽어 볼까요(1)

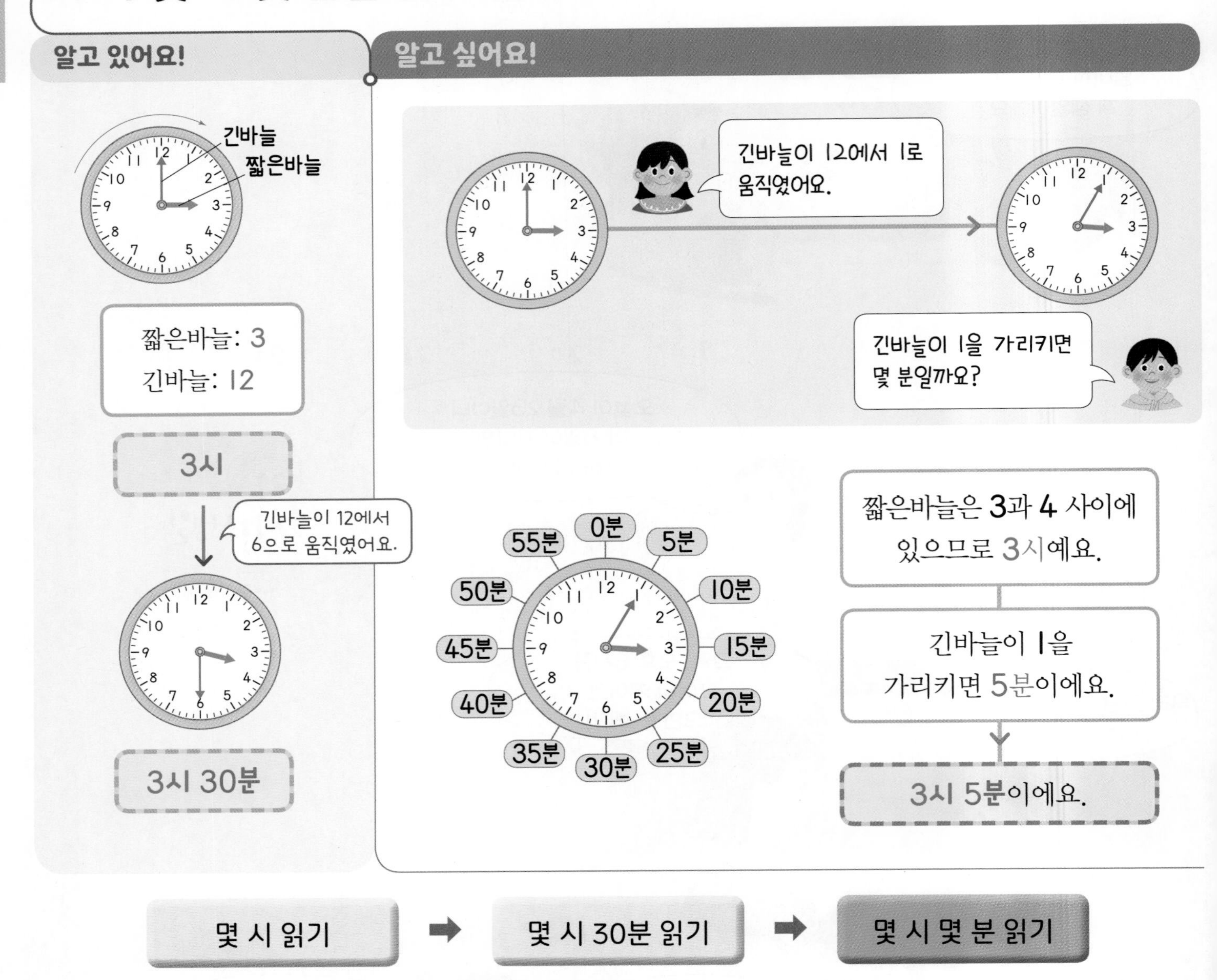
알고 있어요!
긴바늘
짧은바늘
짧은바늘: 3
긴바늘: 12
3시
긴바늘이 12에서 6으로 움직였어요.
3시 30분
알고 싶어요!
긴바늘이 12에서 1로 움직였어요.
긴바늘이 1을 가리키면 몇 분일까요?
0분
5분
10분
15분
20분
25분
30분
35분
40분
45분
50분
55분
짧은바늘은 3과 4 사이에 있으므로 3시예요.
긴바늘이 1을 가리키면 5분이에요.
3시 5분이에요.

몇 시 읽기 ➡ 몇 시 30분 읽기 ➡ 몇 시 몇 분 읽기

긴바늘이 가리키는 숫자와 나타내는 시각 사이에 규칙이 있어요!

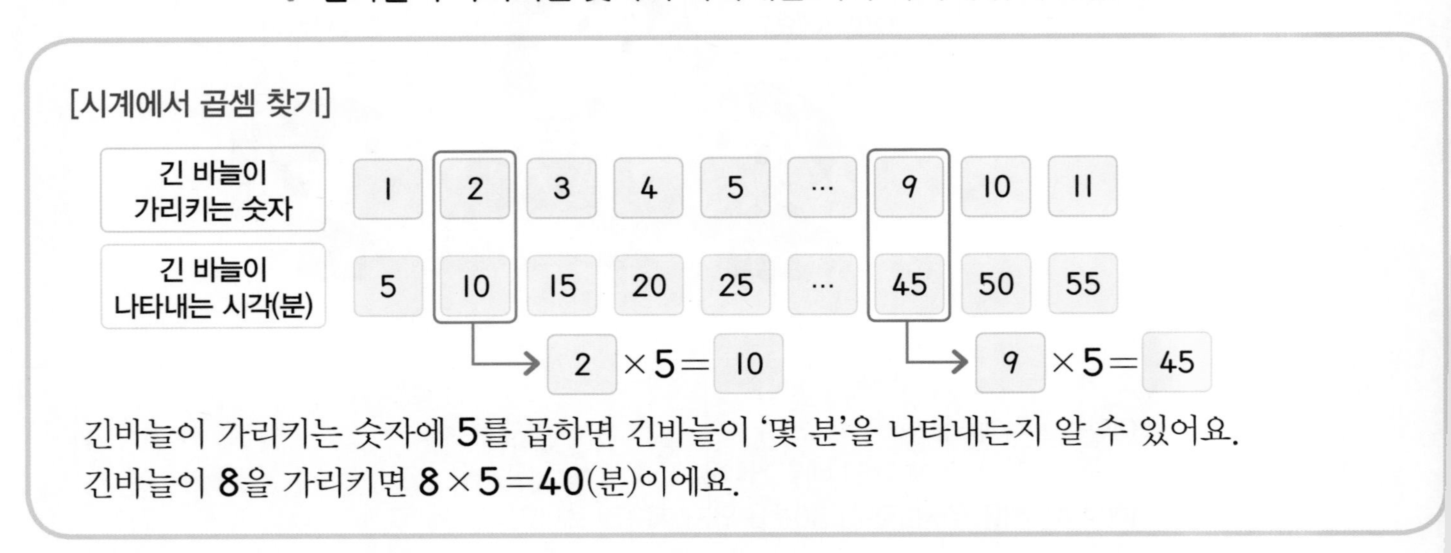

[시계에서 곱셈 찾기]

| 긴 바늘이 가리키는 숫자 | 1 | 2 | 3 | 4 | 5 | … | 9 | 10 | 11 |
|---|---|---|---|---|---|---|---|---|---|
| 긴 바늘이 나타내는 시각(분) | 5 | 10 | 15 | 20 | 25 | … | 45 | 50 | 55 |

$2 \times 5 = 10$　　$9 \times 5 = 45$

긴바늘이 가리키는 숫자에 5를 곱하면 긴바늘이 '몇 분'을 나타내는지 알 수 있어요.
긴바늘이 8을 가리키면 $8 \times 5 = 40$(분)이에요.

## 개념 2 몇 시 몇 분을 읽어 볼까요(2)

### 알고 싶어요!

긴바늘이 4에서 작은눈금 3칸만큼 움직였어요

4 5 6 20 21 22 23 24 25

작은 눈금 한 칸은 1분을 나타내요.

짧은바늘은 7과 8 사이 — 긴바늘은 4에서 작은 눈금 3칸을 더 간 곳! — 7시 20분에서 3분이 지났어요. → 7시 23분이에요.

긴바늘이 숫자를 가리킬 때 시각 읽기 → 긴바늘이 숫자와 숫자 사이를 가리킬 때 시각 읽기

긴바늘과 가까운 숫자를 먼저 찾아요!

[디지털시계의 시각 읽기]

10:00

: 앞의 10은 10시를 나타내요.
: 뒤의 00은 0분이므로 읽지 않아요.

➡ 10시

10:36

: 앞의 10은 10시를 나타내요.
: 뒤의 36은 36분을 나타내요.

➡ 10시 36분

## 개념 3 몇 시 몇 분 전으로 읽어 볼까요(1)

**알고 있어요!**

짧은바늘은 4와 5 사이, 긴바늘은 10을 가리켜요.

4시는 지났고 아직 5시는 되지 않았어요.

4시 50분

**알고 싶어요!**

몇 분이 지나면 5시가 될까요?

5시가 되기 10분 전이에요.

4시 50분은 5시 10분 **전**이라고 해요.

몇 시 몇 분 읽기 ➡ 몇 시 몇 분 전으로 읽기

[짧은바늘의 위치 살펴보기]

모두 4시 몇 분이지만 짧은바늘이 가리키는 곳이 조금씩 달라요.

짧은바늘이 4에 가까운 곳을 가리켜요!

짧은바늘이 4와 5의 중간이 되는 곳을 가리켜요!

짧은바늘이 5에 가까운 곳을 가리켜요!

## 개념 4 몇 시 몇 분 전으로 읽어 볼까요 (2)

**알고 싶어요!**

7시 몇 분 전으로 읽으려면
작은 눈금의 수를 다 세어야 할까요?

긴바늘이 가리키는 숫자를 이용해
5분씩 뛰어 세어요.

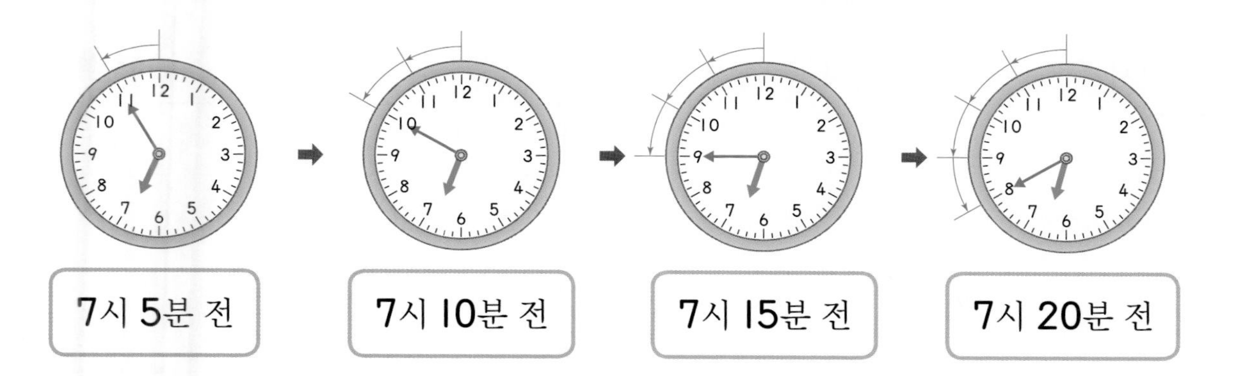

7시 5분 전 | 7시 10분 전 | 7시 15분 전 | 7시 20분 전

5분씩 거꾸로 뛰어 세기  몇 시 몇 분 전으로 읽기

[여러 가지 모양의 시계 살펴보기]

4시 27분이에요.

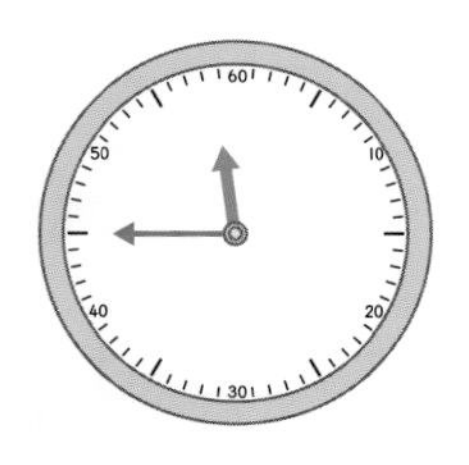

11시 45분이에요.

5시 37분이에요.

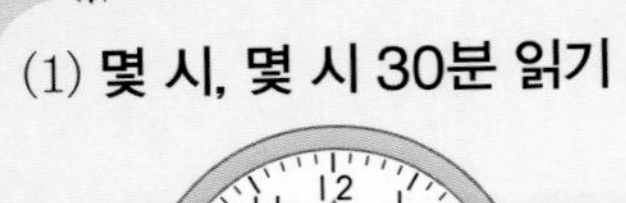

# 수해력을 확인해요

(1) 몇 시, 몇 시 30분 읽기

5 시

(2) 몇 시 몇 분 읽기

5 시 10 분

**01~07 시각을 써 보세요.**

**01**

(1)

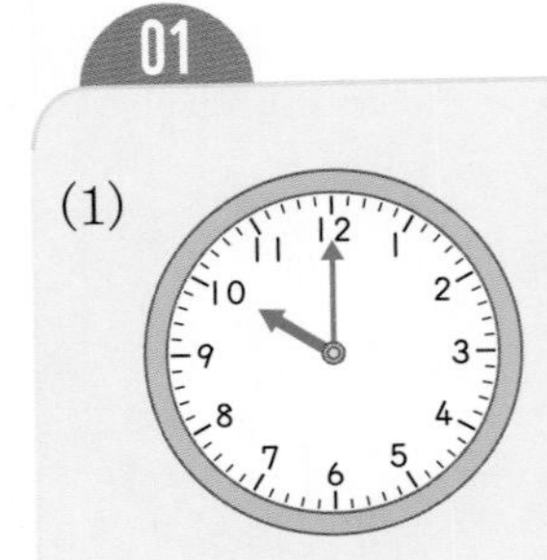

☐ 시

(2)

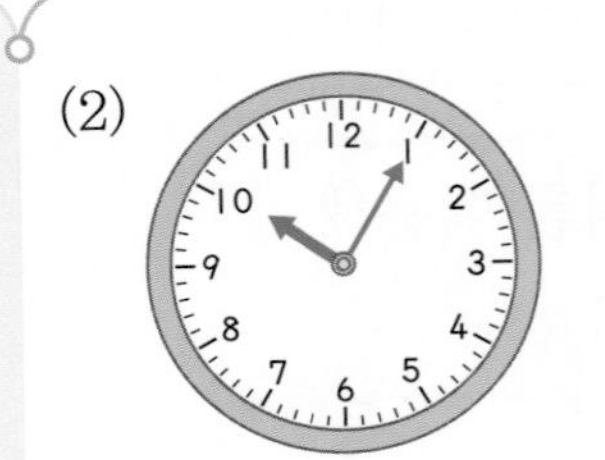

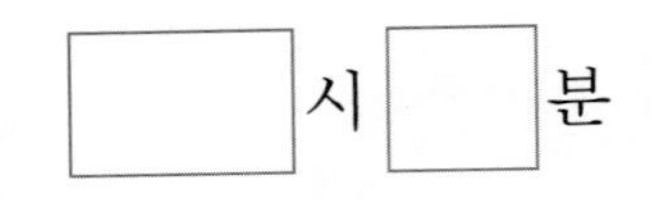

☐ 시 ☐ 분

**02**

(1)

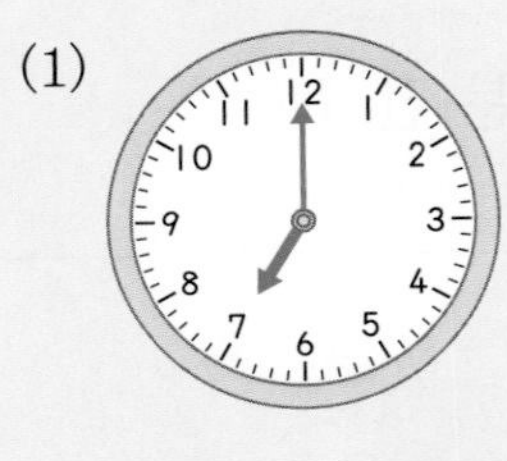

☐ 시

(2)

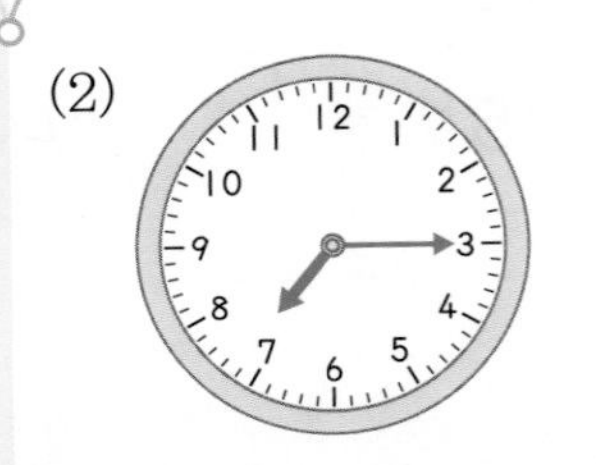

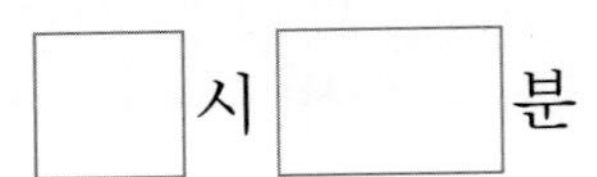

☐ 시 ☐ 분

**03**

(1)

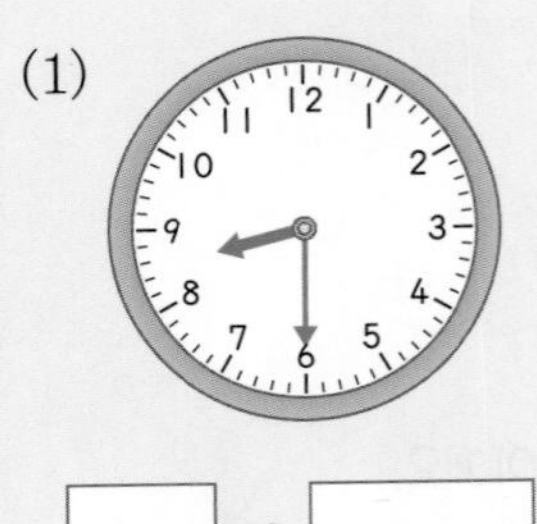

☐ 시 ☐ 분

(2)

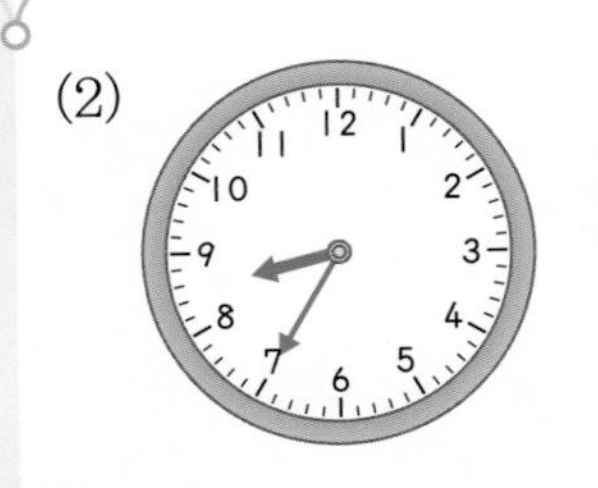

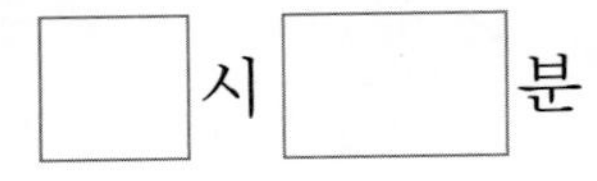

☐ 시 ☐ 분

**04**

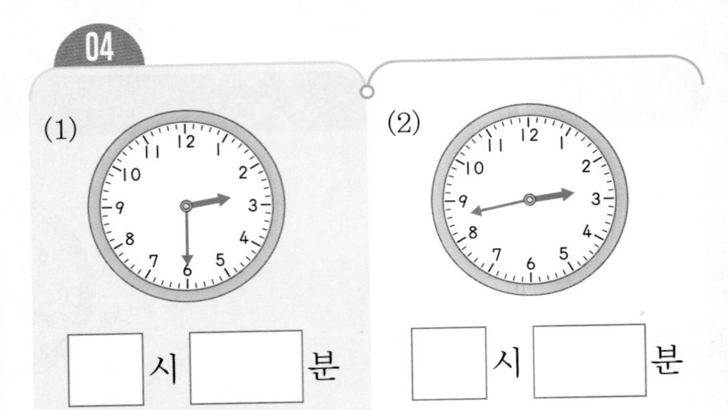

(1) ☐ 시 ☐ 분

(2) ☐ 시 ☐ 분

**05**

(1)

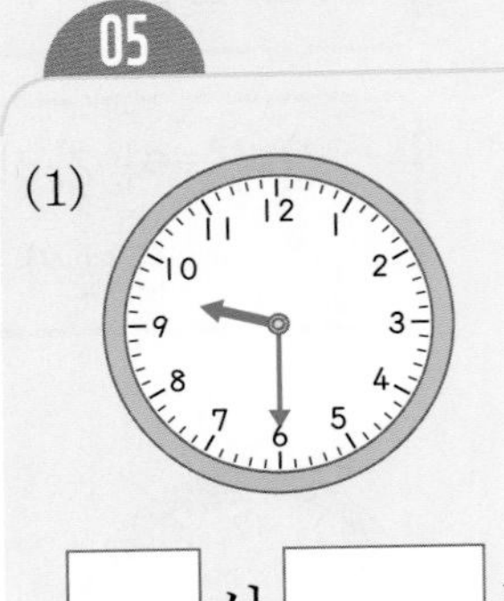

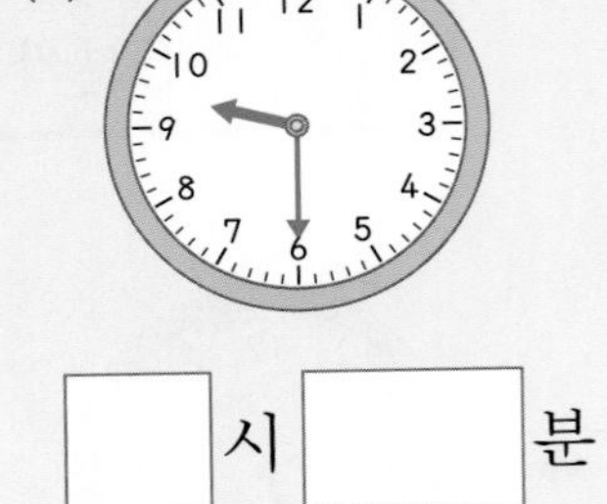

☐ 시 ☐ 분

(2)

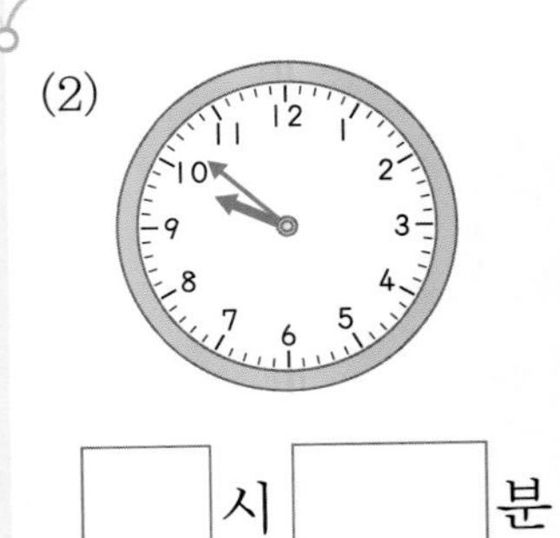

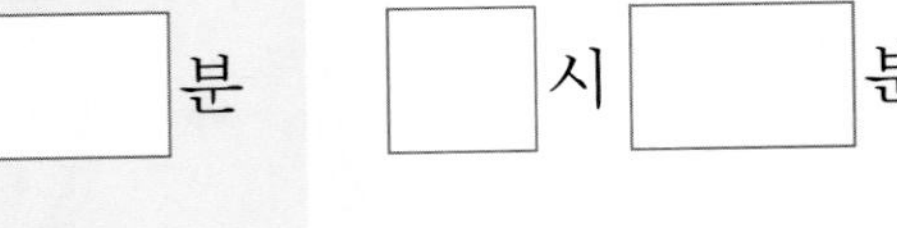

☐ 시 ☐ 분

**06**

(1) 5:00

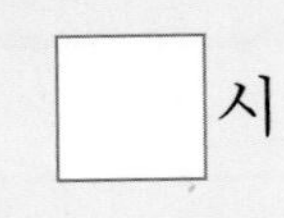

☐ 시

(2) 5:14

☐ 시 ☐ 분

**07**

(1)

☐ 시 ☐ 분

(2) 6:52

☐ 시 ☐ 분

• 여러 가지 방법으로 시각 읽기

3 시 55 분

4 시 5 분 전

08 ~ 16 시각을 써 보세요.

08

☐ 시 ☐ 분

☐ 시 ☐ 분 전

09

☐ 시 ☐ 분

☐ 시 ☐ 분 전

10

☐ 시 ☐ 분

☐ 시 ☐ 분 전

11

☐ 시 ☐ 분

☐ 시 ☐ 분 전

12

☐ 시 ☐ 분

☐ 시 ☐ 분 전

13

☐ 시 ☐ 분

☐ 시 ☐ 분 전

14

☐ 시 ☐ 분

☐ 시 ☐ 분 전

15

☐ 시 ☐ 분

☐ 시 ☐ 분 전

16

☐ 시 ☐ 분

☐ 시 ☐ 분 전

# 수해력을 높여요

**01** 시각을 써 보세요.

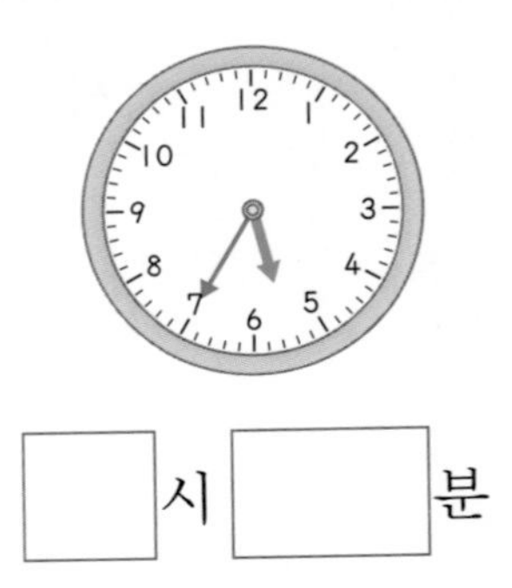


□시 □분

**02** 01의 시각에서 5분이 더 지나면 긴바늘은 어떤 숫자를 가리키고 있을까요?

(　　　　　　)

**03** 긴바늘이 2 또는 3을 가리킬 때 각각 몇 분을 나타내는지 알맞은 수를 써넣으세요.

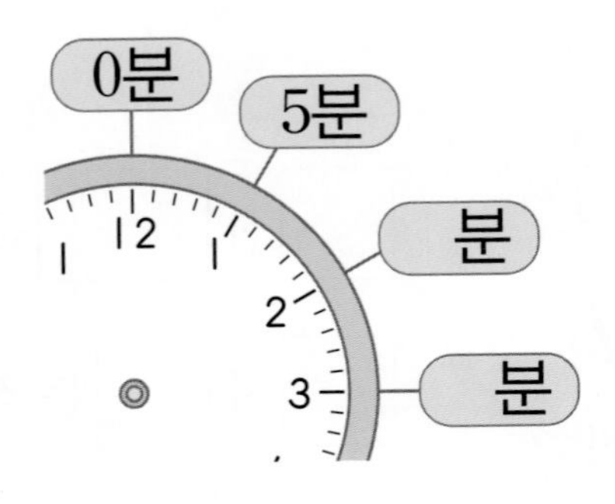


**04** 9시에 시계를 확인하고, 몇 분 후 다시 시계를 봤더니 다음과 같았습니다. 몇 분이 지났나요?

9:13

(　　　　　　)

**05** 설명하는 시각이 몇 시 몇 분인지 구해 보세요.

- 짧은바늘이 1과 2 사이에 있습니다.
- 긴바늘은 5에서 작은 눈금 4칸을 더 간 곳을 가리키고 있습니다.

(　　　　　　)

**06** 바늘이 가리키는 곳을 보고 시각을 써 보세요.

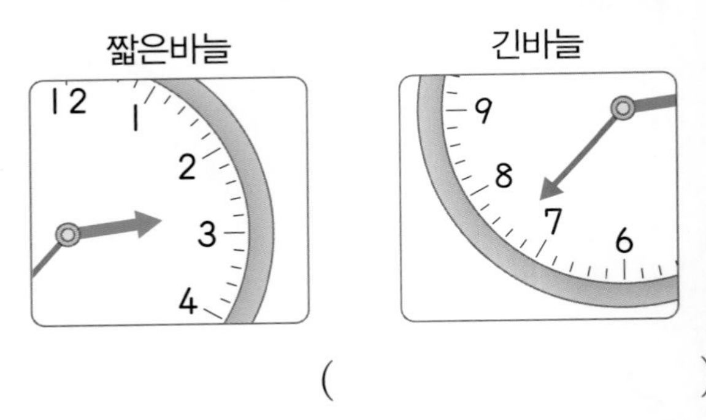


(　　　　　　)

**07** 시각에 맞게 긴바늘을 그려 넣으세요.

(1) 2시 5분　　(2) 2시 55분

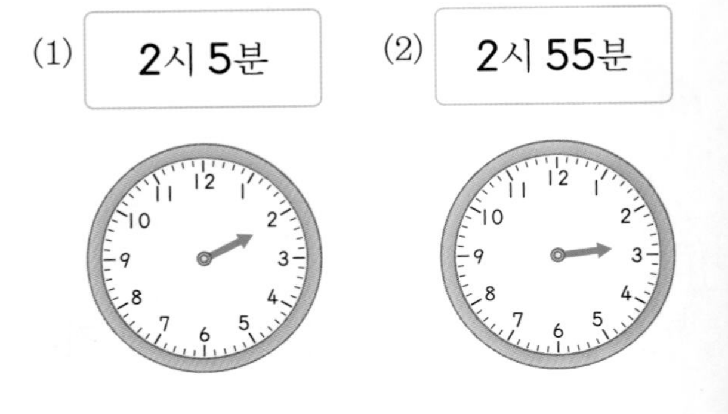

08 시각을 보고 □ 안에 알맞은 수를 써넣으세요.

□ 분이 지나면 □ 시가 됩니다.

09 보기 와 같이 8시 55분을 여러 가지 방법으로 표현해 보세요.

보기

9시 50분

① 10시 10분 전이에요.
② 10분이 지나면 10시가 돼요.
③ 10시가 되려면 10분이 남았어요.

①

②

③

10 긴바늘이 12를 가리키고 있습니다. 긴바늘을 15분 전으로 움직였을 때 긴바늘이 가리키는 숫자를 써 보세요.

( )

11 실생활 활용

유주는 8시에 집에서 출발해야 학교에 늦지 않게 갈 수 있습니다. 8시 10분 전과 8시 5분 전에 휴대폰 알람을 맞추려고 합니다. 유주가 눌러야 하는 버튼(⊙)을 모두 찾아 ○표 하세요.

| | |
|---|---|
| 7:45 | ⊙ |
| 7:50 | ⊙ |
| 7:55 | ⊙ |
| 8:10 | ⊙ |

12 교과 융합

은솔이는 모래가 모두 떨어지는 데 3분이 걸리는 모래 시계를 만들고 5시 10분에 모래 시계를 뒤집었습니다. 각 시각에 맞게 긴바늘을 그려 보세요.

| 모래가 떨어지기 시작한 시각 | 모래가 모두 떨어진 시각 |
|---|---|
|  |  |

# 수해력을 완성해요

대표 응용 **1** **몇 분이 지났는지 구하기**

왼쪽 시계의 시각에서 몇 분이 지나면 오른쪽 시계의 시각이 됩니다. □ 안에 알맞은 수를 구해 보세요.

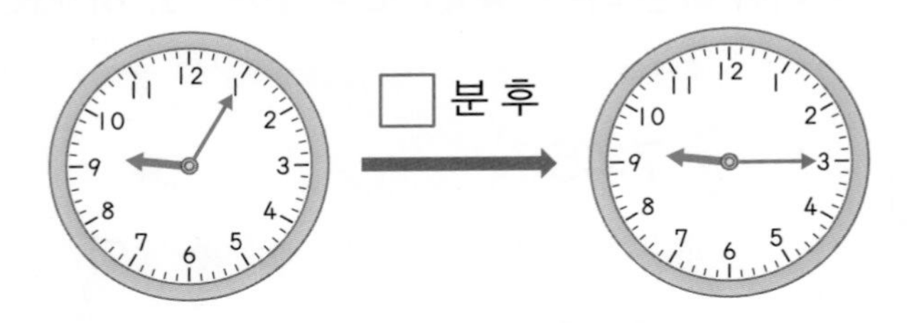


**해결하기**

1단계 왼쪽 시계의 짧은바늘은 □ 와/과 □ 사이에 있고, 긴바늘은 □ 을/를 가리키고 있으므로 □ 시 □ 분입니다.

2단계 오른쪽 시계의 짧은바늘은 □ 와/과 □ 사이에 있고, 긴바늘은 □ 을/를 가리키고 있으므로 □ 시 □ 분입니다.

3단계 □ 안에 알맞은 수는 □ 입니다.

## 1-1

왼쪽 시계의 시각에서 몇 분이 지나면 오른쪽 시계의 시각이 됩니다. □ 안에 알맞은 수를 써넣으세요.

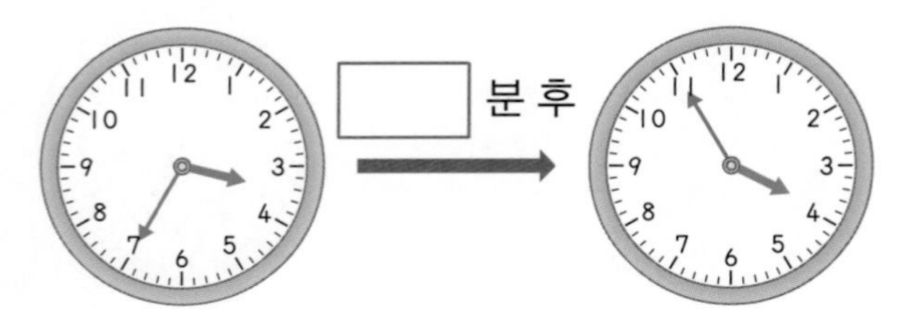


## 1-2

왼쪽 시계의 시각에서 몇 분이 지나면 오른쪽 시계의 시각이 됩니다. □ 안에 알맞은 수를 써넣으세요.

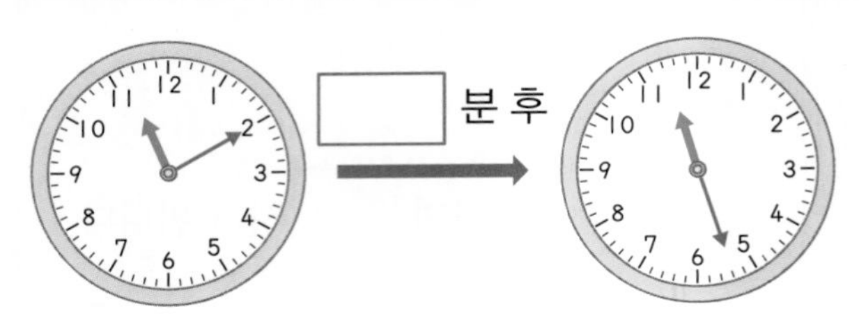


## 1-3

왼쪽 시계의 시각에서 몇 분이 지나면 오른쪽 시계의 시각이 됩니다. □ 안에 알맞은 수를 써넣으세요.

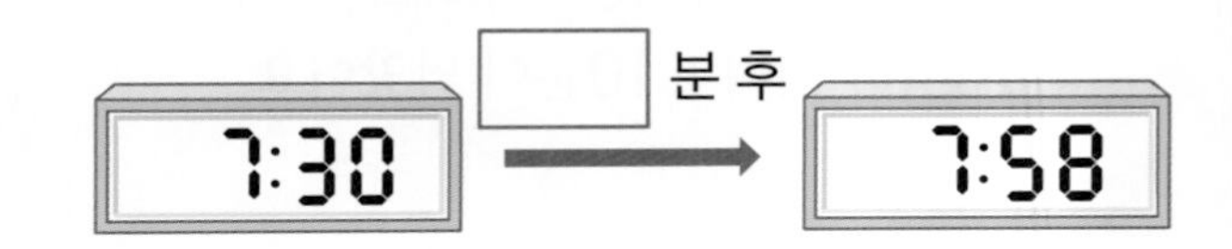


## 1-4

왼쪽 시계의 시각에서 몇 분이 지나면 오른쪽 시계의 시각이 됩니다. □ 안에 알맞은 수를 써넣으세요.

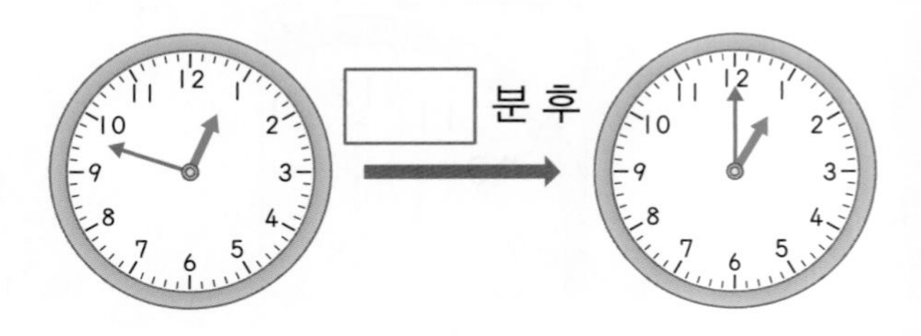

대표 응용 **2**

## 늦게 온 친구 찾기

민호와 친구들은 문구점에서 8시 10분에 만나기로 하였습니다. 민호와 친구들이 문구점에 온 시각이 다음과 같을 때 늦게 온 친구는 누구인지 알아보세요.

민호

한비

지아

**해결하기**

1단계 민호가 온 시각은 □시 □분이므로 만나기로 한 시각보다 먼저 왔습니다.

2단계 한비가 온 시각은 □시 □분이므로 만나기로 한 시각보다 늦게 왔습니다.

3단계 지아가 온 시각은 □시 □분이므로 만나기로 한 시각에 딱 맞춰 왔습니다.

따라서 늦게 온 친구는 □입니다.

## 2-1

지수와 친구들은 놀이터에서 11시에 만나기로 하였습니다. 지수와 친구들이 놀이터에 온 시각이 다음과 같을 때 늦게 온 친구의 이름을 써 보세요.

지수

예지

상우

(　　　　　)

## 2-2

도우와 친구들은 편의점에서 6시 5분에 만나기로 하였습니다. 도우와 친구들이 편의점에 온 시각이 다음과 같을 때 늦게 온 친구의 이름을 써 보세요.

도우

진서

은지

(　　　　　)

## 2-3

유리와 친구들은 도서관에서 11시 55분에 만나기로 하였습니다. 유리와 친구들이 도서관에 온 시각이 다음과 같을 때 늦게 온 친구의 이름을 써 보세요.

(　　　　　)

## 2-4

정민이와 친구들은 운동장에서 9시 55분에 만나기로 하였습니다. 정민이와 친구들이 운동장에 온 시각이 다음과 같을 때 늦게 온 친구의 이름을 써 보세요.

10시 3분 전에 왔어요.

정민

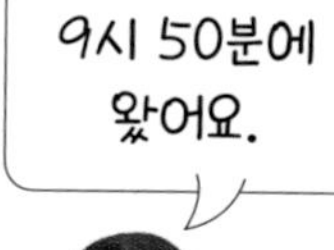

9시 50분에 왔어요.

현아

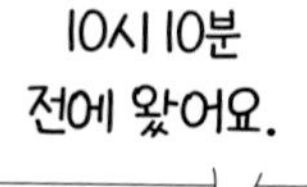

10시 10분 전에 왔어요.

윤지

(　　　　　)

## 개념 1 1시간을 알아볼까요

**알고 있어요!**

긴바늘이 한 바퀴 움직였어요.

**알고 싶어요!**

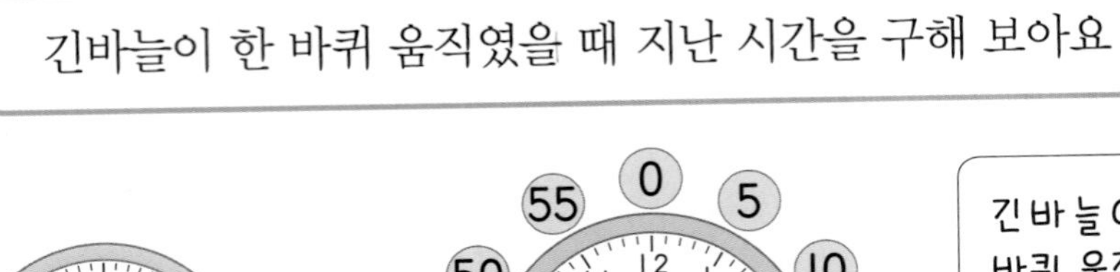


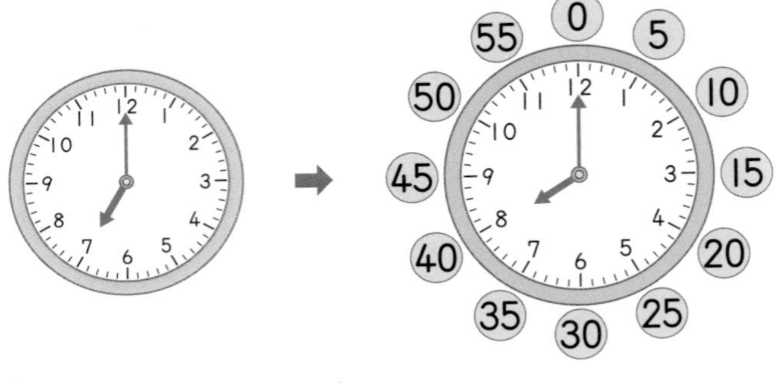


긴바늘이 한 바퀴 움직이는 동안 60분이 지났어요.

60분은 1시간입니다.

바늘의 움직임 확인하기  60분=1시간

긴바늘이 한 바퀴 도는 데 60분이 걸려요!

[긴바늘이 두 바퀴 움직였을 때 지난 시간 구하기]

긴바늘이 5를 가리켰다가 얼마 후에 다시 5를 가리켰어요.

시간이 얼마나 지났을까요?

짧은바늘이 9와 10 사이에 있었다가 11과 12 사이로 움직였어요.

↓

긴바늘이 두 바퀴 움직였어요.

↓

2시간이 지났어요.

120분이 지났어요.

## 개념 2 시간 띠를 알아볼까요

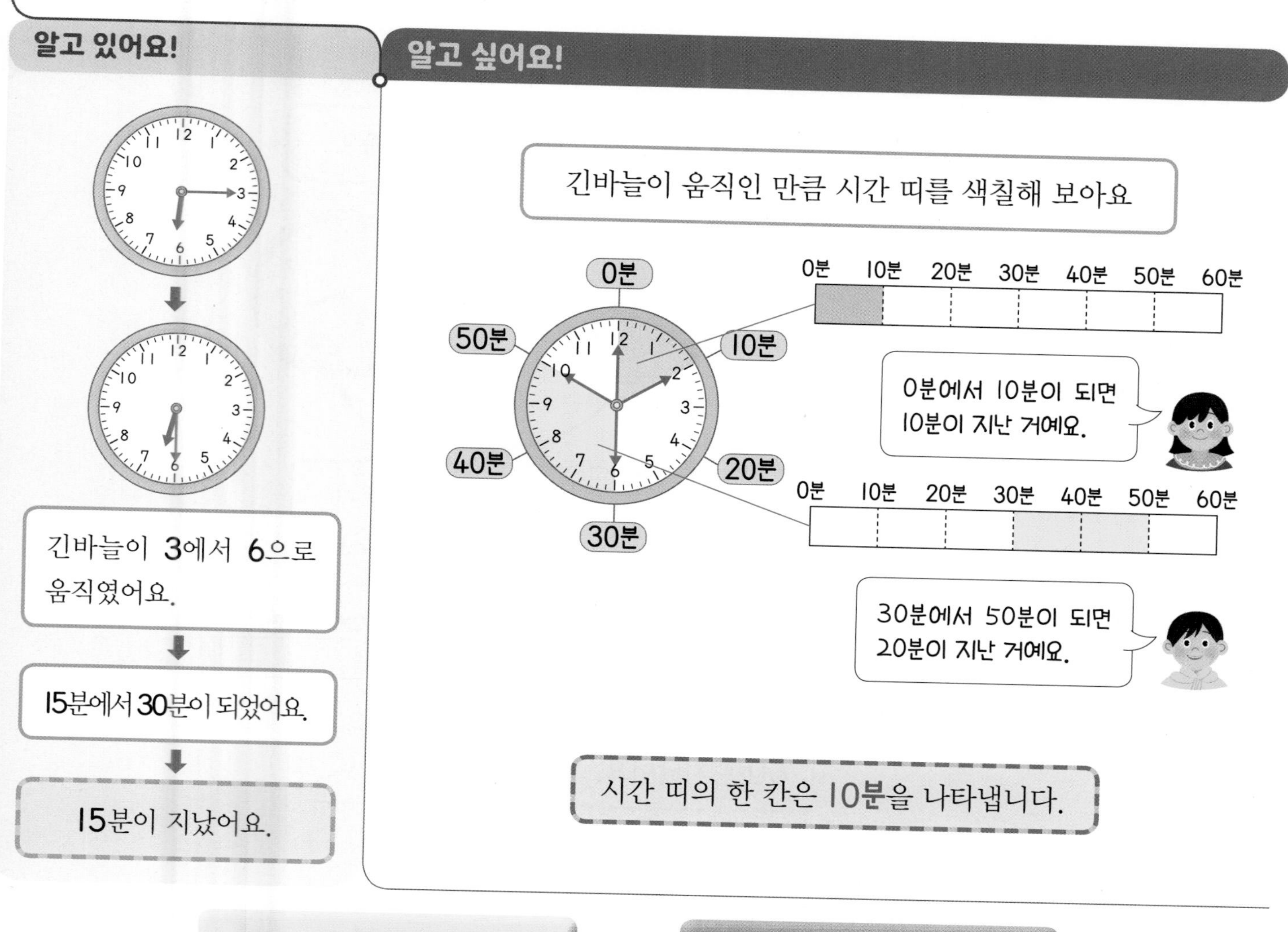

알고 있어요!
알고 싶어요!
긴바늘이 3에서 6으로 움직였어요.
15분에서 30분이 되었어요.
15분이 지났어요.
긴바늘이 움직인 만큼 시간 띠를 색칠해 보아요
0분
10분
20분
30분
40분
50분
0분 10분 20분 30분 40분 50분 60분
0분에서 10분이 되면 10분이 지난 거예요.
0분 10분 20분 30분 40분 50분 60분
30분에서 50분이 되면 20분이 지난 거예요.
시간 띠의 한 칸은 10분을 나타냅니다.


긴바늘의 움직임 확인하기 ➡ 시간 띠 알기

 시간 띠를 사용하면 시간이 얼마나 지났는지 알 수 있어요!

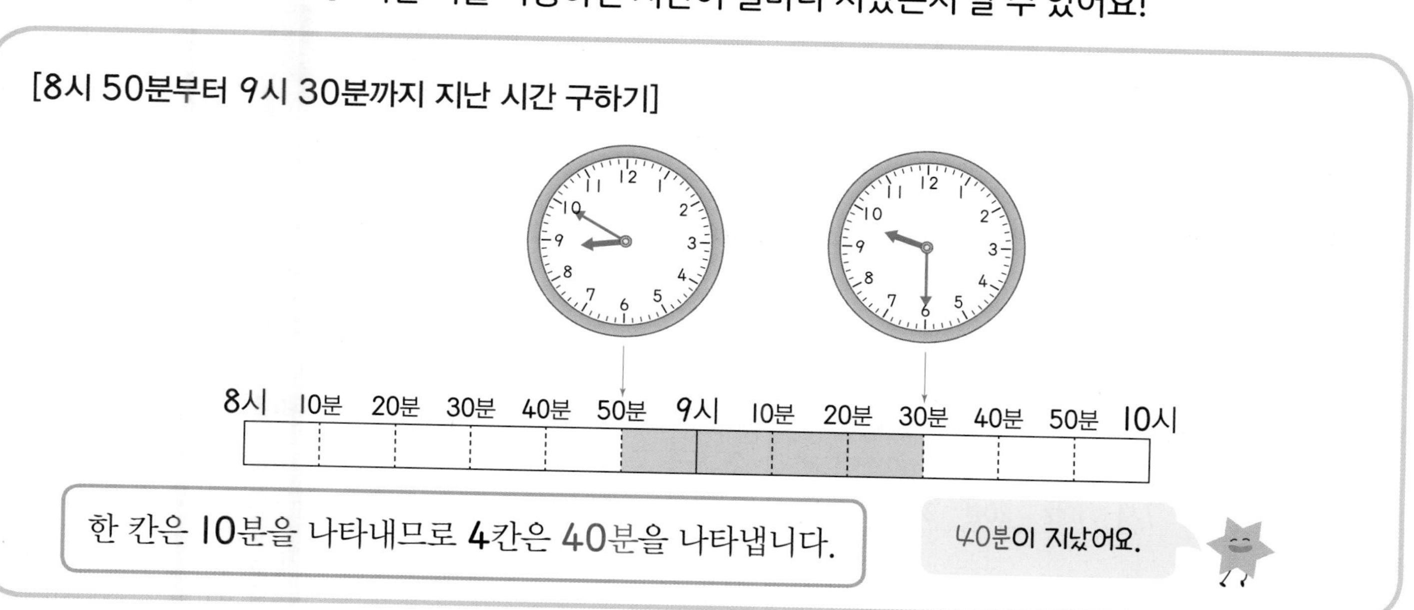

[8시 50분부터 9시 30분까지 지난 시간 구하기]
8시 10분 20분 30분 40분 50분 9시 10분 20분 30분 40분 50분 10시
한 칸은 10분을 나타내므로 4칸은 40분을 나타냅니다.
40분이 지났어요.

## 개념 3 지난 시간을 구해 볼까요

**알고 싶어요!**

2시 20분에서 3시 40분까지 지난 시간을 구해요

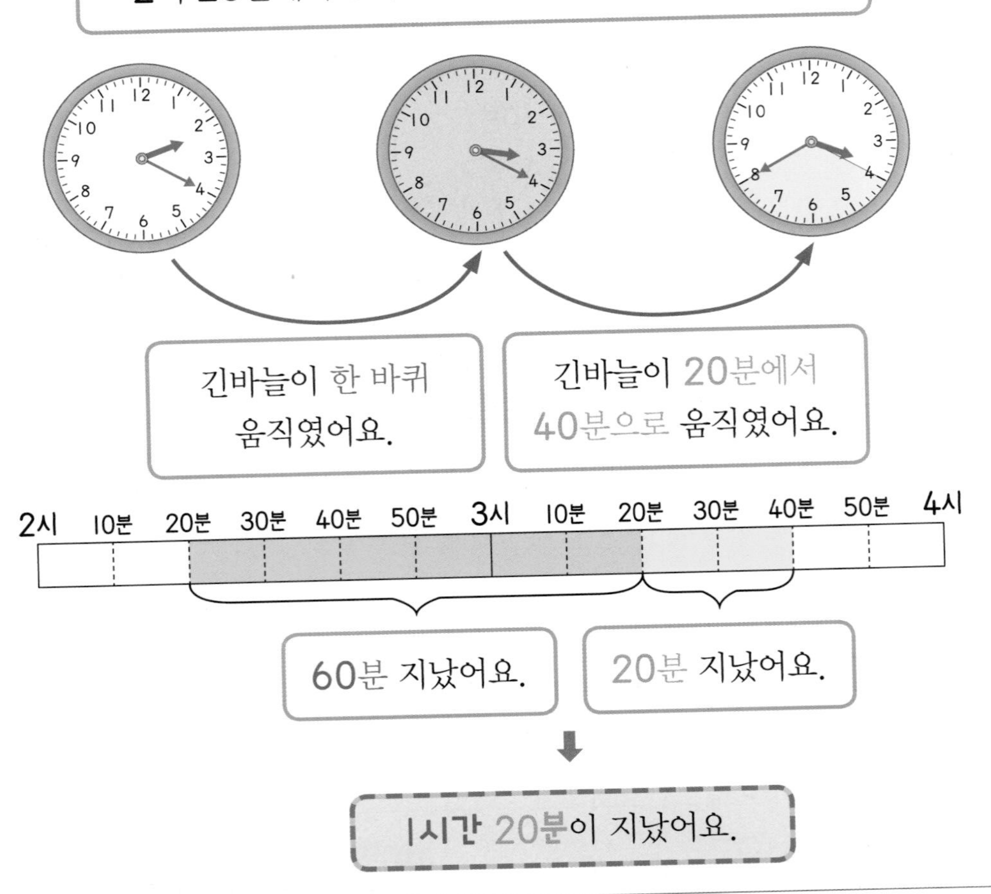

긴바늘이 한 바퀴 움직였어요.
긴바늘이 20분에서 40분으로 움직였어요.
2시 10분 20분 30분 40분 50분 3시 10분 20분 30분 40분 50분 4시
60분 지났어요.
20분 지났어요.
1시간 20분이 지났어요.


시간 띠 알기 ➡ 지난 시간 구하기

[7시 30분에서 1시간 10분이 지났을 때의 시각 구하기]

7시 30분부터 색칠하기 시작해요.

1시 10분은 70분! 시간 띠 7칸을 색칠해야 해요.

7시 30분에서 1시간 10분이 지나면 8시 40분이에요.

7시 10분 20분 30분 40분 50분 8시 10분 20분 30분 40분 50분 9시

## 개념 4 하루의 시간을 알아볼까요

**알고 있어요!**

- 하루 중 어떤 때를 나타내는 말에는 여러 가지가 있어요.

새벽 아침
점심 오전 낮
오후 저녁 밤
⋮

밤 12시부터 다시 밤 12시가 될 때까지를 하루라고 해요.

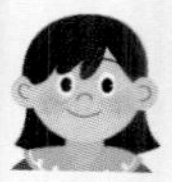

**알고 싶어요!**

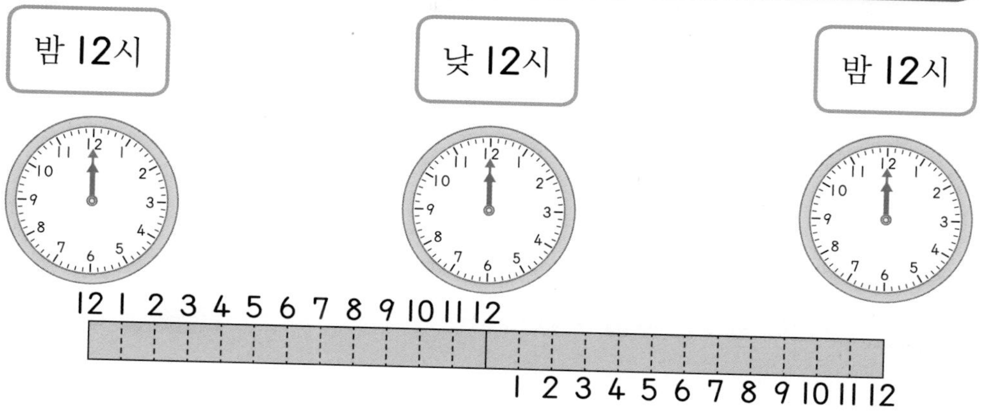

밤 12시
낮 12시
밤 12시
12 1 2 3 4 5 6 7 8 9 10 11 12
1 2 3 4 5 6 7 8 9 10 11 12


전날 밤 12시부터 낮 12시까지를 **오전**이라고 합니다.
→ 오전은 12시간입니다.

낮 12시부터 밤 12시까지를 **오후**라고 합니다.
→ 오후는 12시간입니다.

하루는 **24시간**입니다. 1일=24시간

한 시간은 60분 ➡ 하루의 시간 알기

[시각을 표현하는 다른 방법]

시각을 12시까지 표현할 때

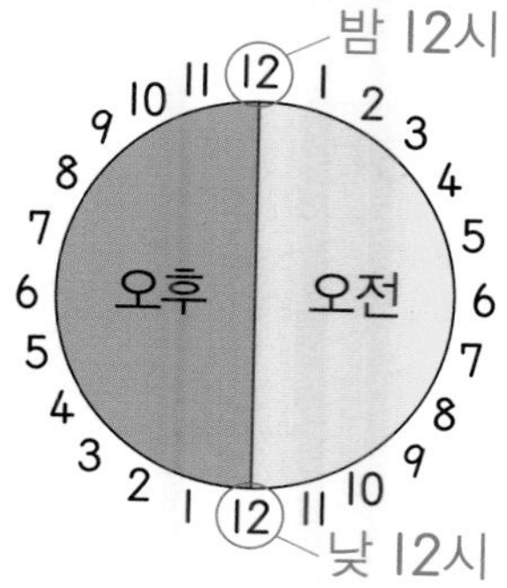

밤 12시
오후
오전
낮 12시


| 시각을 12시까지 표현할 때 | | 시각을 24시까지 표현할 때 |
|---|---|---|
| 오후 1시 | ⇄ | 13시 |
| 오후 6시 | ⇄ | 18시 |
| 밤 12시 | ⇄ | 24시 |

시각을 24시까지 표현할 때

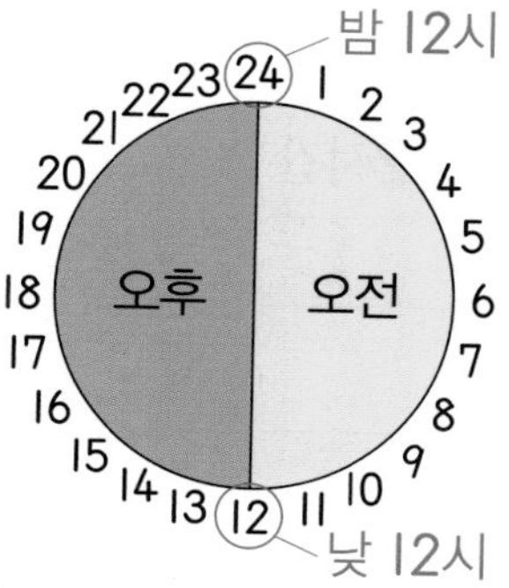

밤 12시
오후
오전
낮 12시

# 수해력을 확인해요

• 몇 분으로 나타내기

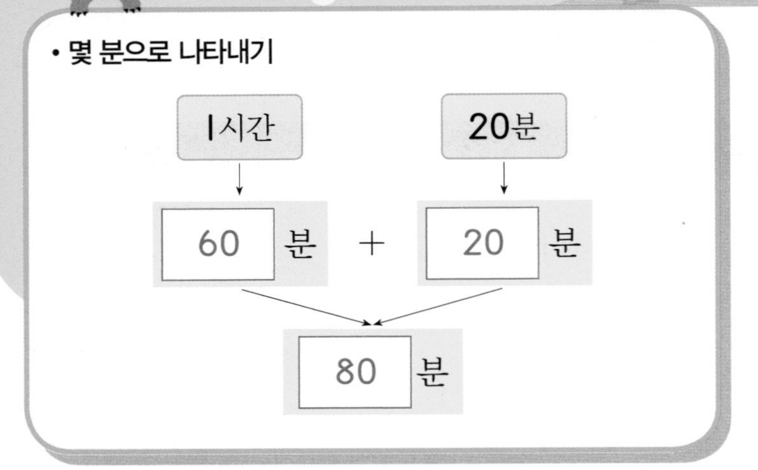


• 몇 시간 몇 분으로 나타내기

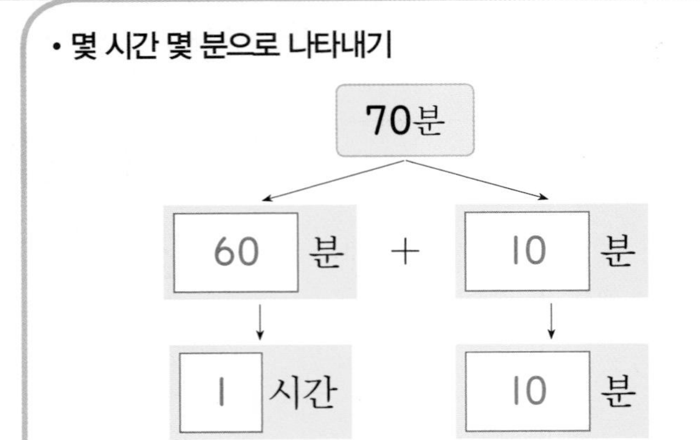


01~03 □ 안에 알맞은 수를 써넣으세요.

01

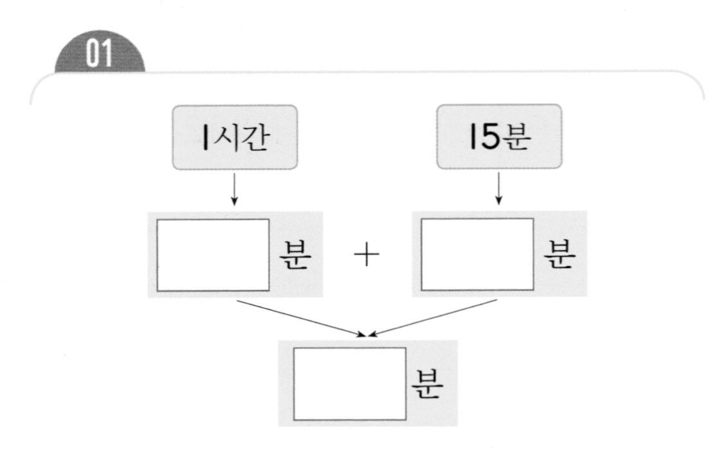


02

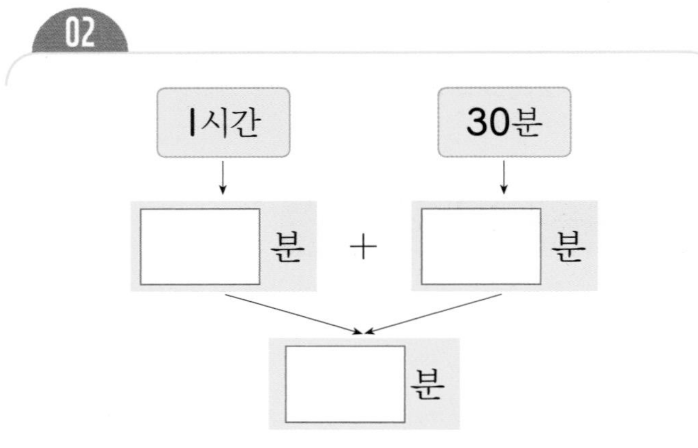


03

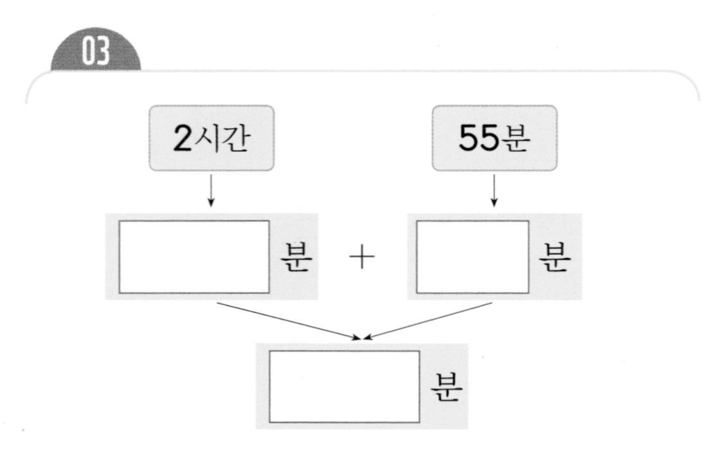


04~06 □ 안에 알맞은 수를 써넣으세요.

04

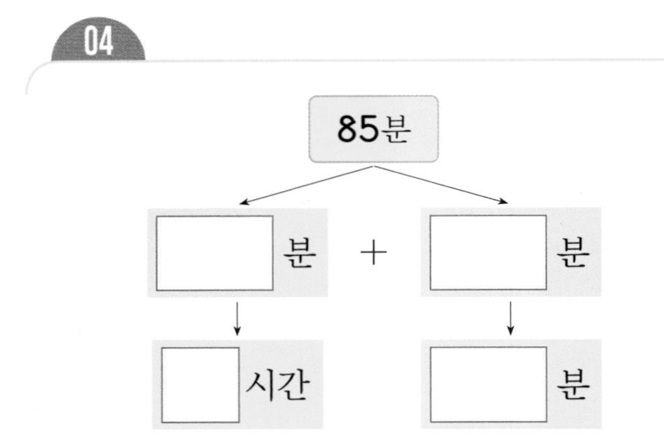


05

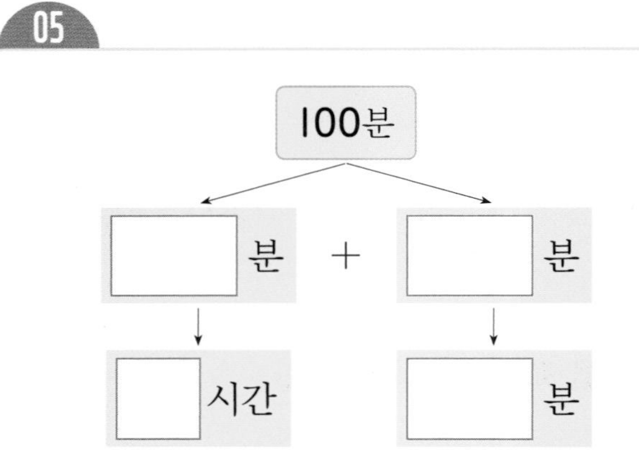


06

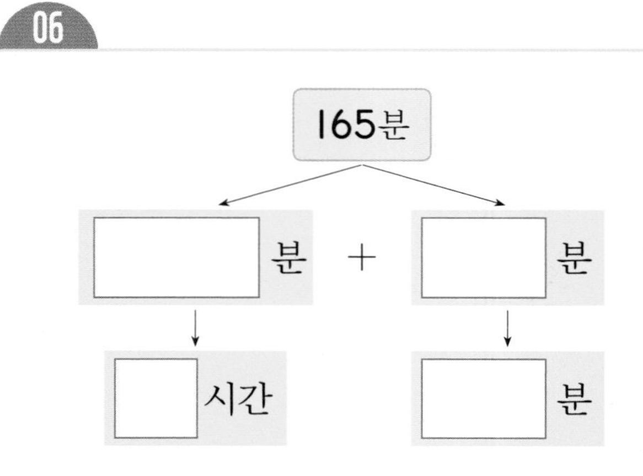

정답과 풀이 27쪽

• 시각과 시각 사이의 시간 구하기

오전 9시 → 오후 1시 : 4 시간

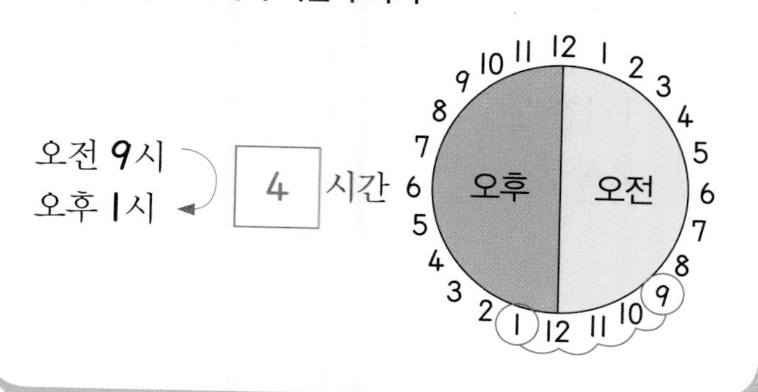


**07~13** 주어진 시각 사이의 시간을 오른쪽 그림을 이용해 구해 보세요.

**07**

오전 3시 → 오전 9시 : ☐ 시간

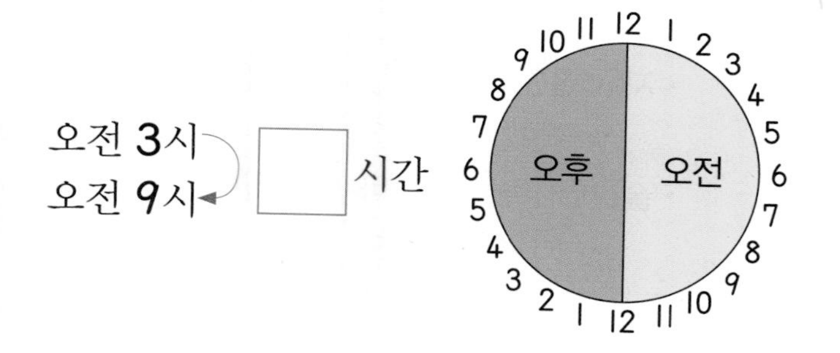


**08**

오전 10시 → 오후 3시 : ☐ 시간

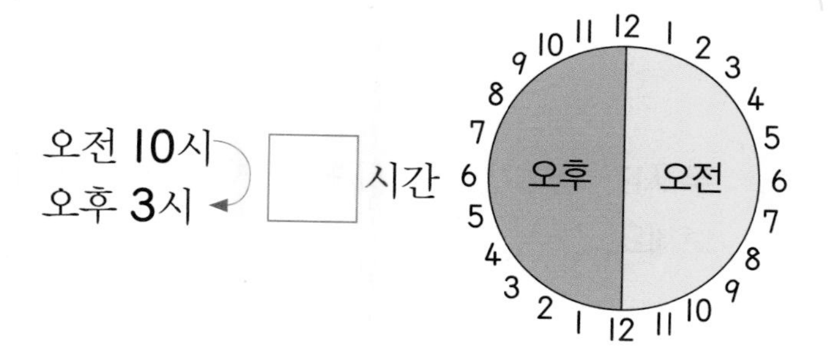


**09**

오전 4시 → 오후 1시 : ☐ 시간

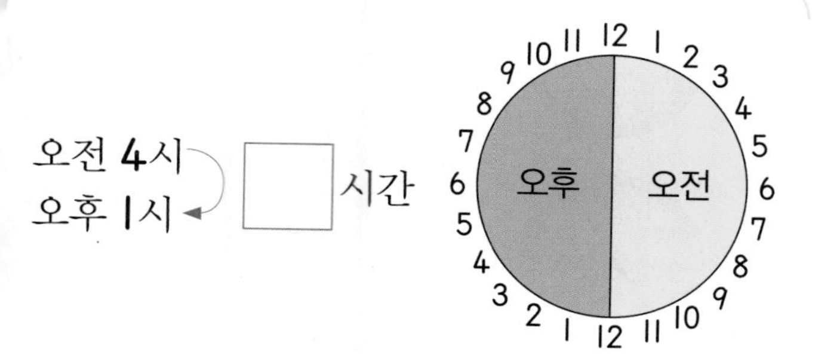


**10**

오전 6시 → 낮 12시 : ☐ 시간

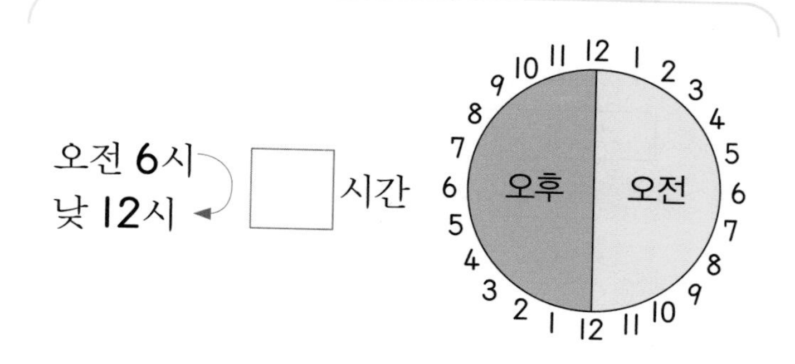


**11**

오후 8시 → 밤 12시 : ☐ 시간

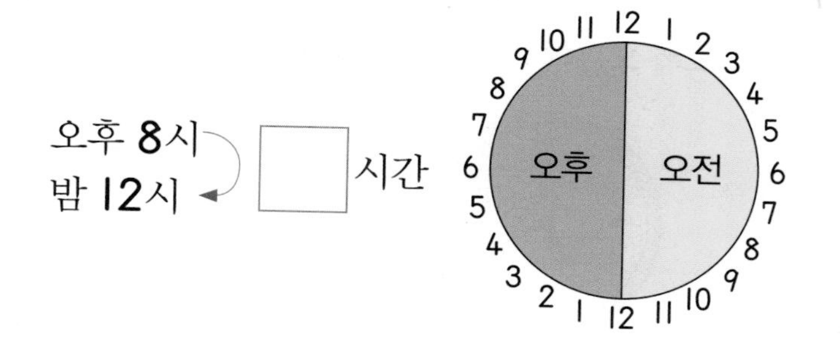


**12**

12시 → 16시 : ☐ 시간

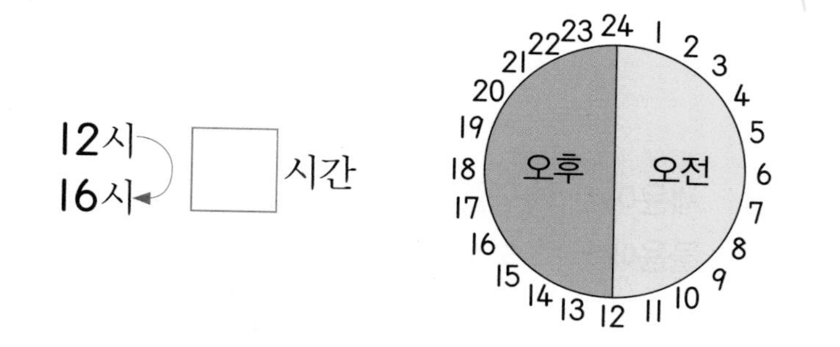


**13**

11시 → 18시 : ☐ 시간

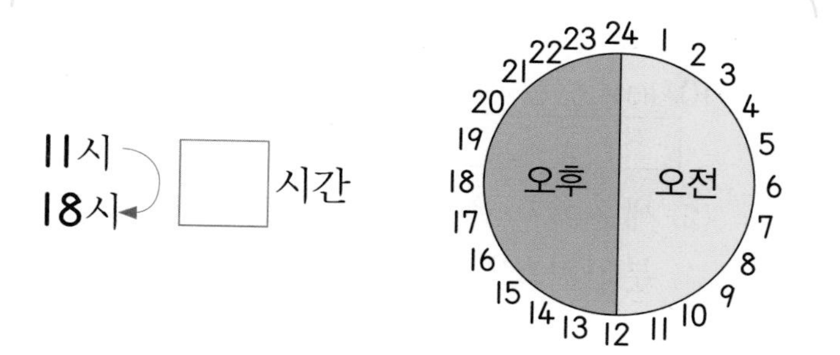

## 수해력을 높여요

**01** 시간 띠의 □ 안에 알맞은 수를 써넣으세요.

7시 10분 20분 30분 40분 50분 □시

**02** 왼쪽 시계의 시각에서 60분이 지난 시각이 되도록 오른쪽 시계에 시곗바늘을 그려 넣으세요.

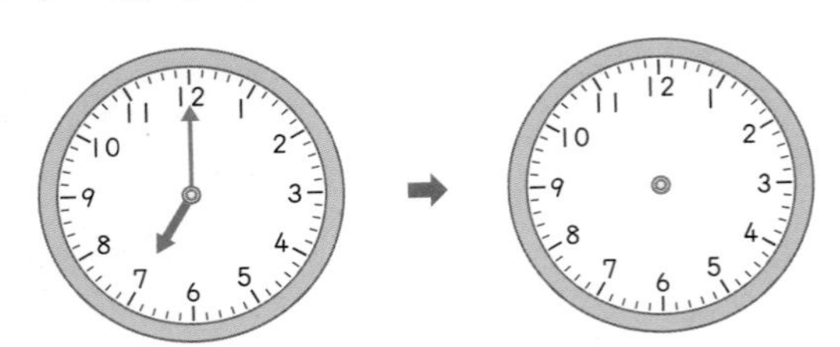

**03** 세윤이가 축구를 한 시간을 구하려고 합니다. 물음에 답해 보세요.

축구를 시작한 시각 　 축구를 끝낸 시각

(1) 세윤이가 축구를 한 시간을 시간 띠에 나타내 보세요.

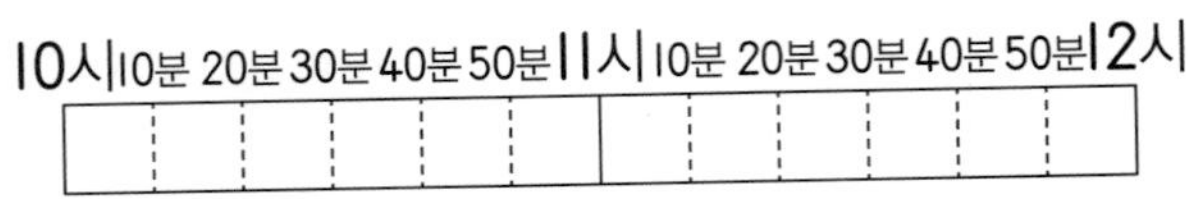


(2) 세윤이가 축구를 한 시간은 몇 시간 몇 분인가요?

(　　　　　　)

**04** 80분과 같은 시간은 어느 것인가요? (　　　)

① 1시간　② 1시간 10분
③ 1시간 20분　④ 1시간 40분
⑤ 2시간

**05** 바르게 말한 사람을 찾아 이름을 써 보세요.

- 서하: 4시에서 긴바늘이 한 바퀴 움직이면 6시가 돼.
- 지우: 30분씩 4번 지나면 2시간이 지난 거야.
- 슬찬: 긴바늘이 3바퀴 움직이면 200분이 지난 거야.

(　　　　　　)

**06** 두 시간 차이가 나는 시계를 찾아 선으로 이어 보세요.

　•　　•　

　•　　•　

　•　　•　

**07** 다음과 같은 시각에 출발하는 비행기를 탔다면 가장 먼저 출발한 사람은 누구인가요?

| 재민 | 유정 | 진서 |
|---|---|---|
| 2024년 9월 2일 오전 8시 | 2024년 9월 2일 오후 7시 30분 | 2024년 9월 2일 오전 11시 25분 |

( )

**08** 시간 띠에서 오후 6시부터 오후 10시까지를 색칠해 보세요.

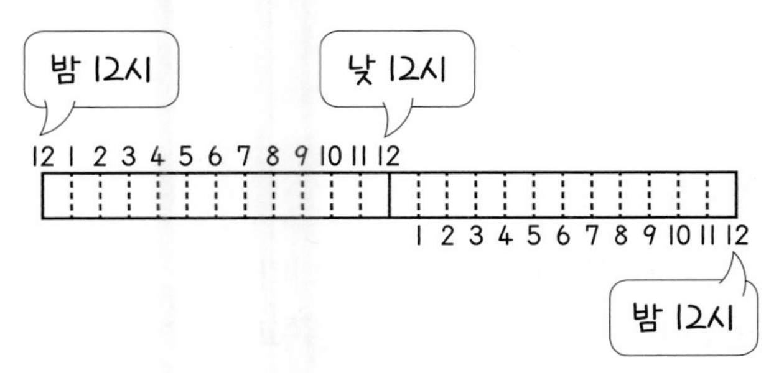


**09** ( ) 안에 오전과 오후를 알맞게 써넣으세요.

(1) (2)

( ) 9시 ( ) 9시

**10** 은우가 1시간 30분 동안 진행된 수학 체험 교실에 참여하고 집에 왔더니 오후 1시였습니다. 집에 오는 데 20분이 걸렸다면 수학 체험 교실이 시작된 시각은 오전 몇 시 몇 분인지 구해 보세요.

( )

**11** 실생활 활용

서울에서 출발한 기차는 1시간 30분 후에 대구에 도착합니다. 서울에서 기차가 출발한 시각이 8시 20분일 때 기차가 가는 데 걸린 시간을 시간 띠에 나타내어 대구에 도착하는 시각이 몇 시 몇 분인지 구해 보세요.

8시 10분 20분 30분 40분 50분 9시 10분 20분 30분 40분 50분 10시

( )

**12** 교과 융합

축구 경기는 전반전 45분, 후반전 45분이고 중간에 15분의 휴식 시간을 갖습니다. 4시에 전반전을 시작했을 때 경기 시간과 휴식 시간을 시간 띠에 나타내어 후반전이 끝난 시각이 몇 시 몇 분인지 구해 보세요.

4시 10분 20분 30분 40분 50분 5시 10분 20분 30분 40분 50분 6시

( )

# 수해력을 완성해요

대표 응용 **1**

## 시간 띠 이용하여 공연 시간 구하기

공연이 시작한 시각과 끝난 시각을 보고 공연 시간은 몇 시간 몇 분인지 구해 보세요.

시작한 시각

끝난 시각

**해결하기**

1단계 공연이 시작한 시각은 ☐시 ☐분이고, 끝난 시각은 ☐시 ☐분입니다.

2단계 시작한 시각과 끝난 시각 사이의 시간을 시간 띠에 나타냅니다.

6시 10분 20분 30분 40분 50분 7시 10분 20분 30분 40분 50분 8시

3단계 시간 띠의 한 칸은 ☐분이므로 공연 시간은 ☐분이고, ☐시간 ☐분과 같습니다.

### 1-1

공연이 시작한 시각과 끝난 시각 사이의 시간을 시간 띠에 나타냈습니다. 공연 시간은 몇 시간 몇 분인지 구해 보세요.

1시 10분 20분 30분 40분 50분 2시 10분 20분 30분 40분 50분 3시

(　　　　　　　　)

### 1-2

공연이 시작한 시각과 끝난 시각입니다. 공연이 시작한 시각과 끝난 시각 사이의 시간을 시간 띠에 나타내어 공연 시간은 몇 시간 몇 분인지 구해 보세요.

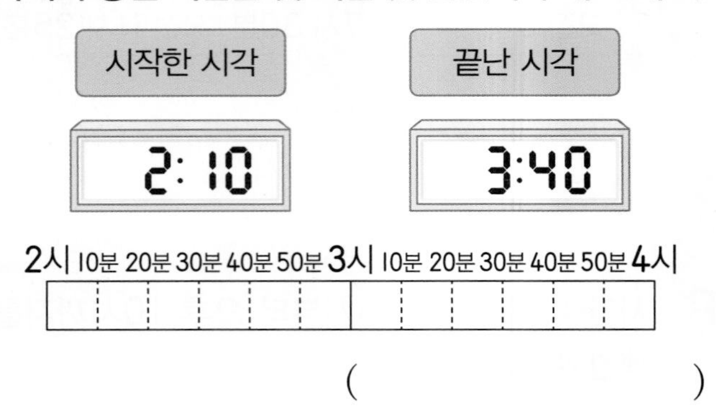


2시 10분 20분 30분 40분 50분 3시 10분 20분 30분 40분 50분 4시

(　　　　　　　　)

### 1-3

공연 시간은 1시간 10분입니다. 공연이 시작한 시각이 오른쪽과 같을 때 공연 시간을 시간 띠에 나타내어 공연이 끝난 시각을 구해 보세요.

10시 10분 20분 30분 40분 50분 11시 10분 20분 30분 40분 50분 12시

(　　　　　　　　)

### 1-4

공연 시간은 1시간 50분입니다. 공연이 끝난 시각이 오른쪽과 같을 때 공연 시간을 시간 띠에 나타내어 공연이 시작한 시각을 구해 보세요.

7시 10분 20분 30분 40분 50분 8시 10분 20분 30분 40분 50분 9시

(　　　　　　　　)

대표 응용 **2**

## 시간표 만들기

우리 학교에서는 40분 동안 수업을 하고 10분 동안 쉽니다. 3교시 수업이 끝나는 시각은 몇 시 몇 분인지 구해 보세요.

| 우리 학교 시간표 |
| --- |
| 1교시: 9 : 10 ~ 9 : 50 |
| 2교시: 10 : 00 ~ ? |
| 3교시: ? ? |

**해결하기**

1단계 2교시 수업이 끝나는 시각은 ☐ 시 ☐ 분입니다.

2단계 3교시 수업이 시작하는 시각은 2교시 수업이 끝나는 시각의 10분 뒤이므로 3교시 수업은 ☐ 시 ☐ 분에 시작합니다.

3단계 3교시 수업이 끝나는 시각은 ☐ 시 ☐ 분입니다.

## 2-1

우리 학교에서는 40분 동안 수업을 하고 5분 동안 쉽니다. 2교시 수업이 끝나는 시각은 몇 시 몇 분인지 구해 보세요.

| 우리 학교 시간표 |
| --- |
| 1교시: 9 : 10 ~ 9 : 50 |
| 2교시: 9 : 55 ~ ? |

( )

## 2-2

우리 학교에서는 40분 동안 수업을 하고 10분 동안 쉽니다. ☐ 안에 알맞은 수를 써넣고 3교시 수업이 끝나는 시각은 몇 시 몇 분인지 구해 보세요.

| 우리 학교 시간표 |
| --- |
| 2교시: 9 : 45 ~ ☐ : ☐ |
| 3교시: ☐ : ☐ ~ ? |

( )

## 2-3

우리 학교에서는 4교시 수업을 40분 동안 하고 50분 동안 점심을 먹습니다. ☐ 안에 알맞은 수를 써넣고 점심시간이 끝나는 시각은 몇 시 몇 분인지 구해 보세요.

| 우리 학교 시간표 |
| --- |
| 4교시: 11 : 35 ~ ☐ : ☐ |
| 점심시간: ☐ : ☐ ~ ? |

( )

## 2-4

우리 학교에서는 2교시에 40분 동안 수업을 하고 30분 동안 중간 놀이 시간을 가집니다. ☐ 안에 알맞은 수를 써넣고 3교시 수업이 끝나는 시각은 몇 시 몇 분인지 구해 보세요.

| 우리 학교 시간표 |
| --- |
| 2교시: 9 : 40 ~ ☐ : ☐ |
| 중간 놀이: ☐ : ☐ ~ ☐ : ☐ |
| 3교시: ☐ : ☐ ~ ? |

( )

## 개념 1 달력에서 규칙을 찾아볼까요

### 알고 있어요!

• 수 배열에서 규칙 찾기

3 - 6 - 9 - 12 - 15 - 18 - 21 - 24

3부터 시작하여 3씩 커져요.

• 수 배열표에서 규칙 찾기

| 1 | 2 | 3 | 4 | 5 | 6 | 7 | 8 | 9 | 10 |
|---|---|---|---|---|---|---|---|---|---|
| 11 | 12 | 13 | 14 | 15 | 16 | 17 | 18 | 19 | 20 |
| 21 | 22 | 23 | 24 | 25 | 26 | 27 | 28 | 29 | 30 |

오른쪽으로 1씩 커져요.

아래쪽으로 10씩 커져요.

### 알고 싶어요!

달력에 있는 수에는 어떤 규칙이 있을까요?

9월

| 일 | 월 | 화 | 수 | 목 | 금 | 토 |
|---|---|---|---|---|---|---|
| | | | | | 1 | 2 |
| 3 | 4 | 5 | 6 | 7 | 8 | 9 |
| 10 | 11 | 12 | 13 | 14 | 15 | 16 |
| 17 | 18 | 19 | 20 | 21 | 22 | 23 |
| 24 | 25 | 26 | 27 | 28 | 29 | 30 |

아래쪽으로 얼마씩 커질까요?

↘ 방향이나 ↙ 방향으로 놓인 수에도 규칙이 있을까요?

| 월 |
|---|
| |
| 4 |
| 11 |
| 18 |
| 25 |

달력은 가로 한 줄이 7칸이에요. 4부터 시작하여 아래쪽으로 7씩 커져요.

| 월 | 화 | 수 | 목 |
|---|---|---|---|
| | | | |
| 4 | 5 | 6 | 7 |
| 11 | 12 | 13 | 14 |
| 18 | 19 | 20 | 21 |
| 25 | 26 | 27 | 28 |

↘ 방향으로 8씩 커져요.

| 수 | 목 | 금 | 토 |
|---|---|---|---|
| | | 1 | 2 |
| 6 | 7 | 8 | 9 |
| 13 | 14 | 15 | 16 |
| 20 | 21 | 22 | 23 |
| 27 | 28 | 29 | 30 |

↙ 방향으로 6씩 커져요.

수 배열 또는 수 배열표에서 규칙 찾기 ➡ 달력의 수 배열에서 규칙 찾기

[달력에서 곱셈 찾기]

3월

| 일 | 월 | 화 | 수 | 목 | 금 | 토 |
|---|---|---|---|---|---|---|
| | | | 1 | 2 | 3 | 4 |
| 5 | 6 | 7 | 8 | 9 | 10 | 11 |
| 12 | 13 | 14 | 15 | 16 | 17 | 18 |
| 19 | 20 | 21 | 22 | 23 | 24 | 25 |
| 26 | 27 | 28 | 29 | 30 | 31 | |

$7 \times 1 = 7$, $7 \times 2 = 14$, $7 \times 3 = 21$, $7 \times 4 = 28$을 항상 달력에서 찾을 수 있어요.

## 개념 2 일주일을 알아볼까요

### 알고 싶어요!

5월 11일은 무슨 요일일까요?

| 5월 | | | | | | |
|---|---|---|---|---|---|---|
| 일 | 월 | 화 | 수 | 목 | 금 | 토 |
| | | 1 | 2 | 3 | 4 | 5 |
| 6 | 7 | 8 | 9 | 10 | 11 | 12 |
| 13 | 14 | 15 | 16 | 17 | 18 | 19 |
| 20 | 21 | 22 | 23 | 24 | 25 | 26 |
| 27 | 28 | 29 | 30 | 31 | | |

11일을 먼저 찾아요.

11에서 위로 올라가면 금요일이에요.

4일, 11일, 18일, 25일은 모두 금요일이에요.

일주일은 며칠일까요?

| 5월 | | | | | | |
|---|---|---|---|---|---|---|
| 일 | 월 | 화 | 수 | 목 | 금 | 토 |
| | | 1 | 2 | 3 | 4 | 5 |
| 6 | 7 | 8 | 9 | 10 | 11 | 12 |
| 13 | 14 | 15 | 16 | 17 | 18 | 19 |
| 20 | 21 | 22 | 23 | 24 | 25 | 26 |
| 27 | 28 | 29 | 30 | 31 | | |

같은 요일이 7일마다 반복돼요

같은 요일이 돌아오는 데 걸리는 기간을 1주일이라고 해요.

1주일은 7일이에요.

[1주, 2주, 3주, 4주 알아보기]

| 5월 | | | | | | | |
|---|---|---|---|---|---|---|---|
| 일 | 월 | 화 | 수 | 목 | 금 | 토 | |
| | | 1 | 2 | 3 | 4 | 5 | ➡ 5월 1주(첫째 주) |
| 6 | 7 | 8 | 9 | 10 | 11 | 12 | ➡ 5월 2주(둘째 주) |
| 13 | 14 | 15 | 16 | 17 | 18 | 19 | ➡ 5월 3주(셋째 주) |
| 20 | 21 | 22 | 23 | 24 | 25 | 26 | ➡ 5월 4주(넷째 주) |
| 27 | 28 | 29 | 30 | 31 | | | |

우리나라에서는 한 주의 시작을 월요일로 약속했어요.

5월 7일(월요일)부터 5월 13일(일요일)까지를 5월 2주라고 해요.

# 개념 3 1년을 알아볼까요

## 알고 싶어요!

**1월**

| 일 | 월 | 화 | 수 | 목 | 금 | 토 |
|---|---|---|---|---|---|---|
| | | | | | | 1 |
| 2 | 3 | 4 | 5 | 6 | 7 | 8 |
| 9 | 10 | 11 | 12 | 13 | 14 | 15 |
| 16 | 17 | 18 | 19 | 20 | 21 | 22 |
| 23 | 24 | 25 | 26 | 27 | 28 | 29 |
| 30 | 31 | | | | | |

**2월**

| 일 | 월 | 화 | 수 | 목 | 금 | 토 |
|---|---|---|---|---|---|---|
| | | 1 | 2 | 3 | 4 | 5 |
| 6 | 7 | 8 | 9 | 10 | 11 | 12 |
| 13 | 14 | 15 | 16 | 17 | 18 | 19 |
| 20 | 21 | 22 | 23 | 24 | 25 | 26 |
| 27 | 28 | | | | | |

**3월**

| 일 | 월 | 화 | 수 | 목 | 금 | 토 |
|---|---|---|---|---|---|---|
| | | 1 | 2 | 3 | 4 | 5 |
| 6 | 7 | 8 | 9 | 10 | 11 | 12 |
| 13 | 14 | 15 | 16 | 17 | 18 | 19 |
| 20 | 21 | 22 | 23 | 24 | 25 | 26 |
| 27 | 28 | 29 | 30 | 31 | | |

**4월**

| 일 | 월 | 화 | 수 | 목 | 금 | 토 |
|---|---|---|---|---|---|---|
| | | | | | 1 | 2 |
| 3 | 4 | 5 | 6 | 7 | 8 | 9 |
| 10 | 11 | 12 | 13 | 14 | 15 | 16 |
| 17 | 18 | 19 | 20 | 21 | 22 | 23 |
| 24 | 25 | 26 | 27 | 28 | 29 | 30 |

**5월**

| 일 | 월 | 화 | 수 | 목 | 금 | 토 |
|---|---|---|---|---|---|---|
| 1 | 2 | 3 | 4 | 5 | 6 | 7 |
| 8 | 9 | 10 | 11 | 12 | 13 | 14 |
| 15 | 16 | 17 | 18 | 19 | 20 | 21 |
| 22 | 23 | 24 | 25 | 26 | 27 | 28 |
| 29 | 30 | 31 | | | | |

**6월**

| 일 | 월 | 화 | 수 | 목 | 금 | 토 |
|---|---|---|---|---|---|---|
| | | | 1 | 2 | 3 | 4 |
| 5 | 6 | 7 | 8 | 9 | 10 | 11 |
| 12 | 13 | 14 | 15 | 16 | 17 | 18 |
| 19 | 20 | 21 | 22 | 23 | 24 | 25 |
| 26 | 27 | 28 | 29 | 30 | | |

**7월**

| 일 | 월 | 화 | 수 | 목 | 금 | 토 |
|---|---|---|---|---|---|---|
| | | | | | 1 | 2 |
| 3 | 4 | 5 | 6 | 7 | 8 | 9 |
| 10 | 11 | 12 | 13 | 14 | 15 | 16 |
| 17 | 18 | 19 | 20 | 21 | 22 | 23 |
| 24 | 25 | 26 | 27 | 28 | 29 | 30 |
| 31 | | | | | | |

**8월**

| 일 | 월 | 화 | 수 | 목 | 금 | 토 |
|---|---|---|---|---|---|---|
| | 1 | 2 | 3 | 4 | 5 | 6 |
| 7 | 8 | 9 | 10 | 11 | 12 | 13 |
| 14 | 15 | 16 | 17 | 18 | 19 | 20 |
| 21 | 22 | 23 | 24 | 25 | 26 | 27 |
| 28 | 29 | 30 | 31 | | | |

**9월**

| 일 | 월 | 화 | 수 | 목 | 금 | 토 |
|---|---|---|---|---|---|---|
| | | | | 1 | 2 | 3 |
| 4 | 5 | 6 | 7 | 8 | 9 | 10 |
| 11 | 12 | 13 | 14 | 15 | 16 | 17 |
| 18 | 19 | 20 | 21 | 22 | 23 | 24 |
| 25 | 26 | 27 | 28 | 29 | 30 | |

**10월**

| 일 | 월 | 화 | 수 | 목 | 금 | 토 |
|---|---|---|---|---|---|---|
| | | | | | | 1 |
| 2 | 3 | 4 | 5 | 6 | 7 | 8 |
| 9 | 10 | 11 | 12 | 13 | 14 | 15 |
| 16 | 17 | 18 | 19 | 20 | 21 | 22 |
| 23 | 24 | 25 | 26 | 27 | 28 | 29 |
| 30 | 31 | | | | | |

**11월**

| 일 | 월 | 화 | 수 | 목 | 금 | 토 |
|---|---|---|---|---|---|---|
| | | 1 | 2 | 3 | 4 | 5 |
| 6 | 7 | 8 | 9 | 10 | 11 | 12 |
| 13 | 14 | 15 | 16 | 17 | 18 | 19 |
| 20 | 21 | 22 | 23 | 24 | 25 | 26 |
| 27 | 28 | 29 | 30 | | | |

**12월**

| 일 | 월 | 화 | 수 | 목 | 금 | 토 |
|---|---|---|---|---|---|---|
| | | | | 1 | 2 | 3 |
| 4 | 5 | 6 | 7 | 8 | 9 | 10 |
| 11 | 12 | 13 | 14 | 15 | 16 | 17 |
| 18 | 19 | 20 | 21 | 22 | 23 | 24 |
| 25 | 26 | 27 | 28 | 29 | 30 | 31 |

1년은 몇 개월일까요?

각 달은 며칠일까요?

1월부터 12월까지 있어요.

12월이 지나면 다음 해로 넘어가 다시 1월이 돼요.

1년은 **12개월**이에요.

4월, 6월, 9월, 11월은 30일까지 있어요.

1월, 3월, 5월, 7월, 8월, 10월, 12월은 31일까지 있어요.

2월은 28일 또는 29일까지 있어요.

달력 살펴보기  1년 알아보기

[각 달의 날수 쉽게 기억하기]

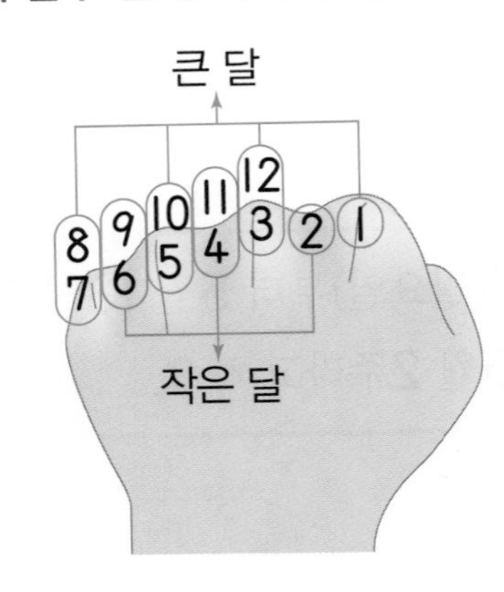


- 손가락 사이를 이용해서 각 달의 날수를 쉽게 알 수 있어요.
- 둘째 손가락부터 시작하여 위로 솟은 곳은 큰 달(31일)이에요.
- 안으로 들어간 곳은 작은 달(30일, 2월은 28일 또는 29일)이에요.

# 수해력을 확인해요

정답과 풀이 29쪽

• 달력에서 빠진 날짜 알아보기

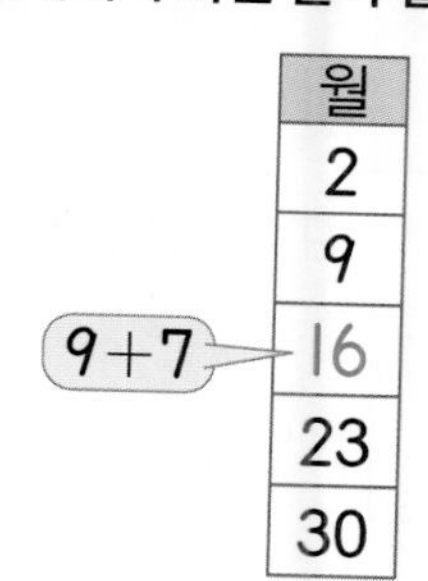


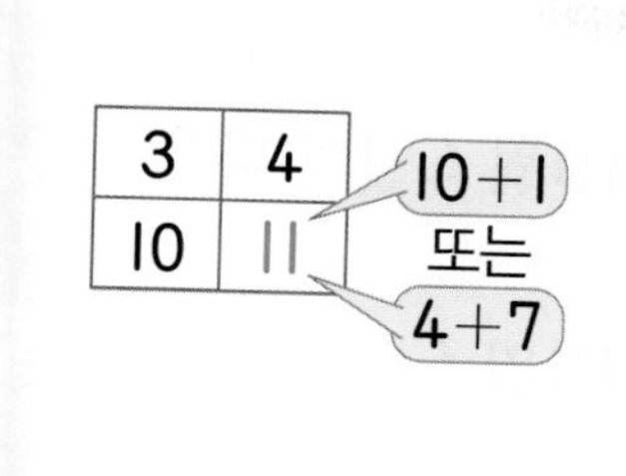


01~08 달력의 일부분을 보고 빈칸에 알맞은 수를 써넣으세요.

## 01

(1)

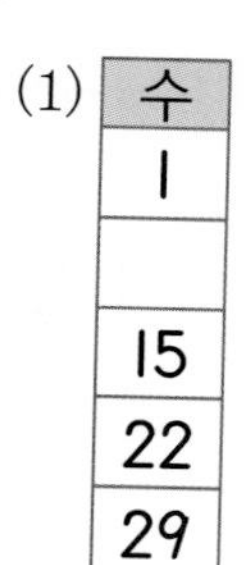


(2)

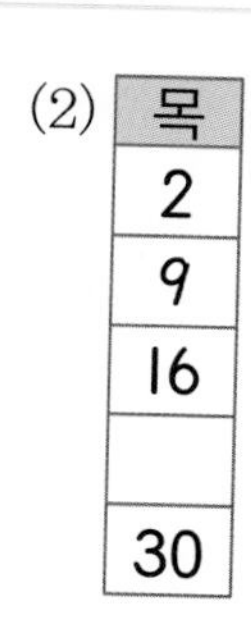


## 02

(1)

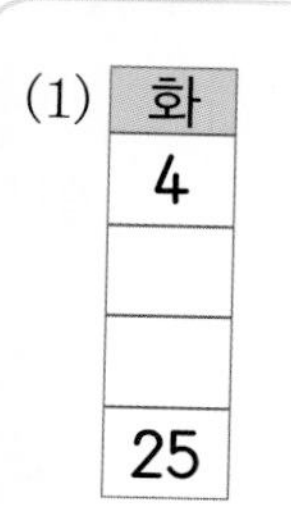


(2)

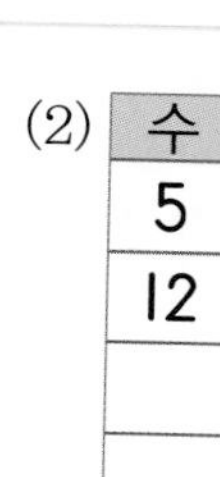


## 03

(1)

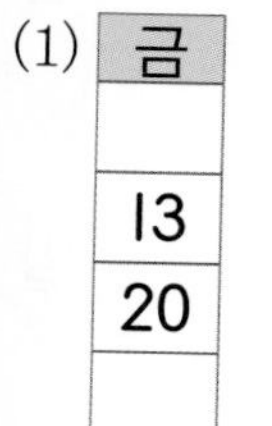


(2)

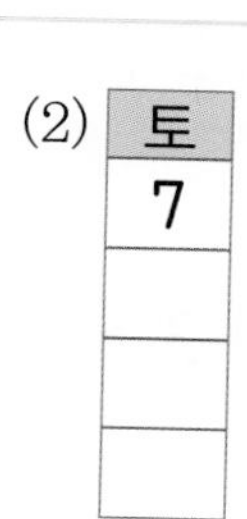


## 04

(1)

| 4 | 5 |
|---|---|
| 11 |  |

(2)

| 1 | 2 |
|---|---|
| 8 |  |

## 05

(1)

| 7 | 8 |
|---|---|
|  |  |

(2)

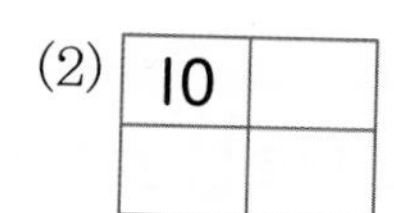


## 06

(1)

|  | 15 |
|---|---|
|  | 22 |

(2)

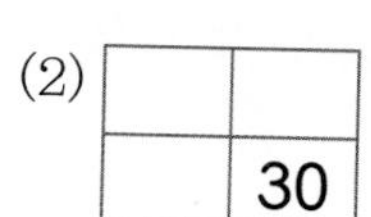


## 07

(1)

|  | 14 |  |
|---|---|---|
|  |  | 22 |

(2)

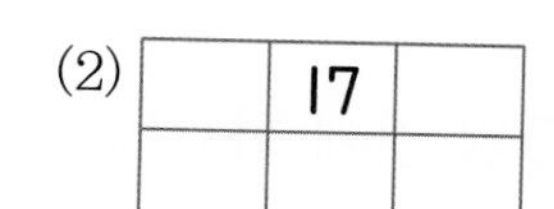


## 08

(1)

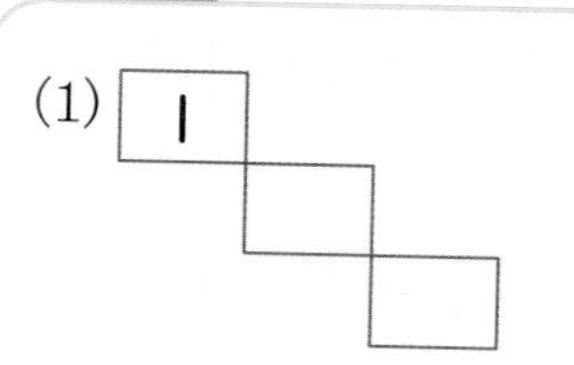


(2)

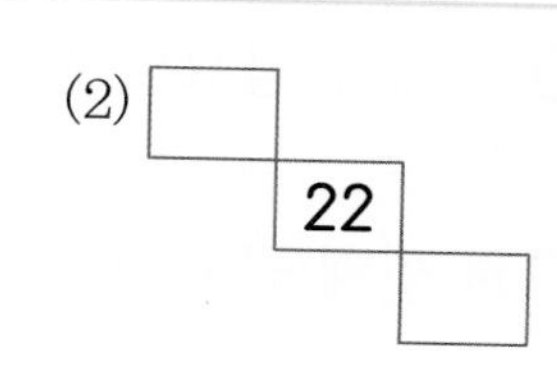

# 수해력을 확인해요

| | 10월 | | | | | | |
|---|---|---|---|---|---|---|---|
| | 일 | 월 | 화 | 수 | 목 | 금 | 토 |
| 첫째 일요일 | 1 | 2 | 3 | 4 | 5 | 6 | 7 |
| 둘째 일요일 | 8 | 9 | 10 | 11 | 12 | 13 | 14 |
| 셋째 일요일 | 15 | 16 | 17 | 18 | 19 | 20 | 21 |
| 넷째 일요일 | 22 | 23 | 24 | 25 | 26 | 27 | 28 |
| 다섯째 일요일 | 29 | 30 | 31 | | | | |

10월 셋째 일요일은 [15] 일입니다.

10월 넷째 일요일은 [22] 일입니다.

**09~15 위의 달력을 보고 □ 안에 알맞은 수나 말을 써넣으세요.**

## 09

(1) 10월 둘째 토요일은 □ 일입니다.

(2) 10월 셋째 토요일은 □ 일입니다.

## 10

(1) 10월 첫째 월요일은 □ 일입니다.

(2) 10월 첫째 화요일은 □ 일입니다.

## 11

(1) 10월 둘째 금요일은 □ 일입니다.

(2) 10월 셋째 금요일은 □ 일입니다.

## 12

(1) 10월 4일의 다음 날은 □ 요일입니다.

(2) 10월 4일의 2일 후는 □ 요일입니다.

## 13

(1) 10월 12일의 하루 전날은 □ 요일입니다.

(2) 10월 12일의 다음 날은 □ 요일입니다.

## 14

(1) 10월 2일의 1주일 후는 10월 □ 일입니다.

(2) 10월 2일의 2주일 후는 10월 □ 일입니다.

## 15

(1) 10월 5일의 2주일 후는 10월 □ 일입니다.

(2) 10월 5일의 3주일 후는 10월 □ 일입니다.

• 몇 개월로 나타내기

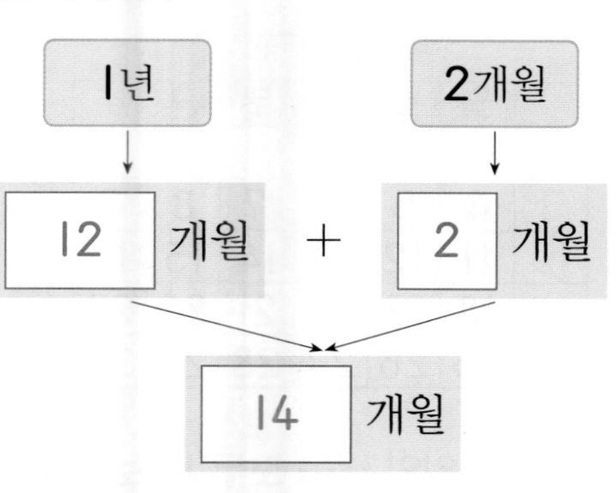


• 몇 년 몇 개월로 나타내기

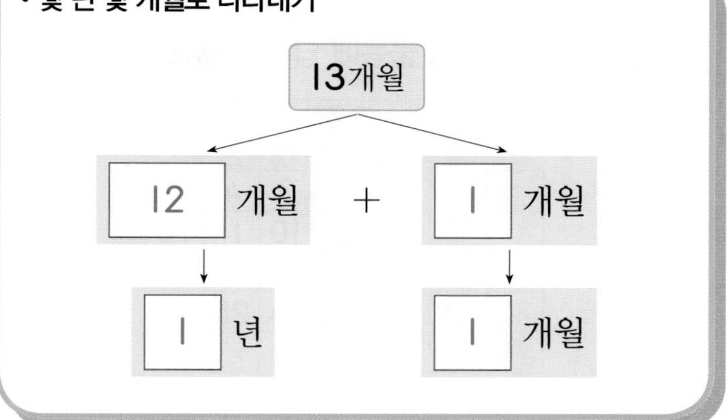


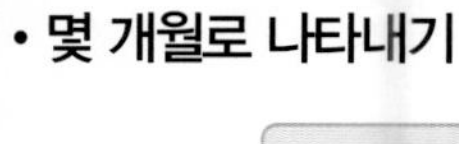


□ 안에 알맞은 수를 써넣으세요.

16

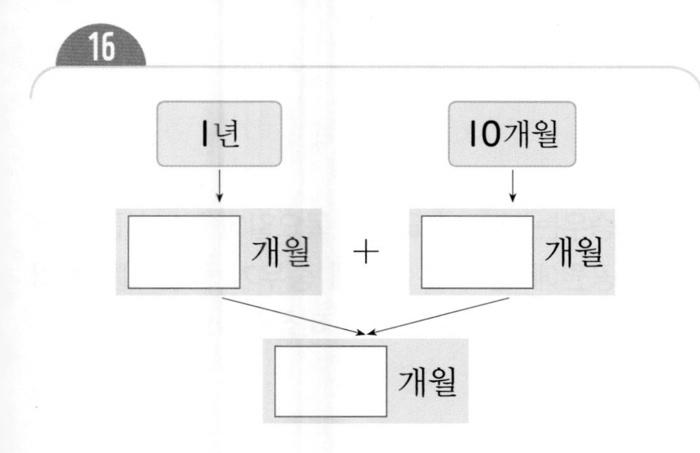


17

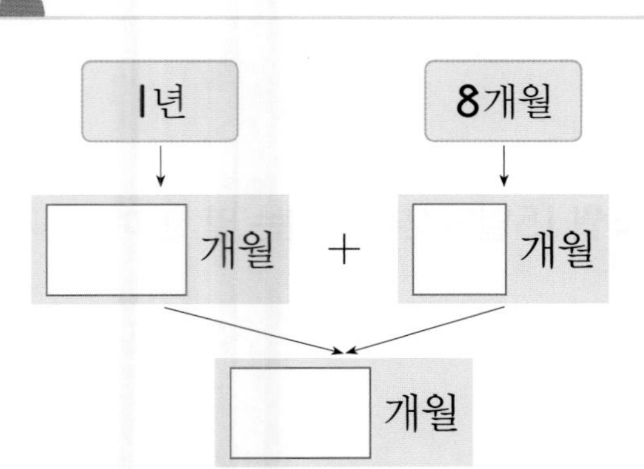


18

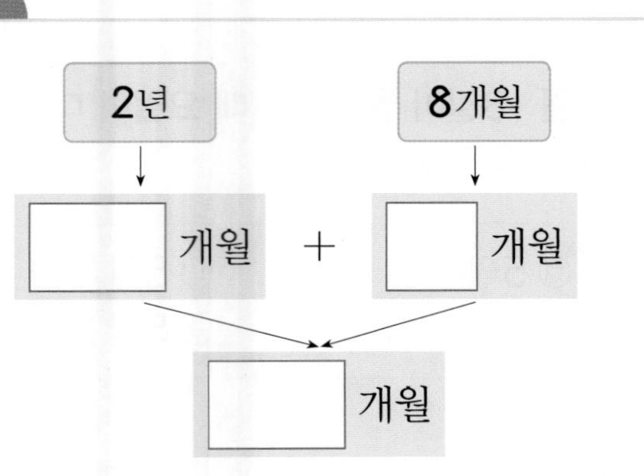


19~21 □ 안에 알맞은 수를 써넣으세요.

19

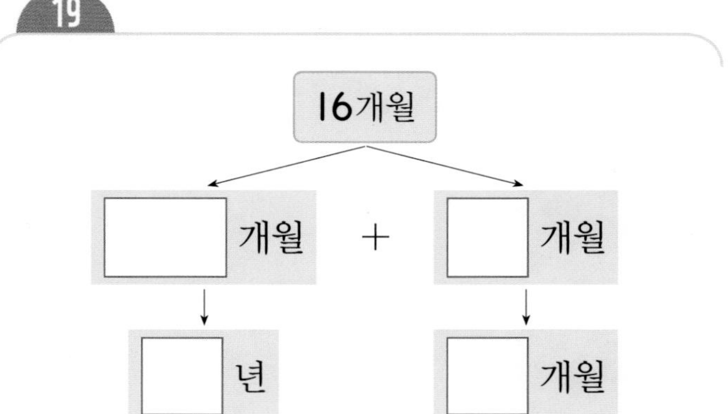


20

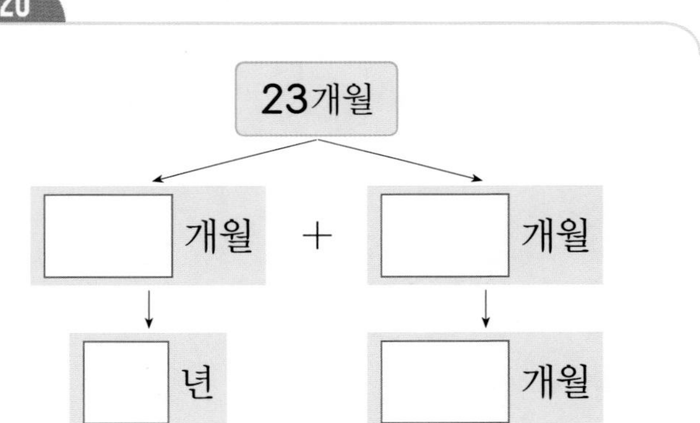


21

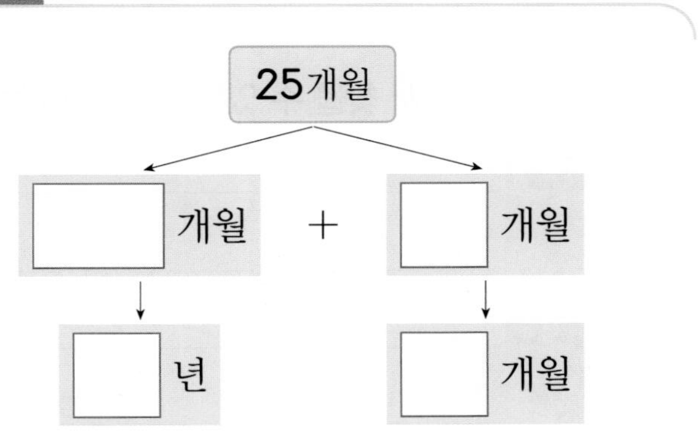

**01~03** 달력을 보고 물음에 답해 보세요.

| 8월 | | | | | | |
|---|---|---|---|---|---|---|
| 일 | 월 | 화 | 수 | 목 | 금 | 토 |
| | | 1 | 2 | 3 | 4 | 5 |
| 6 | 7 | 8 | 9 | 10 | 11 | 12 |
| 13 | 14 | 15 | 16 | 17 | 18 | 19 |
| 20 | 21 | 22 | 23 | 24 | 25 | 26 |
| 27 | 28 | 29 | 30 | 31 | | |

**01** 몇 월의 달력인가요?

( )

**02** 이달의 12일은 무슨 요일인가요?

( )

**03** 달력의 수에서 찾을 수 있는 규칙을 써 보세요.

규칙 1 ______________________

______________________

규칙 2 ______________________

______________________

**04~06** 달력을 보고 물음에 답해 보세요.

| 4월 | | | | | | |
|---|---|---|---|---|---|---|
| 일 | 월 | 화 | 수 | 목 | 금 | 토 |
| | | | | | 1 | 2 |
| 3 | 4 | 5 | 6 | 7 | 8 | 9 |
| 10 | 11 | 12 | 13 | 14 | 15 | 16 |
| 17 | 18 | 19 | 20 | 21 | 22 | 23 |
| 24 | 25 | 26 | 27 | 28 | 29 | 30 |

**04** 4월 중 금요일인 날을 모두 써 보세요.

( )

**05** 승우는 매주 수요일과 목요일에 줄넘기를 하러 공원에 갑니다. 4월에 승우가 줄넘기를 하러 공원에 가는 날은 모두 며칠인가요?

( )

**06** 4월 15일의 2주일 뒤는 몇 월 며칠인가요?

( )

**07** 5월 13일이 월요일일 때 요일이 다른 날을 찾아 기호를 써 보세요.

㉠ 5월 6일 ㉡ 5월 7일
㉢ 5월 20일 ㉣ 5월 27일

( )

## 08

보기 의 달을 날수가 30일인 달과 31일인 달로 분류해 보세요.

보기

1월 4월 7월 11월 12월

| 30일 | 31일 |
| --- | --- |
| | |

## 09

바르게 말한 사람을 찾아 이름을 써 보세요.

1년은 모두 12개월 이야.
1년 중 날수가 가장 적은 달은 3월이야.
지아
승현

( )

## 10

기간이 같은 것끼리 선으로 이어 보세요.

## 11 실생활 활용

채하네 반은 3주에 한 번씩 자리를 바꿉니다. 3월 3일에 자리를 바꿨다면 다시 자리를 바꾸는 날은 몇 월 며칠인가요?

( )

## 12 교과 융합

어느 해 우리나라 산에 단풍이 처음으로 드는 날을 예상하여 만든 지도입니다. □ 안에 알맞은 수를 써넣으세요.

올해 첫 단풍 시기

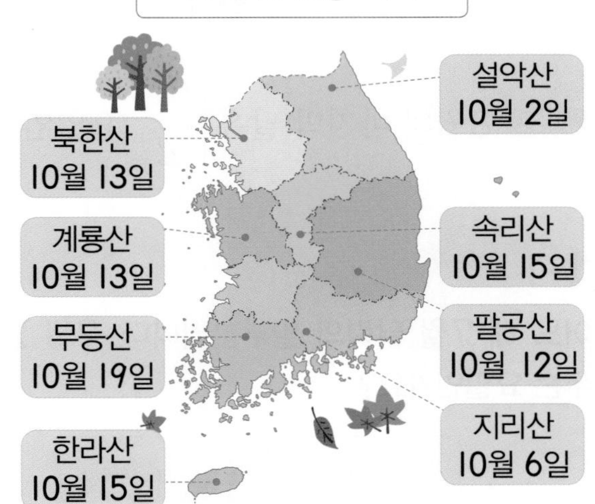


설악산에 첫 단풍이 들고

□주일 □일 후에 한라산에 첫 단풍이 들 것으로 예상할 수 있습니다.

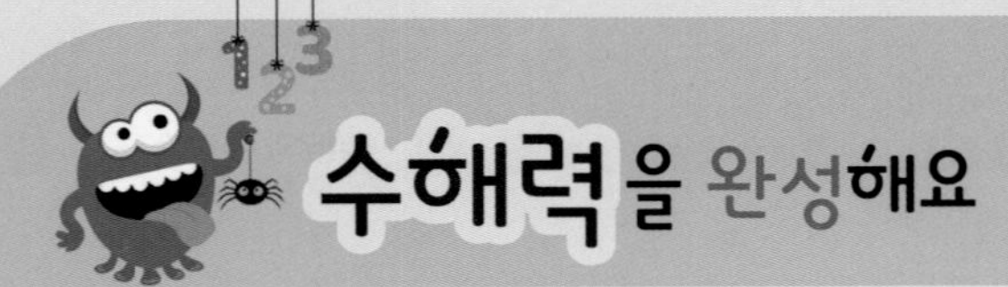


대표 응용 **1** **어떤 날의 요일 찾기**

어느 해 8월 달력의 일부분입니다. 이달의 마지막 날은 무슨 요일인지 구해 보세요.

| 8월 | | | | | | |
|---|---|---|---|---|---|---|
| 일 | 월 | 화 | 수 | 목 | 금 | 토 |
| | | | | 1 | 2 | 3 |
| 4 | 5 | 6 | 7 | 8 | 9 | 10 |
| 11 | 12 | | | | | |

**해결하기**

1단계 8월의 마지막 날은 ☐일입니다.

2단계 달력의 수는 아래쪽으로 7씩 커지므로 8월의 토요일은 3일, 10일, ☐일, ☐일, ☐일입니다.

3단계 8월의 마지막 날은 ☐요일입니다.

## 1-1

어느 해 7월 달력의 일부분입니다. 7월 20일은 무슨 요일인가요?

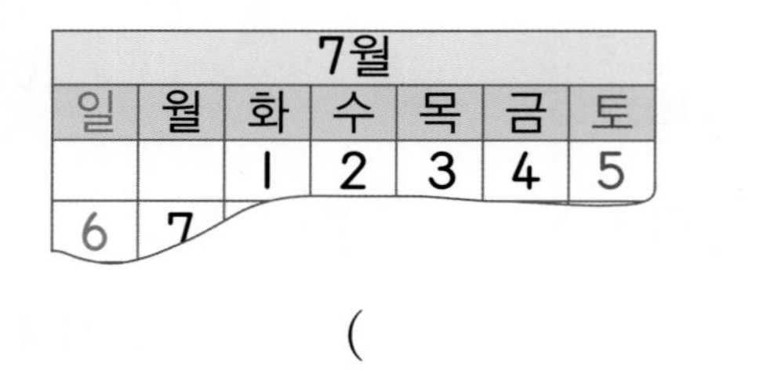

| 7월 | | | | | | |
|---|---|---|---|---|---|---|
| 일 | 월 | 화 | 수 | 목 | 금 | 토 |
| | | 1 | 2 | 3 | 4 | 5 |
| 6 | 7 | | | | | |

( )

## 1-2

어느 해 12월 달력의 일부분입니다. 이달의 마지막 날은 무슨 요일인가요?

| 12월 | | | | | | |
|---|---|---|---|---|---|---|
| 일 | 월 | 화 | 수 | 목 | 금 | 토 |
| 1 | 2 | 3 | 4 | 5 | 6 | 7 |

( )

## 1-3

어느 해 2월 달력의 일부분입니다. 2월 15일은 무슨 요일인가요?

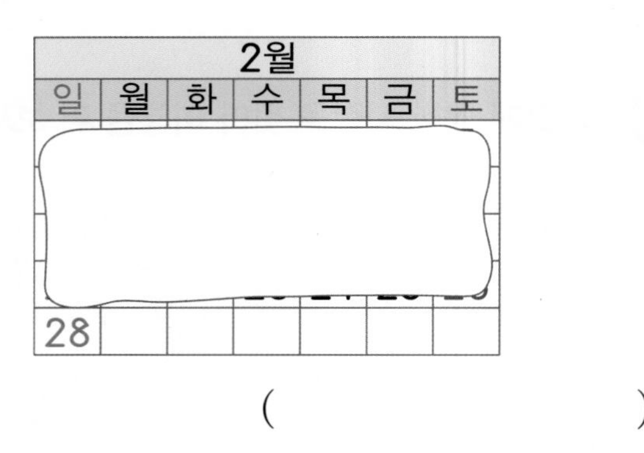

| 2월 | | | | | | |
|---|---|---|---|---|---|---|
| 일 | 월 | 화 | 수 | 목 | 금 | 토 |
| 28 | | | | | | |

( )

## 1-4

어느 해 12월 달력의 일부분입니다. 이달의 첫날은 무슨 요일인가요?

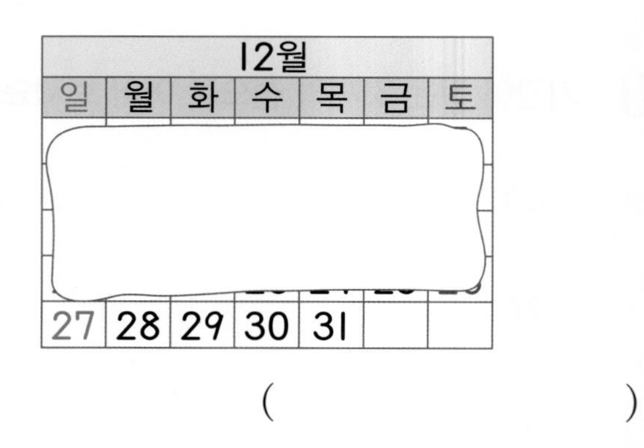

| 12월 | | | | | | |
|---|---|---|---|---|---|---|
| 일 | 월 | 화 | 수 | 목 | 금 | 토 |
| 27 | 28 | 29 | 30 | 31 | | |

( )

대표 응용 **2**

## 며칠이 지났는지 구하기

3월 둘째 화요일에서 며칠이 지나면 3월 넷째 토요일이 되는지 구해 보세요.

| 3월 | | | | | | |
|---|---|---|---|---|---|---|
| 일 | 월 | 화 | 수 | 목 | 금 | 토 |
| | 1 | 2 | 3 | 4 | 5 | 6 |
| 7 | 8 | 9 | 10 | 11 | 12 | 13 |
| 14 | 15 | 16 | 17 | 18 | 19 | 20 |
| 21 | 22 | 23 | 24 | 25 | 26 | 27 |
| 28 | 29 | 30 | 31 | | | |

**해결하기**

1단계 3월 둘째 화요일은 3월 ☐ 일이고,

3월 넷째 토요일은 3월 ☐ 일입니다.

2단계 27에서 9를 빼면 ☐ 입니다.

3단계 3월 둘째 화요일에서 ☐ 일이 지나면 3월 넷째 토요일이 됩니다.

## 2-1

4월 첫째 토요일에서 며칠이 지나면 4월 넷째 월요일이 되나요?

| 4월 | | | | | | |
|---|---|---|---|---|---|---|
| 일 | 월 | 화 | 수 | 목 | 금 | 토 |
| | | | | 1 | 2 | 3 |
| 4 | 5 | 6 | 7 | 8 | 9 | 10 |
| 11 | 12 | 13 | 14 | 15 | 16 | 17 |
| 18 | 19 | 20 | 21 | 22 | 23 | 24 |
| 25 | 26 | 27 | 28 | 29 | 30 | |

( )

## 2-2

11월 첫째 일요일에서 며칠이 지나면 11월 넷째 금요일이 되나요?

| 11월 | | | | | | |
|---|---|---|---|---|---|---|
| 일 | 월 | 화 | 수 | 목 | 금 | 토 |
| 1 | 2 | 3 | 4 | 5 | 6 | 7 |
| 8 | 9 | 10 | 11 | 12 | 13 | 14 |
| 15 | 16 | 17 | 18 | 19 | 20 | 21 |
| 22 | 23 | 24 | 25 | 26 | 27 | 28 |
| 29 | 30 | | | | | |

( )

## 2-3

6월 둘째 월요일에서 며칠이 지나면 7월 둘째 목요일이 되나요?

| 6월 | | | | | | |
|---|---|---|---|---|---|---|
| 일 | 월 | 화 | 수 | 목 | 금 | 토 |
| | | | 1 | 2 | 3 | 4 |
| 5 | 6 | 7 | 8 | 9 | 10 | 11 |
| 12 | 13 | 14 | 15 | 16 | 17 | 18 |
| 19 | 20 | 21 | 22 | 23 | 24 | 25 |
| 26 | 27 | 28 | 29 | 30 | | |

➡

| 7월 | | | | | | |
|---|---|---|---|---|---|---|
| 일 | 월 | 화 | 수 | 목 | 금 | 토 |
| | | | | | 1 | 2 |
| 3 | 4 | 5 | 6 | 7 | 8 | 9 |
| 10 | 11 | 12 | 13 | 14 | 15 | 16 |
| 17 | 18 | 19 | 20 | 21 | 22 | 23 |
| 24 | 25 | 26 | 27 | 28 | 29 | 30 |
| 31 | | | | | | |

( )

## 2-4

9월 첫째 수요일부터 19일이 지나면 무슨 요일인가요?

| 9월 | | | | | | |
|---|---|---|---|---|---|---|
| 일 | 월 | 화 | 수 | 목 | 금 | 토 |
| | | | 1 | 2 | 3 | 4 |

( )

## 수해력을 확장해요

# 조선시대의 시계

세종대왕은 백성을 아주 사랑했던 왕이에요. 그래서 백성들이 시각을 편리하게 알 수 있도록 그림자를 이용한 시계를 장영실과 함께 만들었지요.

오른쪽 사진에서 바늘의 그림자를 찾아보세요.

하루 동안 해가 움직이면서 그림자의 방향도 움직여요. 이 방향을 이용해 바늘의 그림자가 가리키는 곳에 시각을 표현하는 한자를 새겨놓고 몇 시인지 알게 했던 거예요!

그래서 이런 시계를 해시계라고 해요. 조금 어려운 말로 '앙부일구'라고도 해요.

조선시대에는 1, 2, 3, ...과 같은 숫자를 사용하지 않았기 때문에 1시, 2시, 3시, ... 이런 시각이 없었어요.

앙부일구는 하루 24시간을 12개의 칸으로 나누고 칸마다 동물의 이름을 붙여 시각을 나타냈어요. 한자를 모르는 백성들을 위해 앙부일구에 동물 그림을 새겨 넣기도 했어요.

| 동물 | 쥐 | 소 | 호랑이 | 토끼 | 용 | 뱀 |
|---|---|---|---|---|---|---|
| 조선시대의 시각 | 자시 | 축시 | 인시 | 묘시 | 진시 | 사시 |
| 지금의 시각 | 오후 11시 ~오전 1시 | 오전 1시 ~오전 3시 | 오전 3시 ~오전 5시 | 오전 5시 ~오전 7시 | 오전 7시 ~오전 9시 | 오전 9시 ~오전 11시 |

| 동물 | 말 | 양 | 원숭이 | 닭 | 개 | 돼지 |
|---|---|---|---|---|---|---|
| 조선시대의 시각 | 오시 | 미시 | 신시 | 유시 | 술시 | 해시 |
| 지금의 시각 | 오전 11시 ~오후 1시 | 오후 1시 ~오후 3시 | 오후 3시 ~오후 5시 | 오후 5시 ~오후 7시 | 오후 7시 ~오후 9시 | 오후 9시 ~오후 11시 |

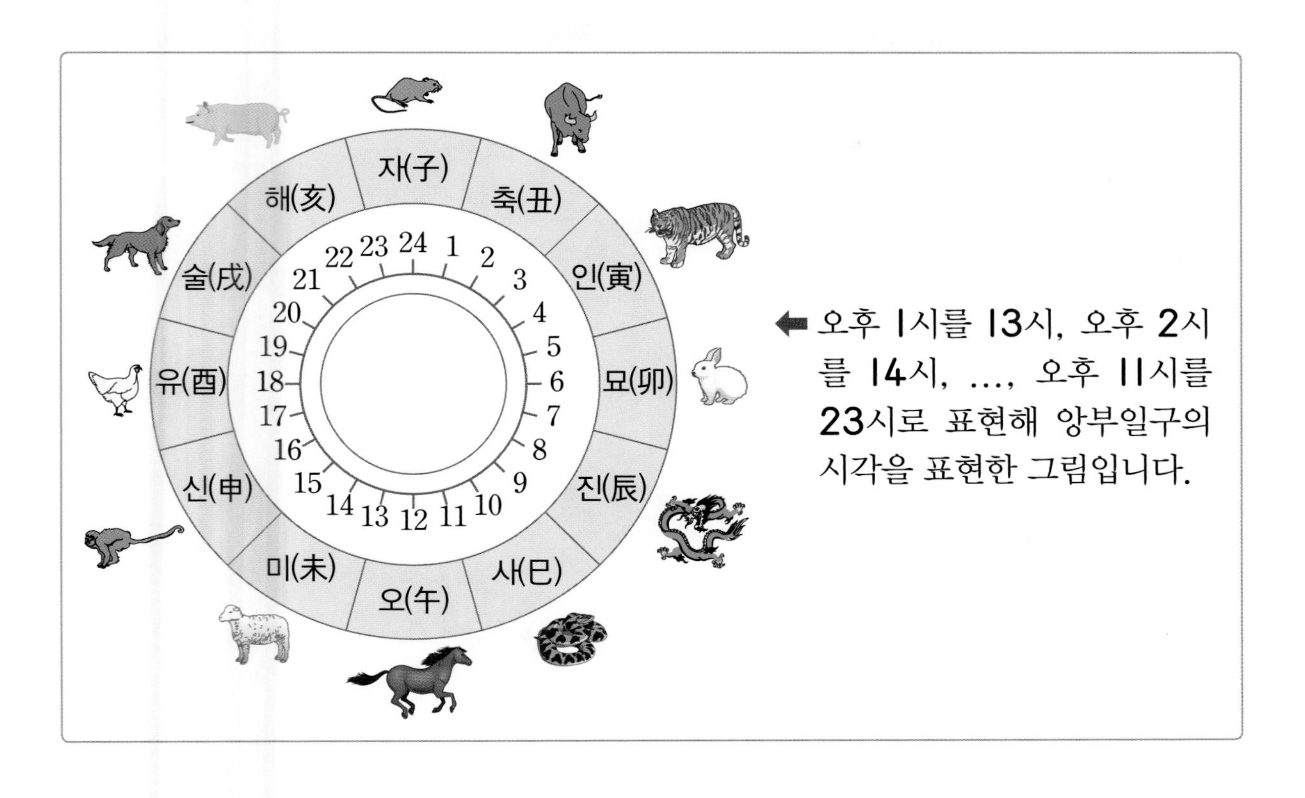


⬅ 오후 1시를 13시, 오후 2시를 14시, ..., 오후 11시를 23시로 표현해 앙부일구의 시각을 표현한 그림입니다.

활동 1 앙부일구의 '인시'는 몇 시부터 몇 시까지인가요?

(오전, 오후) ☐ 시~(오전, 오후) ☐ 시

활동 2 오후 7시 30분은 앙부일구의 어떤 시인가요?

☐ 시 ➡ 동물: ☐

활동 3 2월 2일에서 2월 3일이 되는 순간은 앙부일구의 어떤 시인가요?

☐ 시 ➡ 동물: ☐

MEMO

2 단계

| 초등 2학년 권장 |

# 정답과 풀이

01 단원

# 여러 가지 도형

## 1. 삼각형, 사각형, 원 알아보기

**수해력을 확인해요** 14~15쪽

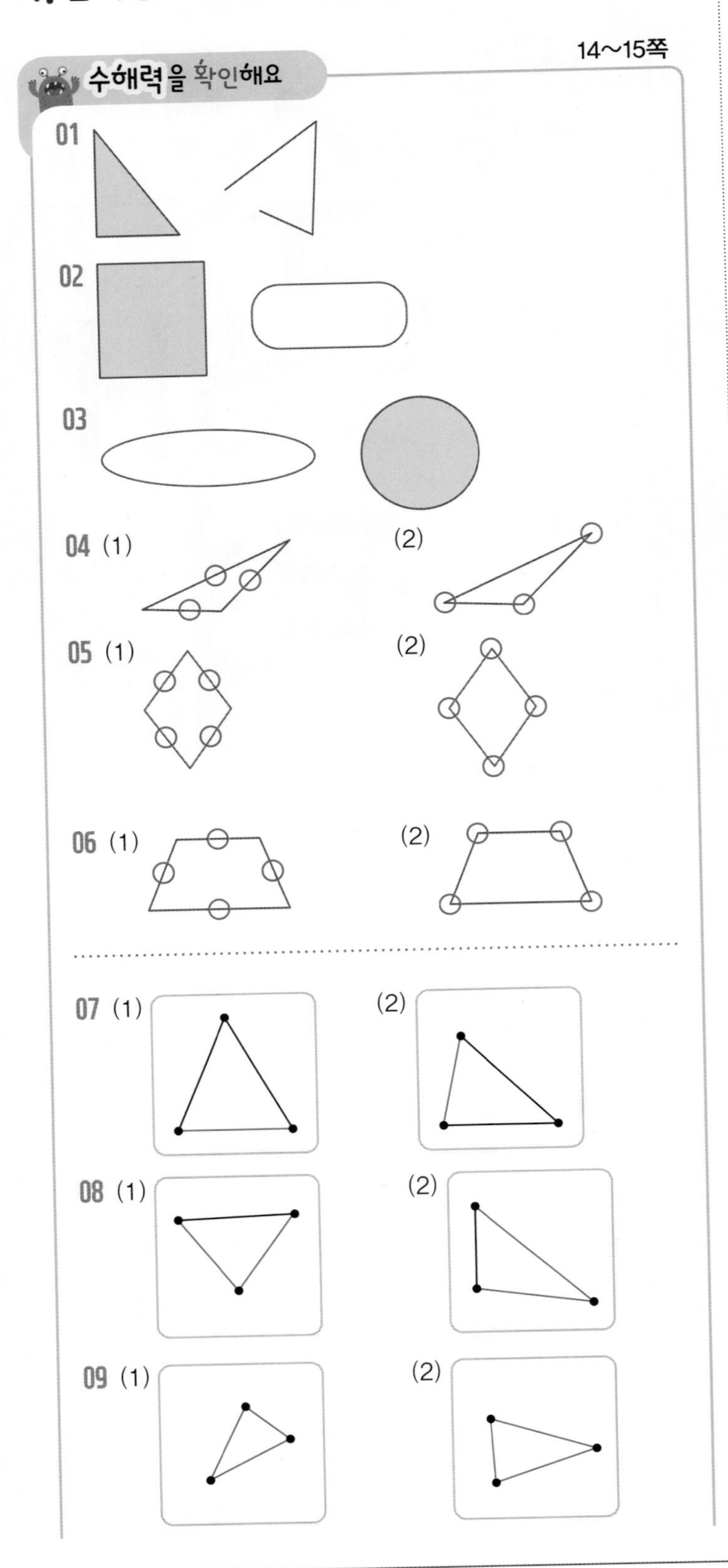


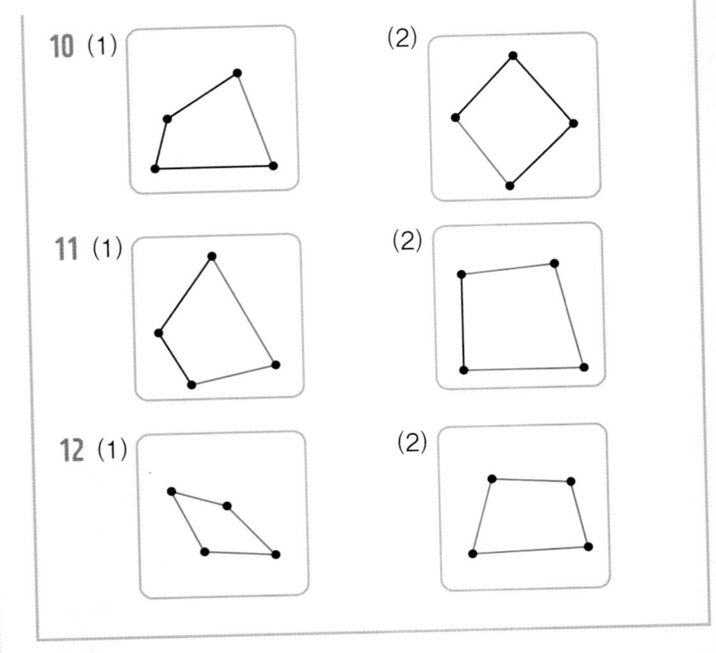


**수해력을 높여요** 16~17쪽

01 사각형

02 (위에서부터) 변, 꼭짓점

03

04 예

05 예

06 ①

07 3, 4

08 예 삼각형의 변은 모두 곧은 선인데 그림의 도형에는 굽은 선이 있으므로 삼각형이 아닙니다.

09

10 풀이 참조

11 1개, 3개

12 예

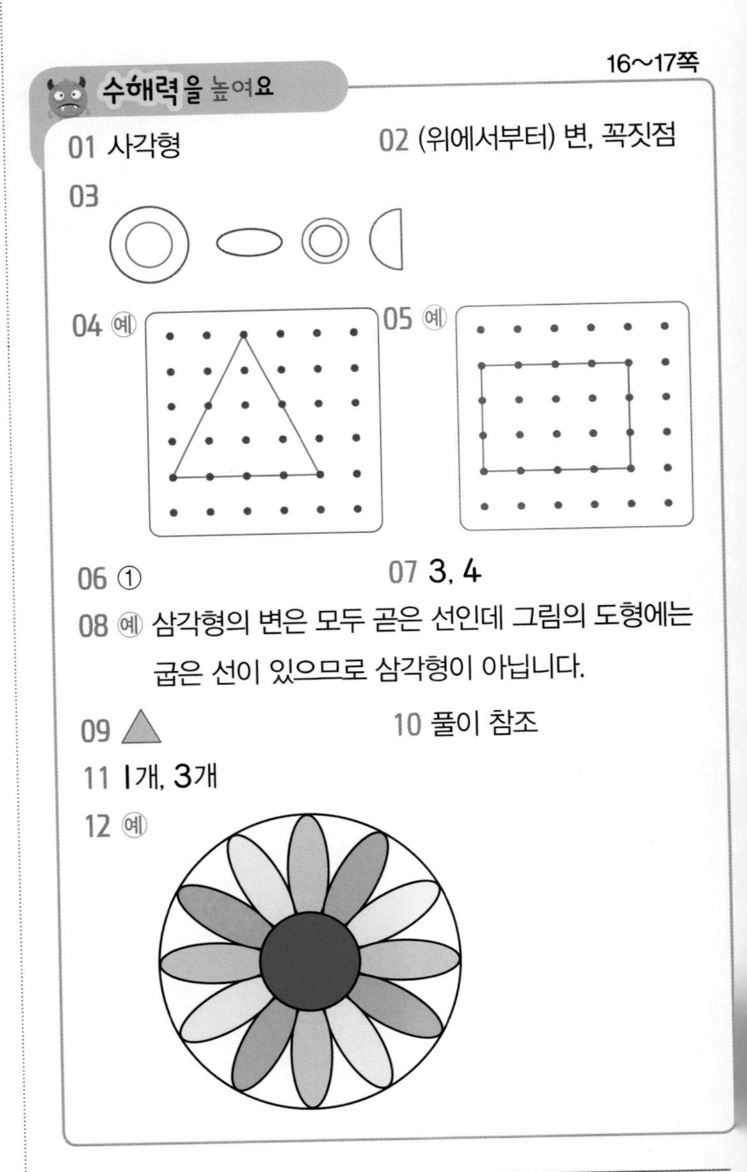

**01** 그림의 도형들은 모두 **4**개의 변으로 둘러싸인 도형이므로 사각형입니다.

**02** 사각형의 곧은 선을 변이라고 하고, 두 곧은 선이 만나는 점을 꼭짓점이라고 합니다.

**03** 어느 쪽에서 보아도 동그란 모양의 도형을 찾아봅니다.

**04** 삼각형은 꼭짓점이 **3**개이므로 점 **3**개를 이어 삼각형을 그립니다.

다른 예

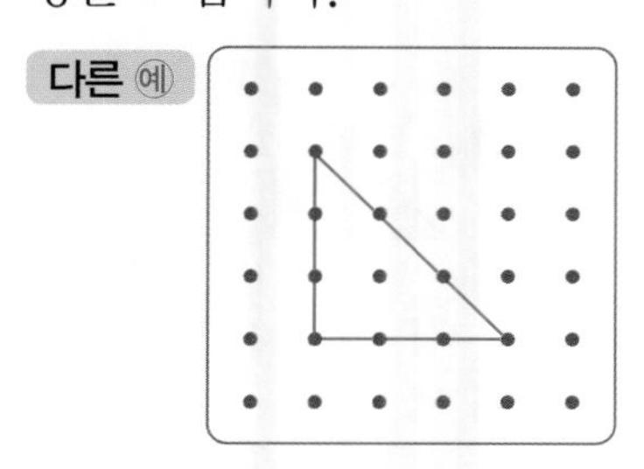

**05** 사각형은 꼭짓점이 **4**개이므로 점 **4**개를 이어 사각형을 그립니다.

다른 예

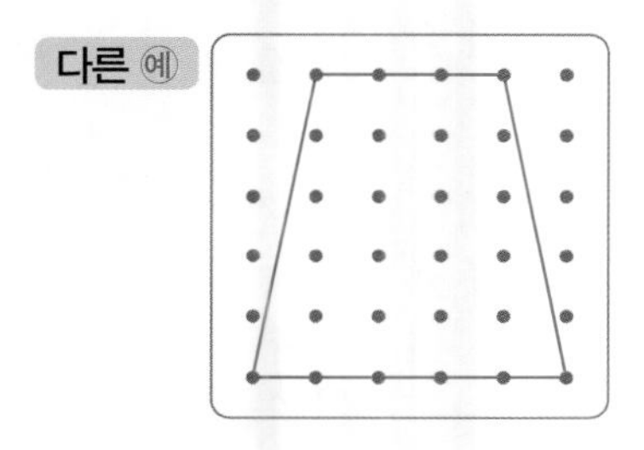

**06** 탬버린을 종이에 대고 본뜨면 원을 그릴 수 있습니다.

**07** • 삼각형의 변은 **3**개입니다.
• 사각형의 꼭짓점은 **4**개입니다.
따라서 ㉠에 알맞은 수는 **3**, ㉡에 알맞은 수는 **4**입니다.

**08** 해설 나침반

삼각형은 3개의 곧은 선으로 둘러싸인 도형입니다.

**09** ■ ● ▲ ▲ ■ ● ▲ ▲

■ ● ▲ ▲ ■ ● □ ▲

□, ○, △, △가 반복되고 빨간색 **2**개, 초록색 **3**개가 반복됩니다. 따라서 □ 안에 알맞은 모양은 △이고, 색깔은 초록색입니다.

**10**

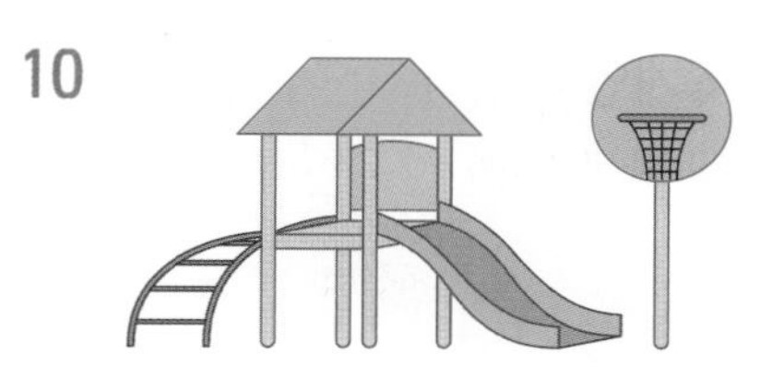

**11** 체코 국기에서 삼각형은 파란색 **1**개, 사각형은 전체, 흰색, 빨간색 **3**개입니다.

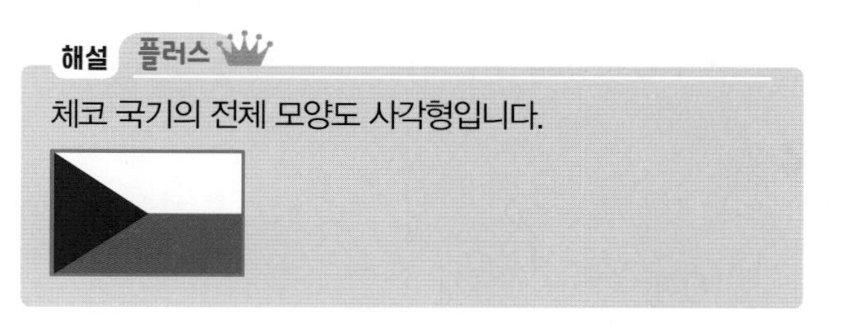

해설 플러스

체코 국기의 전체 모양도 사각형입니다.

**12** 여러 가지 색으로 주어진 모양을 규칙적으로 색칠해 봅니다.

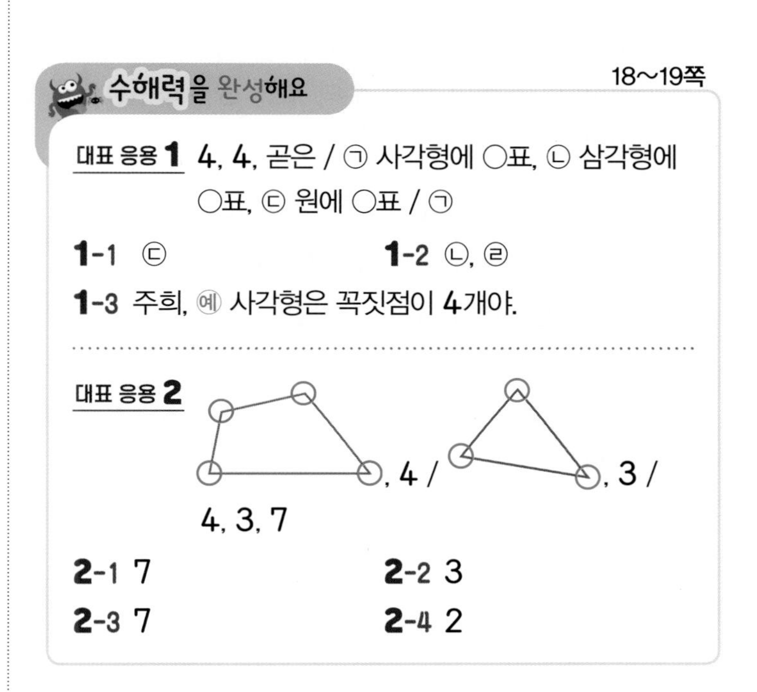

수해력을 완성해요 18~19쪽

대표 응용 **1** 4, 4, 곧은 / ㉠ 사각형에 ○표, ㉡ 삼각형에 ○표, ㉢ 원에 ○표 / ㉠

**1-1** ㉢ **1-2** ㉡, ㉣

**1-3** 주희, 예 사각형은 꼭짓점이 **4**개야.

대표 응용 **2** , 4 / , 3 / 4, 3, 7

**2-1** 7 **2-2** 3

**2-3** 7 **2-4** 2

**1-1** ㉠ 원은 곧은 선이 없습니다.
㉡ 원은 크기는 다르지만 모양은 모두 같습니다.
따라서 원에 대한 설명으로 옳은 것은 ㉢입니다.

**1-2** ㉡ 삼각형은 꼭짓점이 **3**개입니다.
㉣ 삼각형은 굽은 선이 없습니다.
따라서 삼각형에 대한 설명으로 틀린 것은 ㉡, ㉣입니다.

**1-3** 사각형은 꼭짓점이 4개입니다.
따라서 사각형에 대해 잘못 말한 친구는 주희입니다.

**2-1**

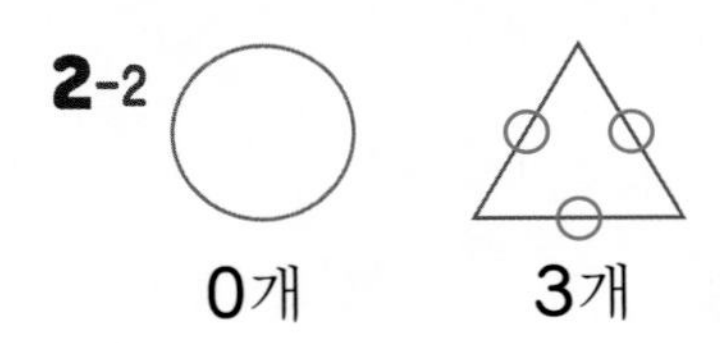

3개 0개 4개

따라서 세 도형의 꼭짓점의 수의 합은
$3+0+4=7$입니다.

**2-2**

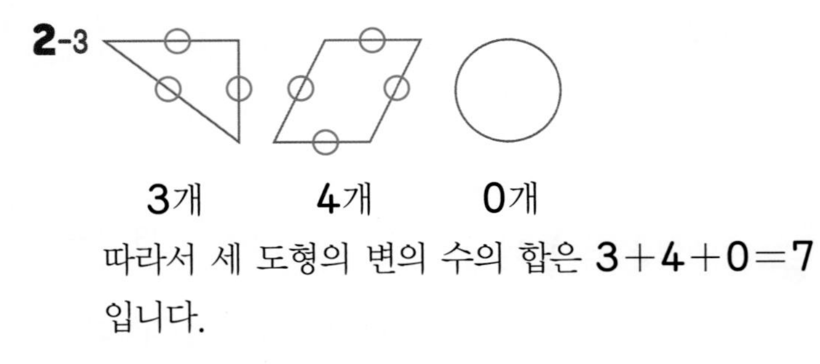

0개 3개

따라서 두 도형의 변의 수의 차는 $3-0=3$입니다.

**2-3**

3개 4개 0개

따라서 세 도형의 변의 수의 합은 $3+4+0=7$입니다.

**2-4** ㉠ 사각형은 변이 4개, 꼭짓점이 4개이므로 변의 수와 꼭짓점의 수의 합은 $4+4=8$입니다.
㉡ 삼각형은 변이 3개, 꼭짓점이 3개이므로 변의 수와 꼭짓점 수의 합은 $3+3=6$입니다.
따라서 ㉠과 ㉡이 나타내는 수의 차는 $8-6=2$입니다.

## 2. 칠교판으로 모양 만들기

수해력을 확인해요 22쪽

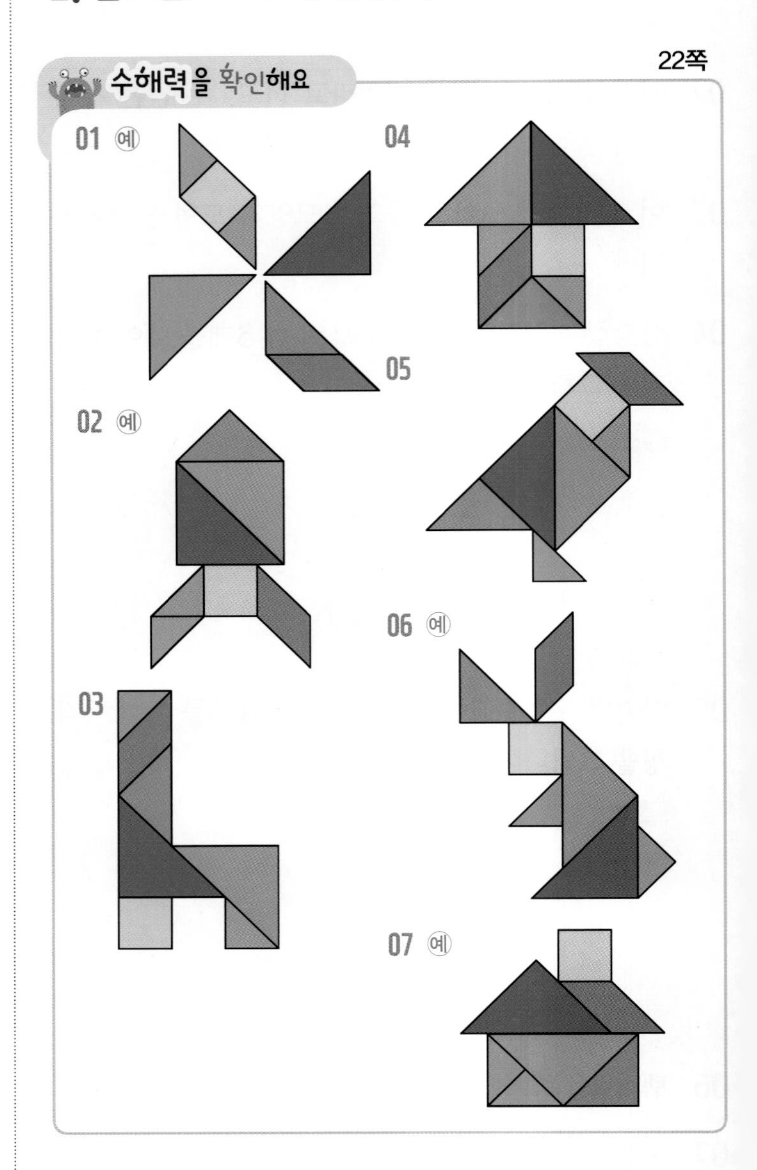


수해력을 높여요 23쪽

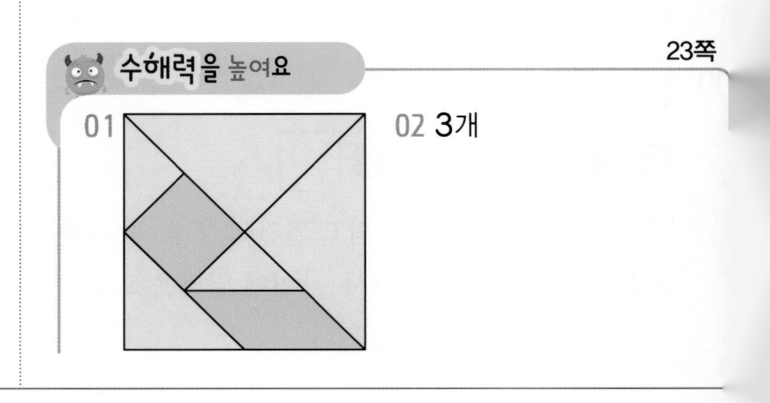


02 3개

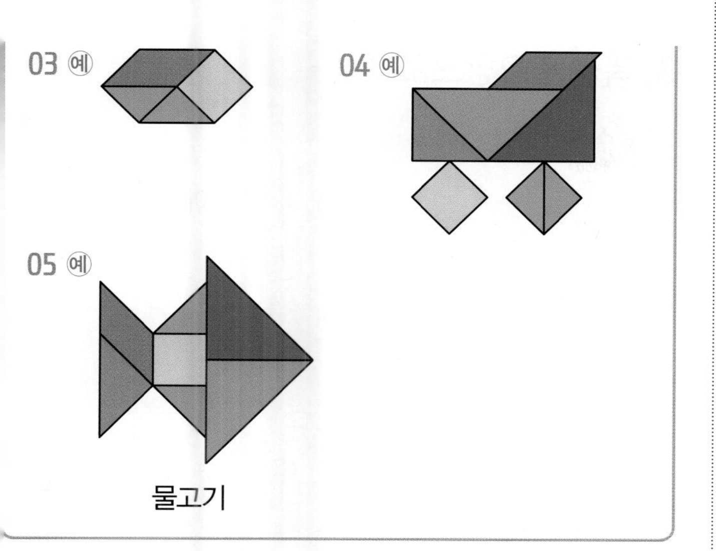


01 **해설 나침반**

삼각형은 변이 3개, 꼭짓점이 3개입니다.

사각형은 변이 4개, 꼭짓점이 4개입니다.

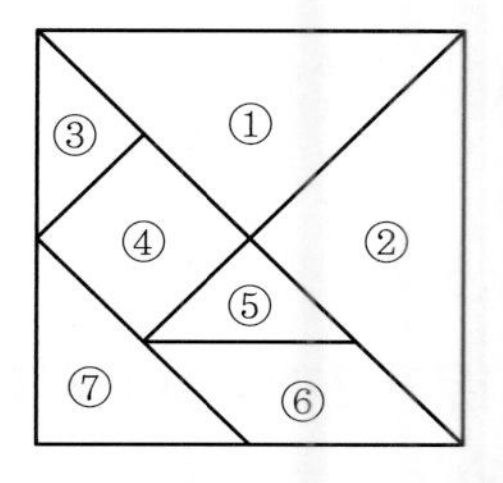


칠교판 조각에서 삼각형은 ①, ②, ③, ⑤, ⑦이고 사각형은 ④, ⑥입니다.

02 칠교판 조각에서 삼각형은 5개, 사각형은 2개입니다. 따라서 삼각형은 사각형보다 5−2=3(개) 더 많습니다.

**해설 플러스**

칠교판 조각에는 큰 삼각형 2개, 중간 크기의 삼각형 1개, 작은 삼각형 2개, 사각형 2개가 있습니다.

05 다른 예

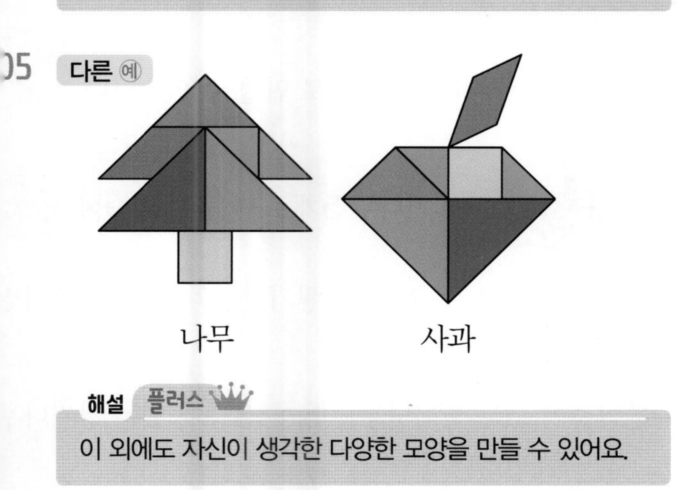


**해설 플러스**

이 외에도 자신이 생각한 다양한 모양을 만들 수 있어요.

**수해력을 완성해요** 24~25쪽

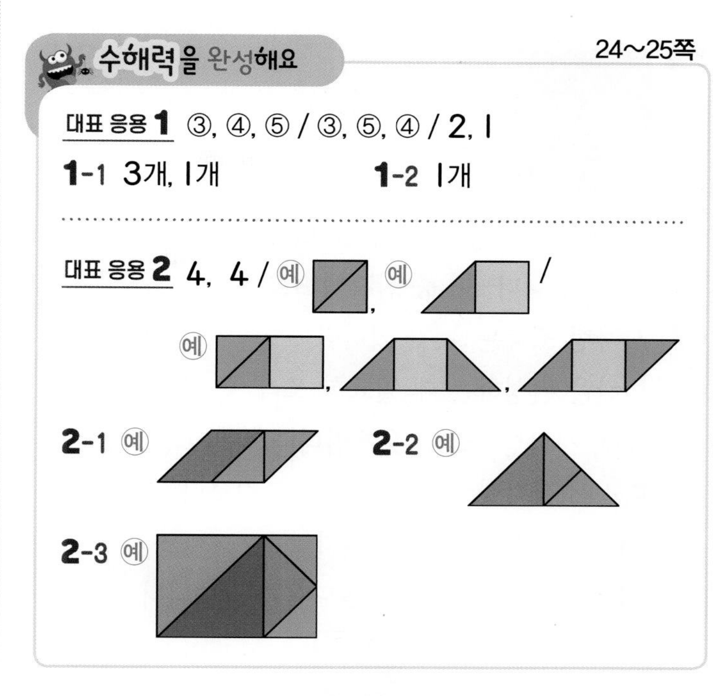

대표 응용 1 ③, ④, ⑤ / ③, ⑤, ④ / 2, 1
1-1 3개, 1개
1-2 1개
대표 응용 2 4, 4 / 예 , 예 /
예 , ,
2-1 예
2-2 예
2-3 예


**1** 참고 완성한 동물 모양은 다음과 같습니다.

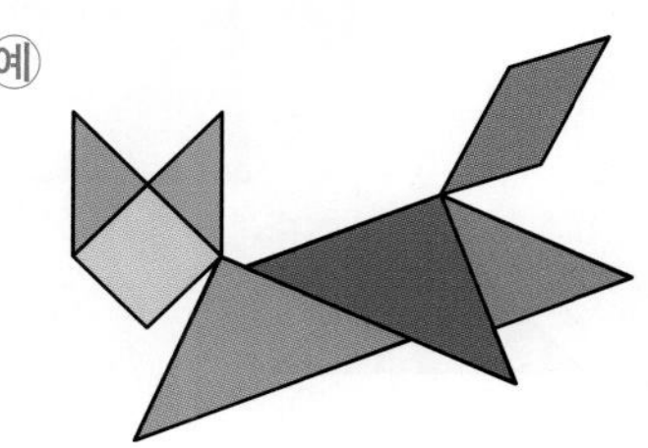


**1-1**

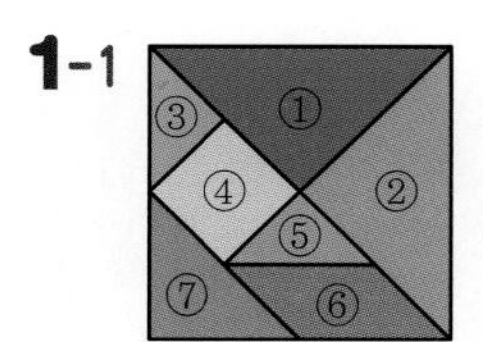


칠교판 조각 중 빈칸에 필요한 조각은 ③, ⑤, ⑥, ⑦입니다. 이 중 삼각형 조각은 ③, ⑤, ⑦이고, 사각형 조각은 ⑥입니다.

따라서 빈칸을 완성하는 데 필요한 조각 중 삼각형 조각은 3개, 사각형 조각은 1개입니다.

참고 완성한 나무 모양은 다음과 같습니다.

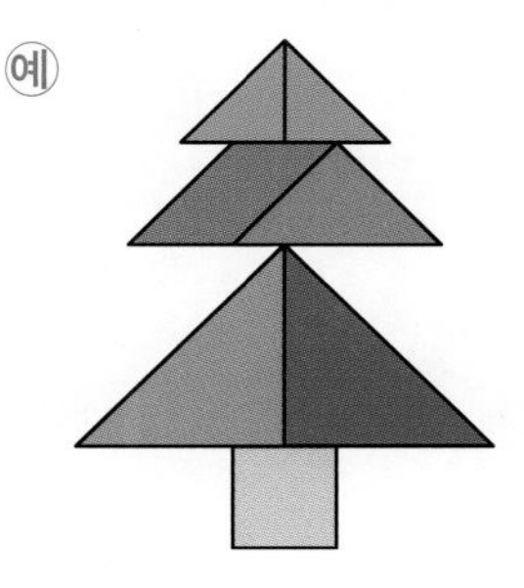

**1**-2

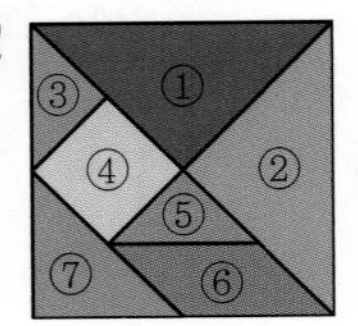


칠교판 조각 중 빈칸에 필요한 조각은 ③, ④, ⑤, ⑥, ⑦입니다. 이 중 삼각형 조각은 ③, ⑤, ⑦이고, 사각형 조각은 ④, ⑥입니다.

빈칸을 완성하는 데 필요한 조각 중 삼각형 조각은 3개, 사각형 조각은 2개입니다.

따라서 삼각형 조각은 사각형 조각보다 $3-2=1$(개) 더 많습니다.

**참고** 완성한 백조 모양은 다음과 같습니다.

**2**-1 다른 예

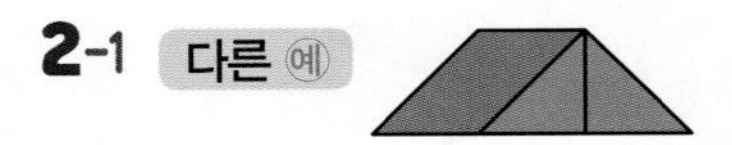

**2**-3 다른 예

**해설 플러스**

칠교판 조각 중 4개를 이용하여 사각형을 만들면 다음과 같습니다.

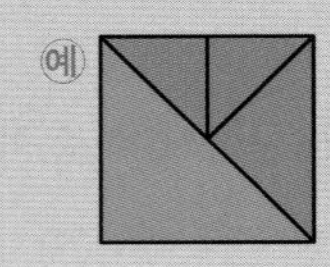


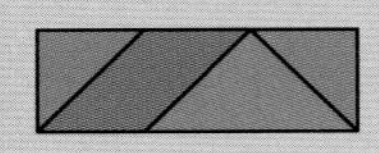

## 3. 똑같은 모양으로 쌓기

29쪽

**수해력을 확인해요**

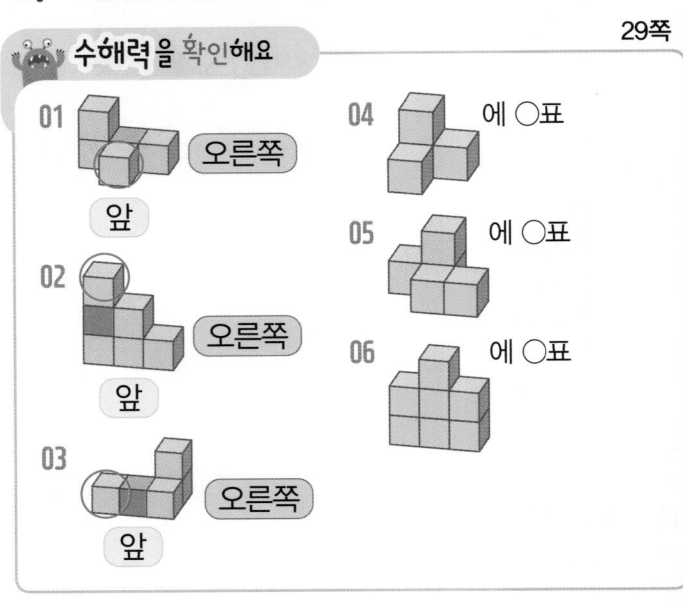


30~31쪽

**수해력을 높여요**

01 5개

02 (  ) (  )
(○) (○)

03 ④

04 4개

05 예 한 층 올라갈 때마다 쌓기나무가 2개씩 줄어듭니다.

06 ③

07 ㉡

08 앞, 1, 위, 1

09 15개

10 예 1층에 쌓기나무 2개를 옆으로 나란히 놓고, 왼쪽 쌓기나무의 위에 쌓기나무 1개, 오른쪽 쌓기나무의 위에 쌓기나무 2개를 놓습니다.

**01** 똑같은 모양으로 쌓으려면 쌓기나무가 1층에 4개, 2층에 1개 필요하므로 모두 $4+1=5$(개) 필요합니다.

**02**

는 쌓기나무 3개로 만들 수 있습니다.

는 쌓기나무 5개로 만들 수 있습니다.

**03** ④번 쌓기나무를 ③번 쌓기나무의 앞으로 옮기면 됩니다.

**04** 1층에 있는 쌓기나무는 5개, 3층에 있는 쌓기나무는 1개입니다.

따라서 1층에 있는 쌓기나무는 3층에 있는 쌓기나무보다 $5-1=4$(개) 더 많습니다.

05 해설 나침반

층별로 쌓기나무 수를 세어 봅니다.

다른 예) 쌓기나무의 수는 위에서부터 1개, 3개, 5개로 2개씩 늘어납니다.

06 쌓기나무 2개가 옆으로 나란히 있습니다.

오른쪽 쌓기나무의 뒤에 쌓기나무 2개가 2층으로 있습니다.

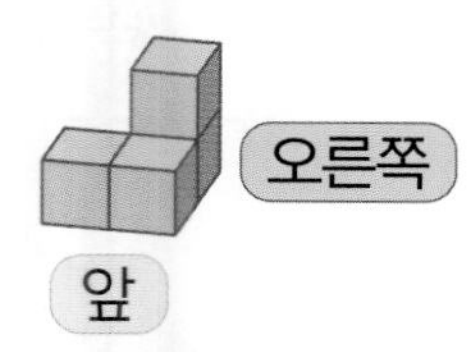


07 ㉡ 1층에 쌓기나무 2개가 옆으로 나란히 있고, 왼쪽 쌓기나무 위에 쌓기나무 2개, 오른쪽 쌓기나무 뒤에 쌓기나무 1개가 있는 모양은 다음과 같습니다.

08 해설 나침반

1층에 나란히 있는 3개의 쌓기나무를 기준으로 왼쪽과 오른쪽에 어떻게 있는지 생각해 봅니다.

1층에 쌓기나무 3개가 옆으로 나란히 있고, 왼쪽 쌓기나무의 앞에 쌓기나무 1개, 오른쪽 쌓기나무의 위에 쌓기나무 1개가 있습니다.

09 상자를 규칙에 따라 5층으로 쌓으면 다음과 같습니다.

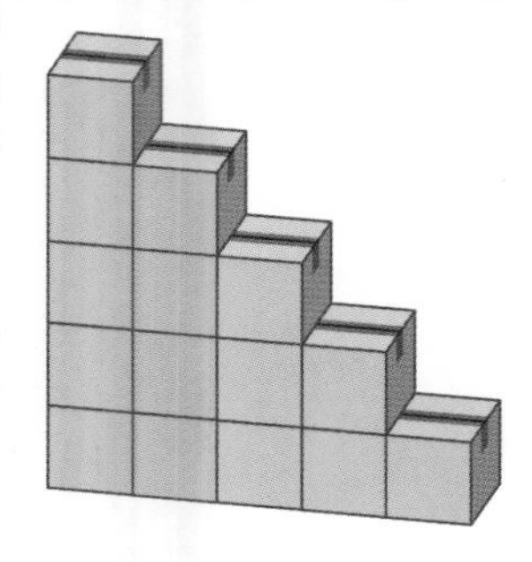

1층에 5개, 2층에 4개, 3층에 3개, 4층에 2개, 5층에 1개가 필요하므로 모두 $5+4+3+2+1=15$(개) 필요합니다.

해설 플러스

위와 다른 규칙을 찾아 5층을 쌓는 데 필요한 상자 수를 구할 수 있습니다.
왼쪽부터 3층, 2층, 1층으로 쌓았으므로 상자를 5층으로 쌓으면 왼쪽부터 5층, 4층, 3층, 2층, 1층으로 쌓아야 합니다. 따라서 5층을 쌓는 데 모두
$5+4+3+2+1=15$(개) 필요합니다.

10 1층에 나란히 있는 2개의 쌓기나무를 기준으로 왼쪽과 오른쪽에 어떻게 쌓았는지 생각해 봅니다.

## 수해력을 완성해요

32~33쪽

**대표 응용 1** 4, 1, 5 / 3, 1, 4 / 5, 4, 9

**1-1** 13개 **1-2** ㉣

**1-3** 2개

**대표 응용 2** 3, 4, 5 / 1 / 1, 6

**2-1** 9개

**2-2** 10개

**2-3** 예) 쌓기나무가 앞에 1개, 위에 2개씩 늘어나는 규칙이 있습니다. / 22개

**1-1** 가 모양으로 똑같이 쌓으려면 쌓기나무가 1층에 5개, 2층에 1개 필요하므로 모두 6개 필요합니다.
나 모양으로 똑같이 쌓으려면 쌓기나무가 1층에 5개, 2층에 2개 필요하므로 모두 7개 필요합니다.
따라서 가와 나 모양으로 똑같이 쌓으려면 쌓기나무가 모두 $6+7=13$(개) 필요합니다.

**1-2** ㉠, ㉡, ㉢ 쌓기나무가 1층에 4개, 2층에 1개 필요하므로 모두 5개 필요합니다.
㉣ 쌓기나무가 1층에 4개, 2층에 2개 필요하므로 모두 6개 필요합니다.

따라서 똑같은 모양으로 쌓을 때 필요한 쌓기나무의 수가 다른 하나는 ㉣입니다.

**1-3** 가 모양으로 똑같이 쌓으려면 쌓기나무가 1층에 4개, 2층에 2개 필요하므로 모두 6개 필요합니다.
나 모양으로 똑같이 쌓으려면 쌓기나무가 1층에 3개, 2층에 1개 필요하므로 모두 4개 필요합니다.
따라서 가 모양으로 똑같이 쌓을 때 필요한 쌓기나무는 나 모양으로 똑같이 쌓을 때 필요한 쌓기나무보다 $6-4=2$(개) 더 많습니다.

**2-1**

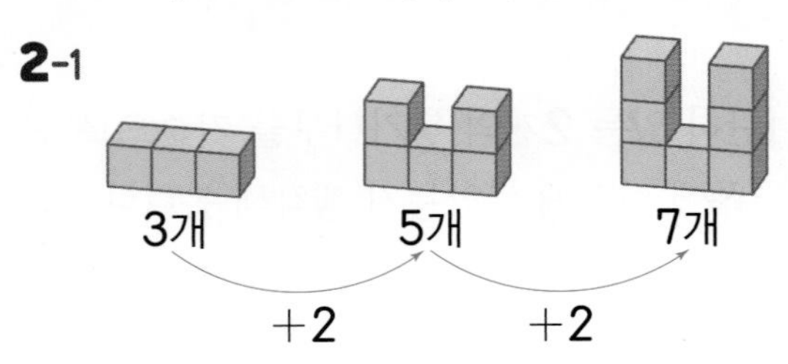


쌓기나무가 2개씩 늘어나는 규칙이 있습니다.
다음에 이어질 모양에 쌓을 쌓기나무는 7개보다 2개 더 늘어나므로 $7+2=9$(개)입니다.

**참고** 다음에 이어질 모양은 다음과 같습니다.

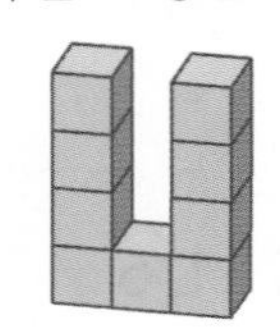

**2-2**

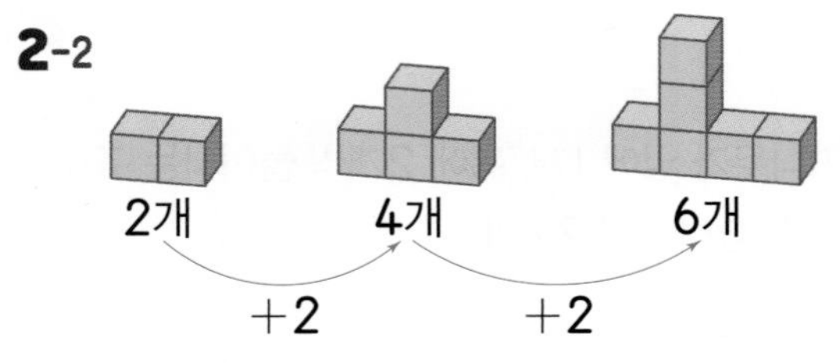


쌓기나무가 2개씩 늘어나는 규칙이 있습니다.
네 번째에 올 모양에 쌓을 쌓기나무는
$6+2=8$(개)이고, 다섯 번째에 올 모양에 쌓을 쌓기나무는 $8+2=10$(개)입니다.

**참고** 네 번째와 다섯 번째에 올 모양은 다음과 같습니다.

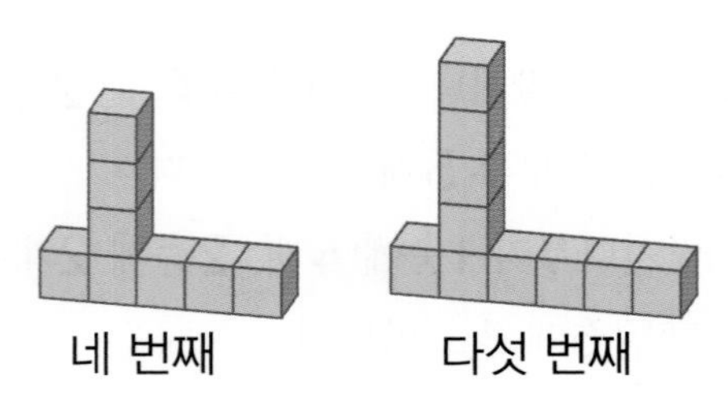


**2-3** 쌓기나무가 앞에 1개, 위에 2개씩 늘어나는 규칙이 있습니다.

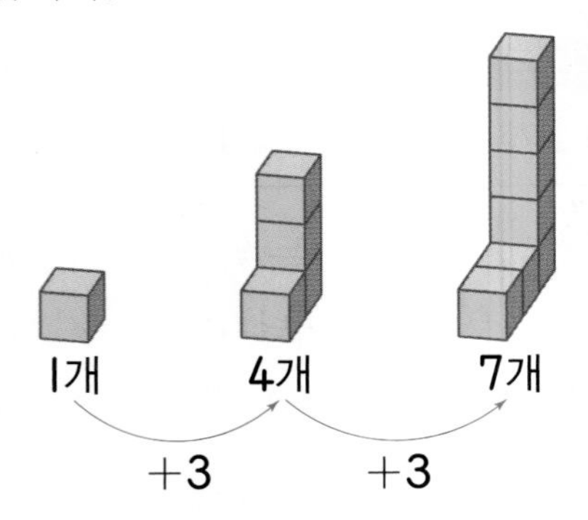


쌓기나무가 3개씩 늘어나는 규칙이 있습니다.
네 번째에 올 모양에 쌓을 쌓기나무는 7개보다 3개 더 늘어나므로 $7+3=10$(개)입니다.
따라서 네 번째 모양까지 쌓는 데 필요한 쌓기나무는 모두 $1+4+7+10=22$(개)입니다.

**참고** 네 번째에 올 모양은 다음과 같습니다.

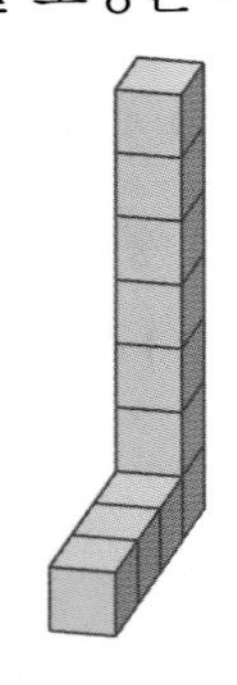

# 길이 재기

## 1. 여러 가지 단위로 길이 재기

### 수해력을 확인해요 40~41쪽

01 3, 2
02 5, 3
03 2, 5
04 2, 3
05 3, 4

06 5, 3, 지우개, 지우개
07 3, 9, 못, 못
08 3, 7, 풀, 풀
09 2, 3, 가위, 가위
10 2, 5, 바늘, 바늘

### 수해력을 높여요 42쪽

01 들어가지 않습니다에 ○표
02 클립
03 4뼘쯤
04 5, 7
05 가

01 뼘을 사용해서 길이를 재면 어느 것이 더 큰지 알 수 있습니다.
천 가방은 2뼘쯤, 그림책은 3뼘쯤이므로 그림책이 천 가방보다 더 큽니다. 따라서 직접 그림책을 천 가방에 넣지 않아도 그림책이 천 가방에 들어가지 않는다는 것을 알 수 있습니다.

02 해설 나침반
길이를 재는 단위로 사용할 수 있으려면 재려는 물건의 길이보다 길이가 더 짧아야 합니다.

연필의 길이는 장수풍뎅이의 몸길이보다 길므로 길이를 잴 수 없습니다.
클립의 길이는 장수풍뎅이의 몸길이보다 짧으므로 장수풍뎅이의 길이를 재는 단위로 알맞습니다.

03 식탁의 짧은 쪽의 길이는 긴 쪽의 길이보다 2뼘 더 적습니다. 식탁의 긴 쪽의 길이는 뼘으로 6뼘쯤이므로 짧은 쪽의 길이는 뼘으로 4뼘쯤입니다.

04 도화지의 짧은 쪽의 길이는 연필로 5번이고 긴 쪽의 길이는 연필로 7번입니다.

05 시계를 상자에 넣으려면 상자의 크기가 시계보다 커야 합니다. 상자 가의 크기가 시계보다 큽니다. 따라서 두 개의 상자 중에서 시계를 담을 수 있는 상자는 가입니다.

### 수해력을 완성해요 43쪽

대표 응용 1 적습니다에 ○표 / 5, 7, 8 / 5, 미소
1-1 수민
1-2 단아
1-3 단아
1-4 미소

1-1 해설 나침반
길이를 재는 단위가 길수록 재는 횟수가 적으므로 우산으로 재는 횟수를 비교해 봅니다.

우산의 길이가 길수록 재는 횟수가 적게 나옵니다.
우산으로 재는 횟수를 비교하면
7번 < 12번 < 15번이므로 수민이의 우산이 가장 깁니다.

1-2 장작의 길이가 짧을수록 재는 횟수가 많이 나옵니다. 장작으로 재는 횟수를 비교하면
8번 < 10번 < 12번이므로 단아의 장작이 가장 짧습니다.

1-3 나뭇가지의 길이가 길수록 재는 횟수가 적게 나옵니다. 나뭇가지로 재는 횟수를 비교하면
2번 < 5번 < 7번이므로 단아의 나뭇가지가 가장 깁니다.

1-4 장난감 차의 길이가 길수록 재는 횟수가 적게 나옵니다. 장난감 차로 재는 횟수를 비교하면
3번 < 7번 < 9번이므로 미소의 장난감 차의 길이가 가장 깁니다.

## 2. 1 cm 알아보기

**수해력을 확인해요** 46~48쪽

01 7
02 6
03 10
04 5
05 7
06 6
07 4

08 8, 7
09 6, 6
10 8, 9
11 9, 9
12 3, 4
13 5, 4
14 7, 7

15~18 주어진 길이를 어림하여 나타내고 자로 재어 나타냅니다. 어림한 것과 자로 잰 것의 차가 1 cm보다 작으면 정답으로 인정합니다.

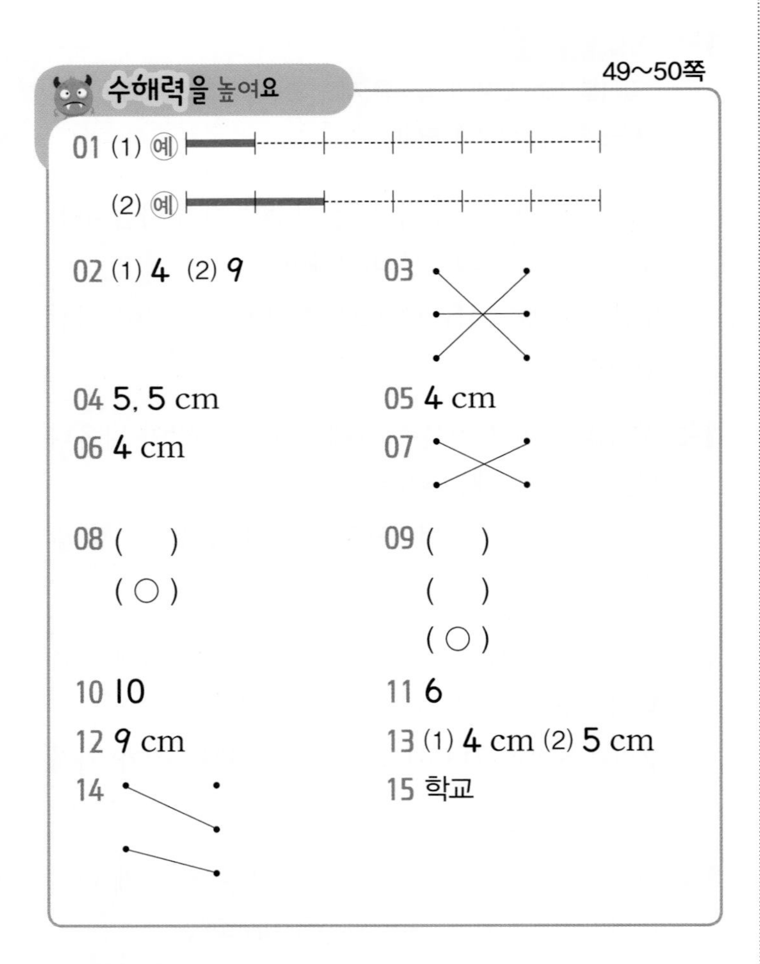

수해력을 높여요
49~50쪽
01 (1) 예
(2) 예
02 (1) 4 (2) 9
03
04 5, 5 cm
05 4 cm
06 4 cm
07
08 ( )
( ○ )
09 ( )
( )
( ○ )
10 10
11 6
12 9 cm
13 (1) 4 cm (2) 5 cm
14
15 학교


02 (1) 4 cm는 1 cm가 4번인 길이입니다.
(2) 9 cm는 1 cm가 9번인 길이입니다.

03 • 7 cm는 7 센티미터라고 읽습니다.
• 1 cm가 8번이면 8 cm입니다.
• 6 센티미터는 6 cm라고 씁니다.

04 주어진 길이는 1 cm가 5번이므로 5 cm라 쓰고 5 센티미터라고 읽습니다.

05 색 테이프의 한쪽 끝은 자의 눈금 0에 맞춰져 있고 다른 쪽 끝은 4에 있습니다. 따라서 색 테이프의 길이는 4 cm입니다.

06 길이를 정확히 알려면 물건의 한쪽 끝이 자의 눈금 0에 맞춰져 있는지를 잘 살펴봐야 합니다.
지우개의 한쪽 끝은 자의 눈금 2에 맞춰져 있고 다른 쪽 끝은 6에 있습니다. 2부터 6까지 1 cm가 4번 들어가므로 지우개의 길이는 4 cm입니다.

07 • 첫 번째 그림에서 수수깡의 한쪽 끝은 자의 눈금 0에 맞춰져 있고 다른 쪽 끝은 3에 있으므로 수수깡의 길이는 3 cm입니다.
• 두 번째 그림에서 수수깡의 한쪽 끝은 자의 눈금 2에 맞춰져 있고 다른 쪽 끝은 4에 있습니다. 2부터 4까지 1 cm가 2번 들어가므로 수수깡의 길이는 2 cm입니다.

08 • 분홍색 빨대의 한쪽 끝은 자의 눈금 0에 맞춰져 있고 다른 쪽 끝은 8에 있으므로 분홍색 빨대의 길이는 8 cm입니다.
• 초록색 빨대의 한쪽 끝은 자의 눈금 3에 맞춰져 있고 다른 쪽 끝은 10에 있습니다. 3부터 10까지 1 cm가 7번 들어가므로 초록색 빨대의 길이는 7 cm입니다.
따라서 길이가 더 짧은 빨대는 초록색 빨대입니다.

09 종이 테이프의 한쪽 끝을 자의 눈금 0에 맞추고 다른 쪽 끝에 있는 자의 눈금을 읽어 봅니다.

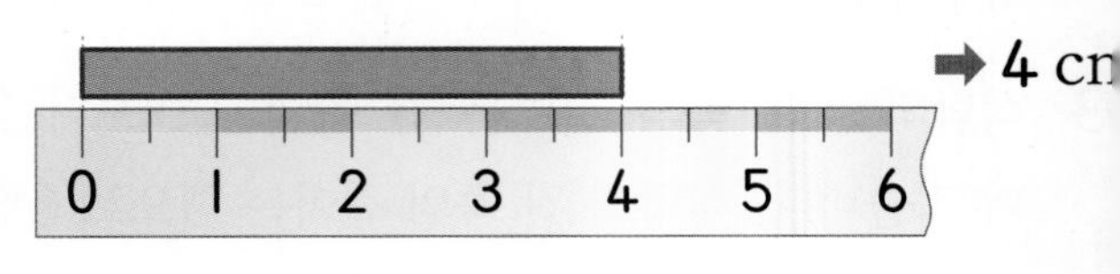

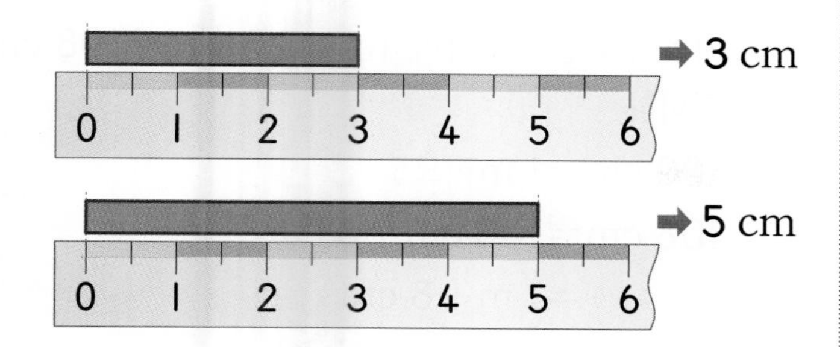


**10** 샤프의 길이는 9 cm보다 길지만 10 cm에 가깝습니다. 따라서 샤프의 길이는 약 10 cm입니다.

**11** 풍선껌의 한쪽 끝을 자의 눈금 0에 맞추고, 다른 쪽 끝에 있는 자의 눈금을 읽어 봅니다.

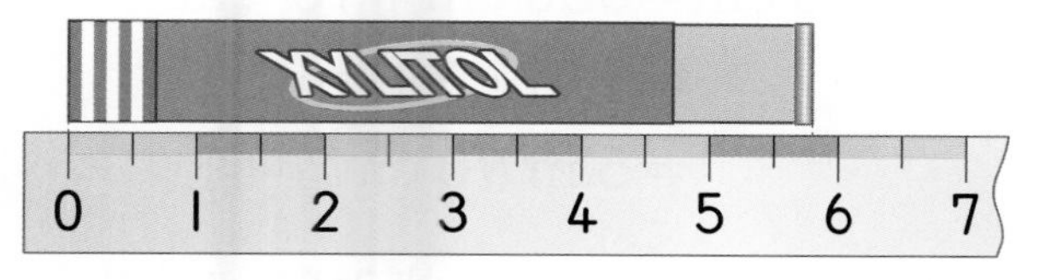


➡ 약 6 cm

**12** 막대 ㉯의 길이를 막대 ㉮로 재면 3번쯤입니다. 막대 ㉮의 길이가 3 cm이므로 막대 ㉯의 길이는 3 cm가 3번쯤입니다. 따라서 막대 ㉯의 길이는 약 9 cm입니다.

**해설 플러스**

막대 ㉯를 직접 자를 대고 잰 것이 아니라서 '약 9 cm'라고 합니다.

**13** (1) 크레파스의 한쪽 끝은 자의 눈금 4에 맞춰져 있고 다른 쪽 끝은 8에 가깝습니다. 따라서 1 cm로 4번쯤 되므로 크레파스의 길이는 약 4 cm입니다.

(2) 면봉의 한쪽 끝은 자의 눈금 1에 맞춰져 있고 다른 쪽 끝은 6에 가깝습니다. 따라서 1 cm로 5번쯤 되므로 면봉의 길이는 약 5 cm입니다.

**14** • 지우개는 필통에 들어갈 정도로 작으므로 지우개의 길이는 3 cm가 알맞습니다.

• 칫솔은 한 뼘과 비슷한 길이이고 한 뼘은 20 cm 정도이므로 칫솔의 길이는 20 cm가 알맞습니다.

**15** **해설 나침반**

이 그림은 지도라서 실제 거리를 알 수 없습니다. 하지만 이 그림에 직접 자를 대어 길이를 재면 두 거리를 비교할 수 있습니다.

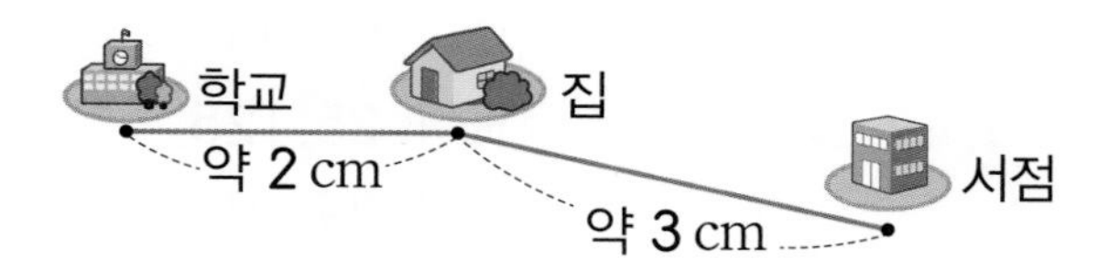


집에서 학교까지의 길이가 집에서 서점까지의 길이보다 더 짧습니다. 따라서 집에서 더 가까운 곳은 학교입니다.

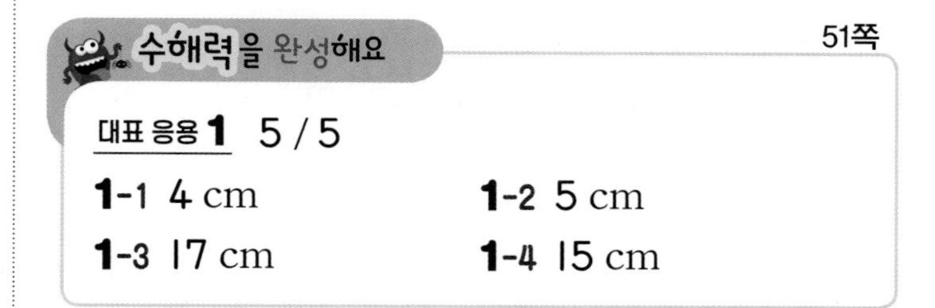

수해력을 완성해요
51쪽
대표 응용 1 5 / 5
1-1 4 cm
1-2 5 cm
1-3 17 cm
1-4 15 cm


**1-1** 자석의 한쪽 끝이 자의 눈금 3이고 다른 쪽 끝이 7이므로 3부터 7까지 1 cm가 4번 들어갑니다. 따라서 자석의 길이는 4 cm입니다.

**해설 플러스**

이 문제는 자 그림이 없고 글로 설명이 되어 있어서 무슨 말인지 잘 이해가 되지 않을 수 있습니다. 이럴 때는 자석 그림 아래에 자를 직접 대어 보고 눈으로 보면서 풀어 보세요.

**1-2** 자석의 한쪽 끝이 자의 눈금 7이고 다른 쪽 끝이 12이므로 7부터 12까지 1 cm가 5번 들어갑니다. 따라서 자석의 길이는 5 cm입니다.

**1-3** 자석의 한쪽 끝이 자의 눈금 13이고 다른 쪽 끝이 30이므로 13부터 30까지 1 cm가 17번 들어갑니다. 따라서 자석의 길이는 17 cm입니다.

**1-4** 자석의 한쪽 끝이 자의 눈금 8이고 다른 쪽 끝이 23이므로 8부터 23까지 1 cm가 15번 들어갑니다. 따라서 자석의 길이는 15 cm입니다.

## 3. 1 m 알아보기

**수해력을 확인해요** 54~56쪽

01 1, 50, 150
02 1, 34, 134
03 1, 49, 149
04 1, 7, 107
05 1, 5, 105
06 1, 25, 125
07 1, 99, 199

08 110, 100, 10, 1, 10
09 160, 100, 60, 1, 60
10 180, 100, 80, 1, 80
11 123, 100, 23, 1, 23
12 196, 100, 96, 1, 96

13 m, cm
14 cm, cm
15 cm, m
16 cm, m
17 cm, m

**수해력을 높여요** 57~58쪽

01 100, 미터
02 70
03 2 미터 15 센티미터
04 1, 8
05 3 m
06 (1) 400 (2) 5, 90
07 320 cm
08 (선 잇기)
09 ㉣
10 ㉢, ㉣
11 5 m
12 3 m
13 1 m 21 cm
14 155, 1, 55

01 100 cm=1 m입니다. 1 m는 1 미터라고 읽습니다.

02 170 cm=100 cm+70 cm
따라서 170 cm는 100 cm보다 70 cm 더 깁니다.

03 m와 cm는 길이 단위입니다. m는 미터, cm는 센티미터라고 읽습니다.
2 m 15 cm는 숫자와 단위를 순서대로 읽어서 2 미터 15 센티미터라고 읽습니다.

04 자에서 화살표가 가리키는 눈금을 읽으면 108 cm입니다.
100 cm=1 m이므로
108 cm=100 cm+8 cm
=1 m+8 cm
=1 m 8 cm입니다.

05 100 cm=1 m이므로 300 cm=3 m입니다.

06 (1) 1 m=100 cm이므로 4 m=400 cm입니다.
(2) 100 cm=1 m이므로
590 cm=500 cm+90 cm
=5 m+90 cm
=5 m 90 cm입니다.

07 버스의 높이는 어린이 키의 3배쯤 됩니다. 어린이의 키는 1 m가 넘습니다. 따라서 버스의 높이는 3 m가 넘습니다.
100 cm=1 m이므로
320 cm=300 cm+20 cm
=3 m+20 cm
=3 m 20 cm입니다.
32 cm, 32 m, 320 cm 중에서 버스의 높이로 알맞은 길이는 320 cm입니다.

08 100 cm=1 m이므로 300 cm=3 m, 700 cm=7 m, 900 cm=9 m입니다.

09 ㉠ 붓의 길이는 뼘보다 조금 더 길고, 뼘은 약 20 cm 정도입니다. 붓의 길이는 21 cm가 알맞습니다.
㉡ 줄넘기의 길이는 우리 키의 2배와 비슷합니다. 260 cm=2 m 60 cm이므로 줄넘기의 길이는 260 cm가 알맞습니다.
㉢ 건물의 한 층은 사람 키보다 높습니다. 건물의 높이는 33 m가 알맞습니다.
㉣ 숟가락의 길이는 1 m보다 훨씬 더 짧으므로 숟가락의 길이는 20 cm가 알맞습니다.
따라서 길이를 나타낸 단위가 잘못된 것은 ㉣입니다.

10 양팔을 벌렸을 때 한쪽 손끝에서 다른 쪽 손끝까지의 길이는 약 1 m입니다.

㉠ 수학책의 긴 쪽의 길이는 양팔을 벌린 길이보다 훨씬 짧습니다.

㉡ 크레파스의 길이는 양팔을 벌린 길이보다 훨씬 짧습니다.

㉢ 기차의 길이는 양팔을 벌린 길이보다 훨씬 깁니다.

㉣ 비행기의 긴 쪽의 길이는 양팔을 벌린 길이보다 훨씬 깁니다.

따라서 길이가 1 m보다 긴 것을 모두 찾으면 ㉢, ㉣입니다.

11 서빈이의 2걸음이 1 m일 때 서빈이의 10걸음을 그림으로 나타내면 다음과 같습니다.

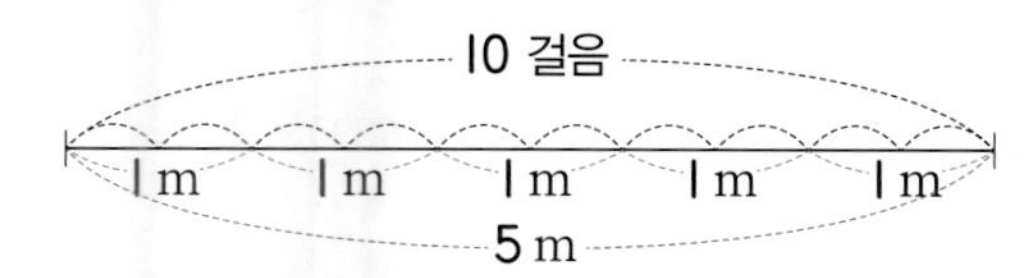


따라서 서빈이의 10걸음은 약 5 m입니다.

12 앨리스의 키는 카드 병정 키의 3배입니다. 따라서 앨리스의 키는 약 3 m입니다.

13 소민이의 키는 121 cm입니다.

100 cm=1 m이므로

121 cm=100 cm+21 cm

=1 m+21 cm

=1 m 21 cm입니다.

14 책꽂이의 긴 쪽의 길이를 잰 줄자의 눈금을 읽으면 155 cm입니다.

100 cm=1 m이므로

155 cm=100 cm+55 cm

=1 m+55 cm

=1 m 55 cm입니다.

따라서 책꽂이의 긴 쪽의 길이는 155 cm 또는 1 m 55 cm로 나타낼 수 있습니다.

**수해력을 완성해요** 59쪽

대표 응용 1 30 / 1, 7 / 7, 30, 7, 30

1-1 5 m 70 cm 1-2 12 m 50 cm

1-3 6 m 20 cm

1-1 고구마밭 한 고랑의 길이는 아빠의 5걸음보다 70 cm 더 깁니다. 아빠의 한 걸음은 1 m이므로 아빠의 5걸음은 약 5 m입니다. 5 m보다 70 cm 더 긴 길이는 5 m 70 cm이므로 고구마밭 한 고랑의 길이는 약 5 m 70 cm입니다.

1-2 옥수수밭 한 고랑의 길이는 아빠의 12걸음보다 50 cm 더 깁니다. 아빠의 한 걸음은 1 m이므로 아빠의 12걸음은 약 12 m입니다. 12 m보다 50 cm 더 긴 길이는 12 m 50 cm이므로 옥수수밭 한 고랑의 길이는 약 12 m 50 cm입니다.

1-3 상추밭 한 고랑의 길이는 삽으로 6번 잰 길이보다 20 cm 더 깁니다. 삽 한 자루의 길이는 1 m이므로 삽으로 6번 잰 길이는 약 6 m입니다. 6 m보다 20 cm 더 긴 길이는 6 m 20 cm이므로 상추밭 한 고랑의 길이는 약 6 m 20 cm입니다.

## 4. 길이의 합과 차 구하기

**수해력을 확인해요** 62~64쪽

01 (1) 77 (2) 3 m 77 cm
02 (1) 97 (2) 5 m 97 cm
03 (1) 64 (2) 9 m 64 cm
04 (1) 90 (2) 3 m 90 cm
05 (1) 73 (2) 6 m 73 cm
06 (1) 89 (2) 9 m 89 cm
07 (1) 61 (2) 8 m 61 cm

08 (1) 24 (2) 1 m 24 cm
09 (1) 45 (2) 2 m 45 cm
10 (1) 52 (2) 3 m 52 cm
11 (1) 18 (2) 3 m 18 cm
12 (1) 6 (2) 3 m 6 cm
13 (1) 37 (2) 5 m 37 cm
14 (1) 26 (2) 3 m 26 cm

15 6, 44
16 8, 15
17 10, 27
18 2, 10
19 3, 11
20 4, 2

**수해력을 높여요** 65~66쪽

01 6, 92
02 3, 25
03 5, 79
04 13, 45
05 3 m 54 cm
06 ㉠
07 1 m 80 cm
08 2 m 26 cm
09 5 m 97 cm
10 (위에서부터) (1) 4, 39 (2) 83, 3
11 32 m 76 cm
12 3 m 45 cm, 3 m 30 cm

01 m는 m끼리, cm는 cm끼리 더합니다.

02 m는 m끼리, cm는 cm끼리 뺍니다.

03 두 색 테이프의 길이를 더합니다.

| | | |
|---|---|---|
| | 3 m | 42 cm |
| + | 2 m | 37 cm |
| | 5 m | 79 cm |

04 두 색 테이프의 길이를 더합니다.

| | | |
|---|---|---|
| | 7 m | 35 cm |
| + | 6 m | 10 cm |
| | 13 m | 45 cm |

05 (사용한 색 테이프의 길이)
=(처음 길이)−(남은 길이)
=6 m 74 cm−3 m 20 cm=3 m 54 cm

06 ㉠ 6 m 86 cm−4 m 46 cm=2 m 40 cm
㉡ 453 cm=400 cm+53 cm
=4 m+53 cm
=4 m 53 cm이므로
453 cm−2 m 47 cm
=4 m 53 cm−2 m 47 cm
=2 m 6 cm입니다.
2 m 40 cm>2 m 6 cm이므로 길이가 더 긴 것은 ㉠입니다.

07 아버지의 키가 수진이의 키보다 38 cm 더 큽니다.
(수진이 아버지의 키)
=(수진이의 키)+ 38 cm
=1 m 42 cm+38 cm=1 m 80 cm

08 (늘어난 길이)
=(잡아당긴 후의 길이)−(처음 길이)
=4 m 50 cm−2 m 24 cm
=2 m 26 cm

09 삼각형에서 가장 긴 변은 3 m 25 cm이고 두 번째로 긴 변은 2 m 72 cm입니다.
삼각형에서 가장 긴 변과 두 번째로 긴 변의 길이의 합은
3 m 25 cm+2 m 72 cm=5 m 97 cm입니다.

10 **해설 나침반**
덧셈과 뺄셈 단원에서 배운 계산 방법을 활용하여 같은 단위끼리 계산하면 됩니다.

(1)

$$\begin{array}{rrr} & \square\,\text{m} & 55\,\text{cm} \\ + & 1\,\text{m} & \square\,\text{cm} \\ \hline & 5\,\text{m} & 94\,\text{cm} \end{array}$$

• cm 단위의 계산: 55+□=94이므로
□=94−55=39입니다.

• m 단위의 계산: □+1=5이므로
□=5−1=4입니다.

(2)

$$\begin{array}{rrr} & 5\,\text{m} & \square\,\text{cm} \\ - & \square\,\text{m} & 54\,\text{cm} \\ \hline & 2\,\text{m} & 29\,\text{cm} \end{array}$$

• cm 단위의 계산: □−54=29이므로
□=29+54=83입니다.

• m 단위의 계산: 5−□=2이므로
□=5−2=3입니다.

**1** 집에서 공원을 거쳐 체육관까지 가는 거리는 집에서 공원까지의 거리와 공원에서 체육관까지의 거리를 더해서 구합니다.

12 m 30 cm+20 m 46 cm
=32 m 76 cm

**2** 민서네 모둠은 두 색 테이프를 겹치지 않게 이어 붙였으므로 두 색 테이프의 길이를 더합니다.

$$\begin{array}{rrr} & 2\,\text{m} & 15\,\text{cm} \\ + & 1\,\text{m} & 30\,\text{cm} \\ \hline & 3\,\text{m} & 45\,\text{cm} \end{array}$$

우진이네 모둠은 두 색 테이프를 겹쳐서 이어 붙였으므로 두 색 테이프의 길이의 합에서 겹친 부분의 길이만큼 뺍니다.

$$\begin{array}{rrr} & 2\,\text{m} & 15\,\text{cm} \\ + & 1\,\text{m} & 30\,\text{cm} \\ \hline & 3\,\text{m} & 45\,\text{cm} \end{array} \rightarrow \begin{array}{rrr} & 3\,\text{m} & 45\,\text{cm} \\ - & & 15\,\text{cm} \\ \hline & 3\,\text{m} & 30\,\text{cm} \end{array}$$

**해설 플러스**

두 모둠이 처음에 가지고 있던 두 색 테이프의 길이는 똑같지만 이어 붙이는 방법에 따라 전체 길이가 달라진다는 것도 알아두세요. 두 색 테이프를 서로 겹치게 이어 붙이면 겹친 길이만큼 전체 길이가 줄어듭니다.

## 수해력을 완성해요

67쪽

**대표 응용 1** 95, 65 / 75, 50 / 95, 65, 20, 15

**1-1** 20 m 20 cm **1-2** 15 m 27 cm

**1-3** 57 m 32 cm

**1-1** 학교에서 병원까지의 거리가 학교에서 도서관까지의 거리보다 멀기 때문에 학교에서 병원까지의 거리에서 학교에서 도서관까지의 거리를 뺍니다.

| | m | cm | |
|---|---|---|---|
| | 75 m | 50 cm | 학교 ~ 병원 |
| − | 55 m | 30 cm | 학교 ~ 도서관 |
| | 20 m | 20 cm | |

**1-2** 수돗가에서 딸기밭을 거쳐 고구마밭에 가는 거리는 수돗가에서 딸기밭까지의 거리와 딸기밭에서 고구마밭까지의 거리를 더해서 구합니다.

| | m | cm | |
|---|---|---|---|
| | 52 m | 50 cm | 수돗가~딸기밭 |
| + | 43 m | 25 cm | 딸기밭~고구마밭 |
| | 95 m | 75 cm | |

수돗가에서 딸기밭을 거쳐 고구마밭에 가는 거리에서 수돗가에서 고구마밭까지의 거리를 뺍니다.

| | m | cm | |
|---|---|---|---|
| | 95 m | 75 cm | 수돗가~딸기밭~고구마밭 |
| − | 80 m | 48 cm | 수돗가 ~ 고구마밭 |
| | 15 m | 27 cm | |

**1-3** 놀이공원 입구에서 대관람차를 거쳐 회전목마로 가는 거리는 놀이공원 입구에서 대관람차까지의 거리와 대관람차에서 회전목마까지의 거리를 더해서 구합니다.

| | m | cm | |
|---|---|---|---|
| | 42 m | 40 cm | 놀이공원 입구 ~ 대관람차 |
| + | 53 m | 27 cm | 대관람차 ~ 회전목마 |
| | 95 m | 67 cm | |

놀이공원 입구에서 대관람차를 거쳐 회전목마로 가는 거리에서 놀이공원 입구에서 회전목마까지의 거리를 뺍니다.

| | | |
|---|---|---|
| | 95 m 67 cm | 놀이공원 입구 ~ 대관람차 ~ 회전목마 |
| − | 38 m 35 cm | 놀이공원 입구 ~ 회전목마 |
| | 57 m 32 cm | |

**수해력을 확장해요** 68~69쪽

활동 1 6 m

활동 2 5 m 30 cm

활동 3 아빠

활동 4 1 m 98 cm

활동 1 캠핑카의 길이는 아빠의 걸음으로 6걸음입니다. 아빠의 한 걸음이 1 m이므로 아빠의 6걸음은 약 6 m입니다.

활동 2 아빠의 한 걸음이 1 m이므로 5걸음은 약 5 m입니다. 5 m보다 30 cm 더 긴 길이는 5 m 30 cm입니다. 따라서 텐트의 긴 쪽의 길이는 약 5 m 30 cm입니다.

활동 3 그림을 그려 봅니다.

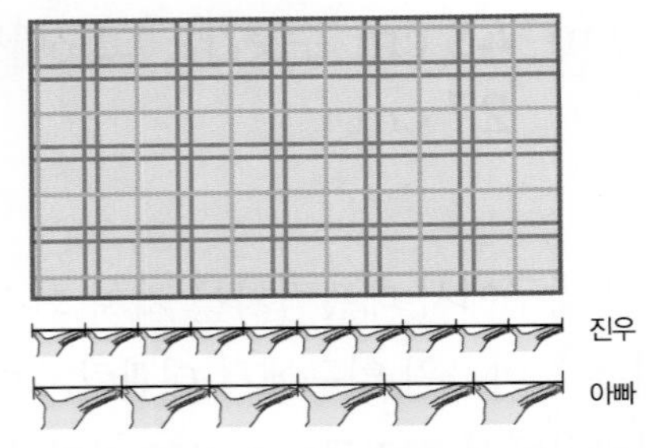


테이블보의 길이는 진우의 뼘으로 10번쯤, 아빠의 뼘으로 6번쯤입니다.

아빠의 뼘으로 잰 횟수가 더 적으므로 아빠의 한 뼘이 더 깁니다.

활동 4 아빠 발에서 어깨까지의 길이와 아빠 어깨에서 진우 동생의 머리끝까지의 길이를 더하면 아빠의 발부터 진우 동생의 머리끝까지 높이를 구할 수 있습니다.

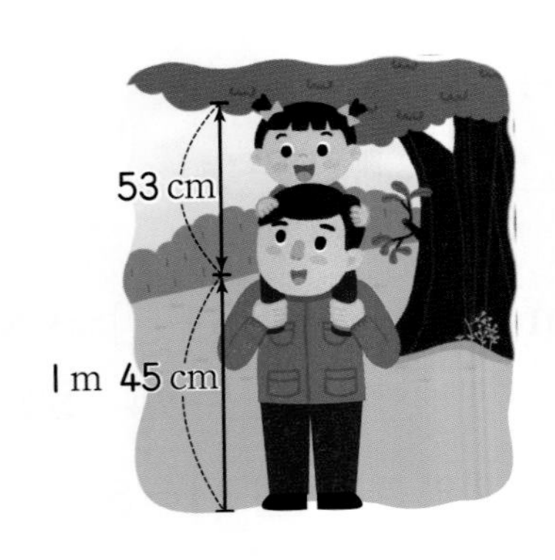


| | | |
|---|---|---|
| | 1 m 45 cm | 아빠 발 ~ 아빠 어깨 |
| + | 53 cm | 아빠 어깨 ~ 진우 동생 머리끝 |
| | 1 m 98 cm | |

# 분류하기

## 1. 분류 기준 정하기

### 수해력을 확인해요 76~77쪽

01 ( ○ )(　)
02 ( ○ )(　)
03 (　)( ○ )
04 (　)( ○ )
05 (　)( ○ )
06 (　)( ○ )
07 ( ○ )(　)

08 ( ○ )(　)
09 (　)( ○ )
10 ( ○ )(　)
11 (　)( ○ )
12 ( ○ )(　)

### 수해력을 높여요 78~79쪽

01 ( ○ )(　)
02 민주
03 색깔
04 ㉠
05 예

| 꽃잎이 3장인 꽃 | 꽃잎이 5장인 꽃 |
|---|---|
| | |

06 ④
07 예 갈색 시계, 분홍색 시계, 하얀색 시계로 분류합니다./ 색깔을 기준으로 분류합니다. / 모양을 기준으로 분류합니다. 등
08 예

| 사각형 모양 시계 | 하트 모양 시계 | 원 모양 시계 |
|---|---|---|
| | | |

09 예 손잡이가 있는 컵, 손잡이가 없는 컵
10 예

| 종이류 | 플라스틱류 |
|---|---|
| | |

11 받침이 있는 글자와 받침이 없는 글자에 ○표 /
예

| 받침이 있는 글자 | 받침이 없는 글자 |
|---|---|
| 곰, 강, 밥, 홍, 글 | 요, 나, 너 |

01 여러 장의 종이를 연결하려고 꼬불꼬불한 철심을 넣은 것을 스프링이라고 합니다. '스프링이 있는 수첩은 어느 것인가요?'에 대한 답은 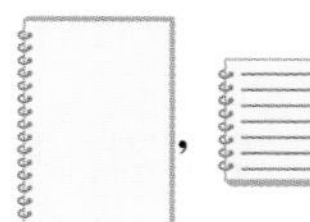, , 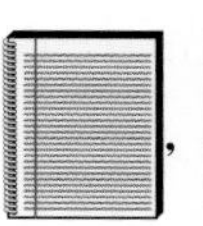, 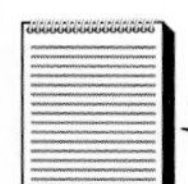으로 누구나 같은 답을 할 수 있습니다.

02 무서운 동물은 사람마다 생각이 다를 수 있으므로 분명한 분류 기준이 아닙니다.

03 해설 나침반
여러 초콜릿이 섞여 있을 때 서로 어떤 것이 같고 어떤 것이 다른지 살펴보면 분류 기준을 찾기 쉽습니다.

초콜릿의 모양과 크기가 모두 같고 색깔은 다양하므로 색깔을 기준으로 분류하면 좋겠습니다.

04 꽃잎의 색깔은 모두 다르므로 두 가지로 나누어 분류하는 기준으로 알맞지 않습니다.

05 꽃잎의 수는 3장 또는 5장이므로 꽃잎이 3장인 꽃과 꽃잎이 5장인 꽃으로 분류하면 좋겠습니다.

06 ①, ② 재미있는 책 또는 큰 책이 어떤 것인지에 대한 생각은 사람마다 다를 수 있으므로 분류 기준으로 알맞지 않습니다.
③ 책 표지만 보고 동화책인지, 그림책인지 알기

어렵고 동화책이면서 그림책일 수 있으므로 분류 기준으로 알맞지 않습니다.

④ 제목이 영어와 한글인 책으로 분류할 수 있으므로 분류 기준으로 알맞습니다.

⑤ 모두 사각형 모양 책이므로 분류 기준으로 알맞지 않습니다.

**07** 6개의 시계가 모양과 색깔이 다양하므로 이 중 선택하여 분류 기준을 정할 수 있습니다.

**08** 모양을 기준으로 분류한다면 어떤 모양이 있는지 먼저 살펴봅니다. 색깔을 기준으로 분류한다면 어떤 색깔이 있는지 먼저 살펴봅니다.

**09** 손잡이가 있는 컵과 손잡이가 없는 컵으로 분류할 수 있습니다.

**10** 우유갑, 주스 팩, 신문지는 종이류로 분류하고, 페트병, 요구르트병은 플라스틱류로 분류할 수 있습니다.

**11** 시옷은 'ㅅ'인데 시옷이 있는 글자가 없으므로 '받침'을 기준으로 글자를 분류하면 좋겠습니다.
'곰'에서 받침은 'ㅁ'인데 이렇게 받침이 있는 글자는 '곰', '강', '밥', '홍', '글'이고 나머지 글자는 받침이 없습니다.

## 수해력을 완성해요



**대표 응용 1** 검은색, 빨간색, 파란색, 4 / 2, 3

예

| 색깔의 수가 2개인 국기 | 색깔의 수가 3개인 국기 | 색깔의 수가 4개인 국기 |
|---|---|---|
| 중국, 일본 | 체코, 칠레, 세네갈, 이탈리아 | 대한민국, 동티모르 |

**1-1** (1) 예

| 삼각형 모양이 들어 있는 국기 | 삼각형 모양이 들어 있지 않은 국기 |
|---|---|
| 체코, 동티모르 | 대한민국, 중국, 일본, 칠레, 세네갈, 이탈리아 |

(2) 예

| 별 모양이 들어 있는 국기 | 별 모양이 들어 있지 않은 국기 |
|---|---|
| 중국, 동티모르, 칠레, 세네갈 | 대한민국, 체코, 일본, 이탈리아 |

**대표 응용 2** 노란색, 파란색 / 2, 4 /

예

| 단춧구멍 없음 | 단춧구멍 2개 | 단춧구멍 4개 |
|---|---|---|
|  |  | 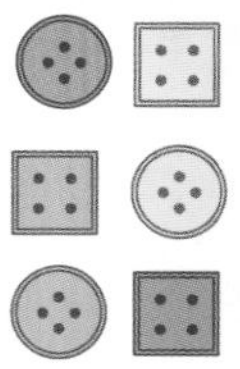 |

**2-1** (1) 풀이 참조 (2) 풀이 참조

**1**-1 (1) 삼각형이 들어 있는 국기는  체코,  동티모르 입니다.

삼각형이 들어 있지 않은 국기는  대한민국,  중국,  일본,   칠레,  세네갈,  이탈리아 입니다.

(2) 별 모양이 들어 있는 국기는  중국,  동티모르,  칠레,  세네갈 입니다.

별 모양이 들어 있지 않은 국기는  대한민국,  체코,  일본,  이탈리아 입니다.

**2**-1 (1) 예

| 빨간색 단추 | 초록색 단추 | 노란색 단추 |
|---|---|---|
| | | |

(2) 예

| 모양 단추 | 모양 단추 | 모양 단추 |
|---|---|---|
| | | |

## 2. 기준에 따라 분류하기

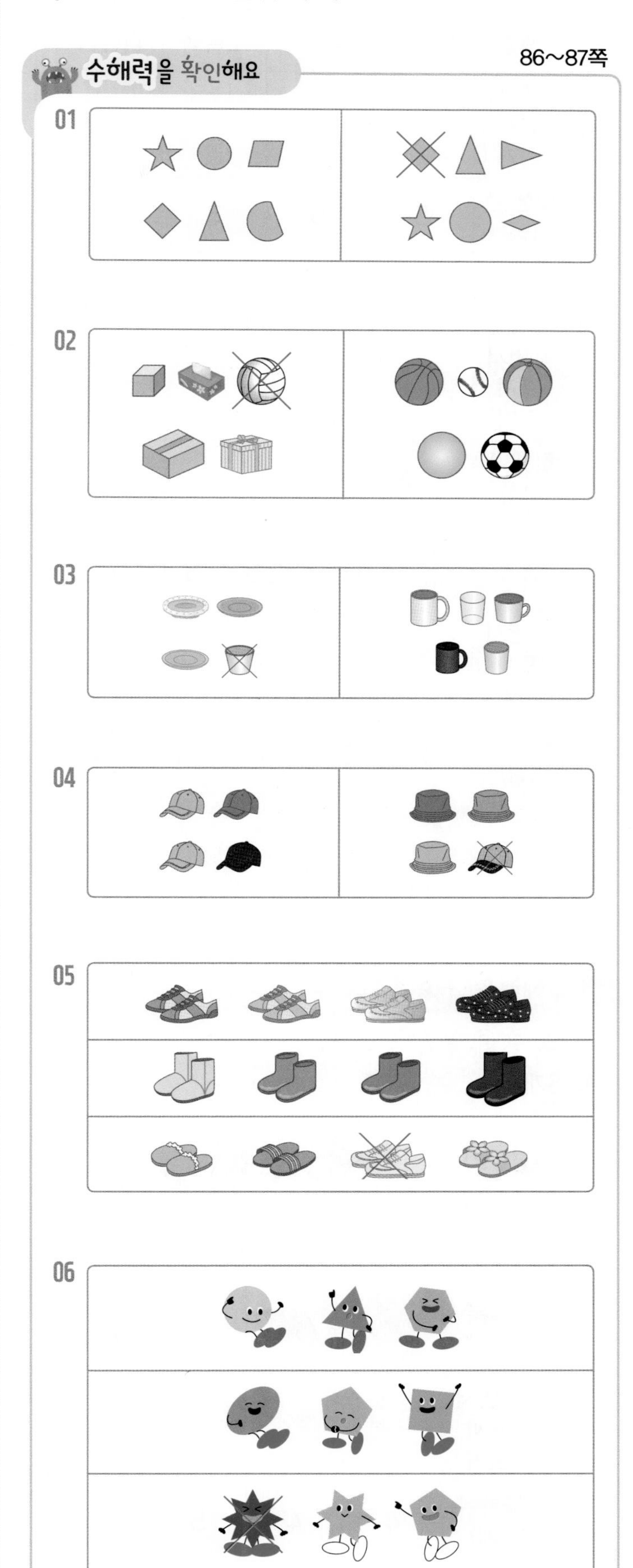

07

| 색깔 | 빨간색 | 노란색 | 초록색 | 파란색 |
|---|---|---|---|---|
| 세면서 표시하기 | 卌 | 卌 | /// | 卌 |
| 학생 수 (명) | 5 | 5 | 3 | 5 |

08

| 장소 | 바다 | 동물원 | 놀이공원 |
|---|---|---|---|
| 세면서 표시하기 | 卌 /// | //// | 卌 / |
| 학생 수 (명) | 8 | 4 | 6 |

09

| 책 수 | 읽지 않음 | 1권 | 2권 | 3권 | 4권 |
|---|---|---|---|---|---|
| 세면서 표시하기 | /// | /// | //// | //// | //// |
| 학생 수 (명) | 3 | 3 | 4 | 4 | 4 |

## 수해력을 높여요

88~89쪽

01 ㉠, ㉢, ㉣, ㉥ / ㉡, ㉤, ㉦, ㉧

02 8개

03

예 귤은 과일 바구니에 정리해야 합니다.

04 예

| 블록 모양 | 육각형 | 평행사변형 | 마름모 | 삼각형 |
|---|---|---|---|---|
| 세면서 표시하기 | //// | //// | 卌 | 卌 // |
| 블록 수 (개) | 4 | 4 | 5 | 7 |

05 ㉡, ㉢, ㉤ / ㉠, ㉣, ㉥    06 ①, ⑤ / ②, ③, ④

07 예

| 종류 | 똑바로 읽을 때와 거꾸로 읽을 때가 같은 낱말 카드 | 똑바로 읽을 때와 거꾸로 읽을 때가 다른 낱말 카드 |
|---|---|---|
| 세면서 표시하기 | 卌 //// | 卌 / |
| 카드 수 (장) | 9 | 6 |

08 3장

09 예

| 종류 | 200보다 큰 수 | 200보다 작은 수 |
|---|---|---|
| 세면서 표시하기 | 卌 | /// |
| 카드 수 (장) | 5 | 3 |

10

| 날개가 있는 동물 | 날개가 없는 동물 |
|---|---|
| 따오기, 물잠자리, 청둥오리 | 우렁이, 개구리, 수달 |

01 막대가 있는 사탕과 막대가 없는 사탕으로 분류할 수 있습니다.

**해설 플러스**

분류하기 전 사탕의 수가 8개이므로 막대가 있는 사탕이 4개이면, 막대가 없는 사탕은 $8-4=4$(개)입니다.

02 막대가 있는지 또는 없는지에 따라 분류하더라도 사탕의 전체 수는 변하지 않습니다.

03 과일 바구니, 빵 바구니, 음료수 바구니가 있으므로 귤은 과일 바구니에 넣어야 합니다.

04 블록을 하나씩 표시하면서 블록의 수를 세면 편리합니다.

05 사용 용도에 따라 일회용 수저와 일회용 그릇으로 분류할 수 있습니다.

**06** 자의 눈금과 막대의 끝을 잘 맞추어 막대의 길이를 잽니다.

> **해설 플러스**
> 긴 막대와 짧은 막대로 분류하는 것은 기준이 분명하지 않아 알맞지 않지만, 3 cm보다 긴 막대와 3 cm보다 짧은 막대는 기준이 분명하므로 이에 따라 분류할 수 있습니다.

**07**

| 종류 | 똑바로 읽을 때와 거꾸로 읽을 때가 같은 낱말 카드 | 똑바로 읽을 때와 거꾸로 읽을 때가 다른 낱말 카드 |
| --- | --- | --- |
| 낱말 카드 | 토마토, 별똥별, 일요일, 전반전, 스위스, 기러기, 오디오, 일주일, 상상 | 치즈, 아이, 바나나, 두부, 라디오, 지우개 |
| 세면서 표시하기 | 卌 //// | 卌 / |
| 카드 수(장) | 9 | 6 |

**08** 똑바로 읽을 때와 거꾸로 읽을 때가 다른 낱말 카드 중 먹을 수 있는 것이 적힌 낱말 카드는 치즈, 바나나, 두부로 3장입니다.

**09** 백의 자리 숫자가 2이면 200과 같거나 200보다 큰 수이고, 백의 자리 숫자가 1이면 200보다 작은 수입니다.

**10** • 날개가 있는 동물은 따오기, 물잠자리, 청둥오리입니다.
• 날개가 없는 동물은 우렁이, 개구리, 수달입니다.

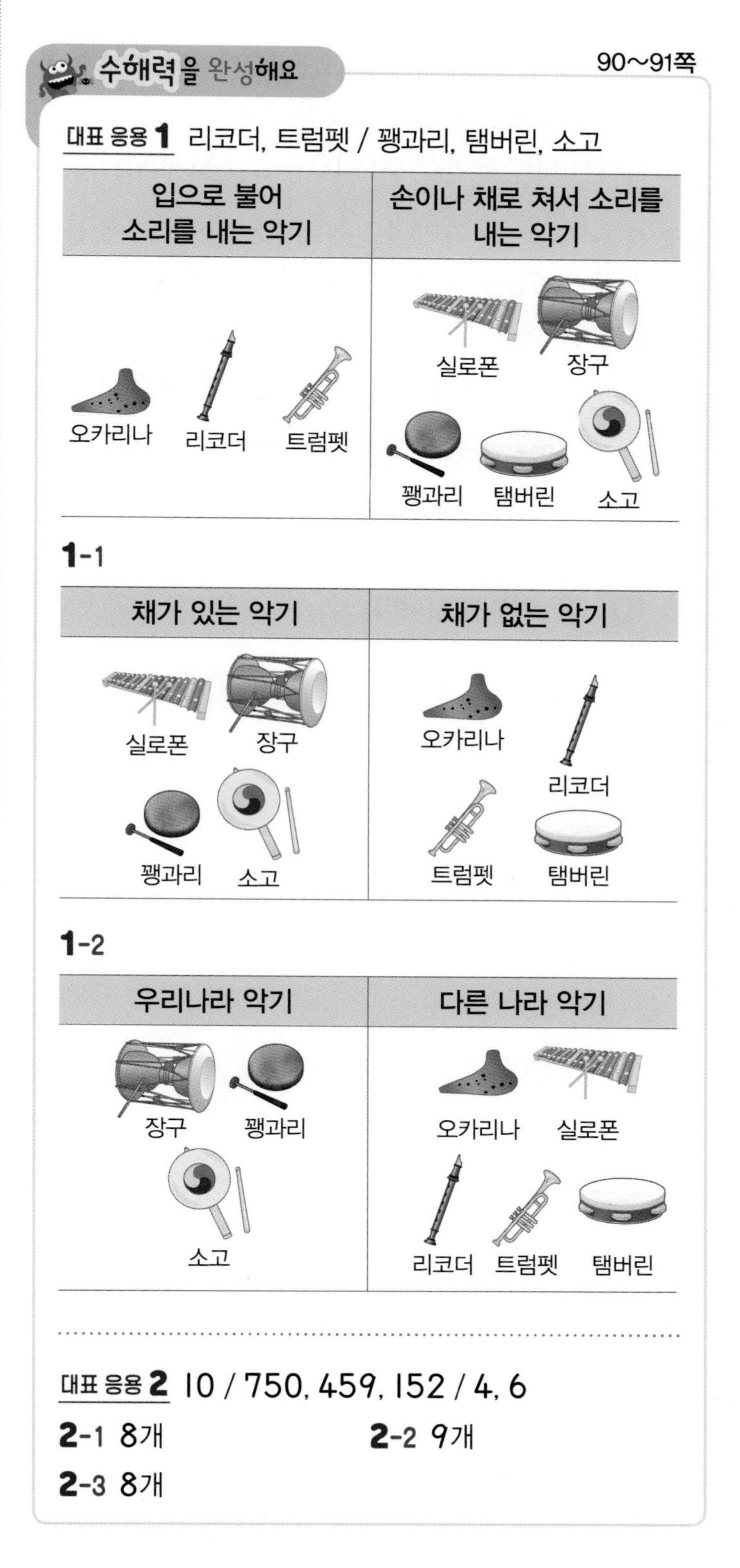

**수해력을 완성해요** 90~91쪽

**대표 응용 1** 리코더, 트럼펫 / 꽹과리, 탬버린, 소고

| 입으로 불어 소리를 내는 악기 | 손이나 채로 쳐서 소리를 내는 악기 |
| --- | --- |
| 오카리나, 리코더, 트럼펫 | 실로폰, 장구, 꽹과리, 탬버린, 소고 |

**1-1**

| 채가 있는 악기 | 채가 없는 악기 |
| --- | --- |
| 실로폰, 장구, 꽹과리, 소고 | 오카리나, 리코더, 트럼펫, 탬버린 |

**1-2**

| 우리나라 악기 | 다른 나라 악기 |
| --- | --- |
| 장구, 꽹과리, 소고 | 오카리나, 실로폰, 리코더, 트럼펫, 탬버린 |

**대표 응용 2** 10 / 750, 459, 152 / 4, 6

**2-1** 8개 **2-2** 9개

**2-3** 8개

**1-1** 실로폰, 장구, 꽹과리, 소고는 채가 있어 채로 연주하는 악기입니다. 나머지 악기들은 채가 없는 악기입니다.

**1-2** 장구와 꽹과리, 소고는 우리나라 악기입니다. 나머지 악기들은 다른 나라 악기입니다.

**2-1** 분류하려는 세 자리 수는 모두 10개이고 가에 들어갈 수는 568, 521로 2개입니다.
따라서 나에 들어갈 수는 10−2=8(개)입니다.

**2-2** 분류하려는 세 자리 수는 모두 15개이고 가에 들어갈 수는 785, 929, 590, 512, 723, 967로 6개입니다.
따라서 나에 들어갈 수는 15−6=9(개)입니다.

**2-3** 분류하려는 세 자리 수는 모두 10개이고 나에 들어갈 수는 785, 115로 2개입니다.
따라서 가와 다에 들어갈 수는 모두 10−2=8(개)입니다.

## 3. 분류한 결과 말하기

**수해력을 확인해요** 94~95쪽

01 5, 4, 3
02 빨간색
03 초록색
04 4, 2, 6
05 피자
06 햄버거
07 6, 2, 4
08 원피스
09 위에 입는 옷

10 7
11 5
12 6
13 5
14 3
15 6
16 1

**수해력을 높여요** 96~97쪽

01 예

| 종류 | 채소 가게 | 그릇 가게 | 생선 가게 |
|---|---|---|---|
| 세면서 표시하기 | 卌 // | // | /// |

02 채소 가게
03 그릇, 4
04 예

| 종류 | 피아노 | 미술 | 태권도 | 영어 |
|---|---|---|---|---|
| 세면서 표시하기 | // | 卌 | //// | //// |
| 간 횟수(번) | 2 | 5 | 4 | 4 |

05 피아노 학원
06 15번
07 김, 정, 이, 박, 조
08 예

| 성씨 | 김 | 정 | 이 | 박 | 조 |
|---|---|---|---|---|---|
| 세면서 표시하기 | /// | // | //// | /// | //// |
| 학생 수(명) | 3 | 2 | 4 | 3 | 4 |

09

| 아빠 쪽 친척 | 엄마 쪽 친척 |
| --- | --- |
| 큰엄마 고모 고모부 | 이모 외숙모 외할아버지 외삼촌 이모부 |
| 3명 | 5명 |

02 채소 가게에서 7가지, 그릇 가게에서 2가지, 생선 가게에서 3가지를 사야 합니다.
따라서 사야 할 것의 종류가 가장 많은 가게는 채소 가게입니다.

03 그릇 가게에서 사야 할 것의 종류가 원래 2가지였는데 접시와 국그릇도 사야 하므로 4가지가 되었습니다.

06 피아노, 미술, 태권도, 영어 학원을 각각 2번, 5번, 4번, 4번 갔으므로 모두 더하면 15번입니다.

07 정은우는 성이 '정'이고, 이채하는 성이 '이'입니다. 같은 방법으로 성을 찾으면 우리 반 친구들은 '김', '정', '이', '박', '조'의 성을 가지고 있음을 알 수 있습니다.

08 우리 반 친구들의 성이 모두 5개이므로 필요한 칸은 5칸입니다.

09 해설 나침반
이모는 엄마의 여자 형제, 외삼촌은 엄마의 남자 형제입니다. 고모는 아빠의 여자 형제, 큰아빠는 아빠의 남자 형제입니다. 친할아버지, 친할머니는 아빠의 부모님이고, 외할아버지, 외할머니는 엄마의 부모님입니다.

가을이의 아빠 쪽 친척은 큰엄마, 고모, 고모부이고, 엄마쪽 친척은 이모, 외숙모, 외할아버지, 외삼촌, 이모부입니다.

## 수해력을 완성해요



대표 응용 1 22 / ③ /
예

| 필통 길이 | ① 16 cm부터 18 cm까지 | ② 19 cm부터 21 cm까지 | ③ 22 cm부터 24 cm까지 |
| --- | --- | --- | --- |
| 세면서 표시하기 | /// | //// | /// |
| 필통 수(개) | 3 | 4 | 3 |

②

1-1 예

| 나이 | ① 1살부터 19살까지 | ② 20살부터 29살까지 | ③ 30살부터 39살까지 |
| --- | --- | --- | --- |
| 세면서 표시하기 | /// | /// | //// |
| 방문객 수(명) | 3 | 3 | 4 |

③

1-2 예

| 줄넘기 횟수 | ① 1번부터 30번까지 | ② 31번부터 60번까지 | ③ 61번부터 90번까지 |
| --- | --- | --- | --- |
| 세면서 표시하기 | ~~////~~ | // | /// |
| 학생 수(명) | 5 | 2 | 3 |

①

대표 응용 2 20, 12 / 8 / 12, 8, 4
2-1 10개 2-2 9권
2-3 9명

1-1 1살부터 19살까지는 1살과 19살을 포함하고 1살과 19살 사이에 있는 나이를 말합니다.

1-2 줄넘기한 횟수 1번부터 30번까지는 1번과 30번을 포함하고 1번과 30번 사이에 있는 횟수를 말합니다.

**2**

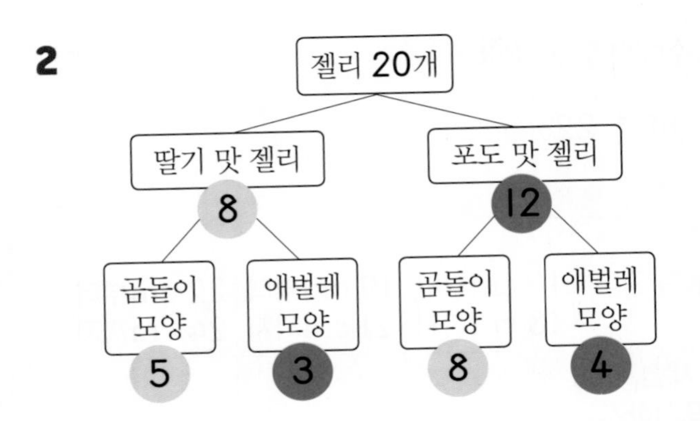


문제에 제시된 정보로 노란색 동그라미의 수를 찾을 수 있고, 정보들을 이용해 초록색 동그라미의 수를 생각해 낼 수 있습니다.

**2**-1

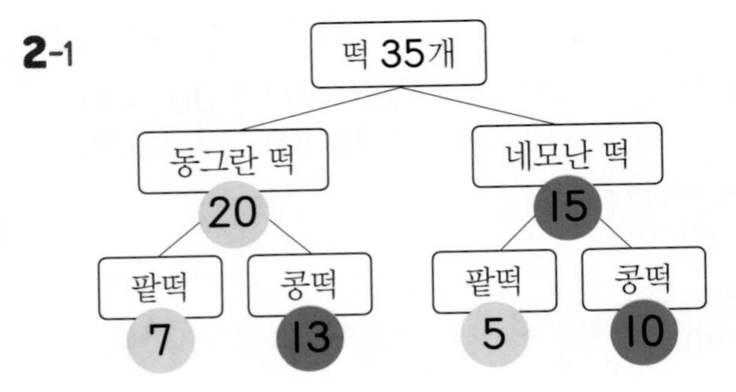


네모난 콩떡은 10개입니다.

**2**-2

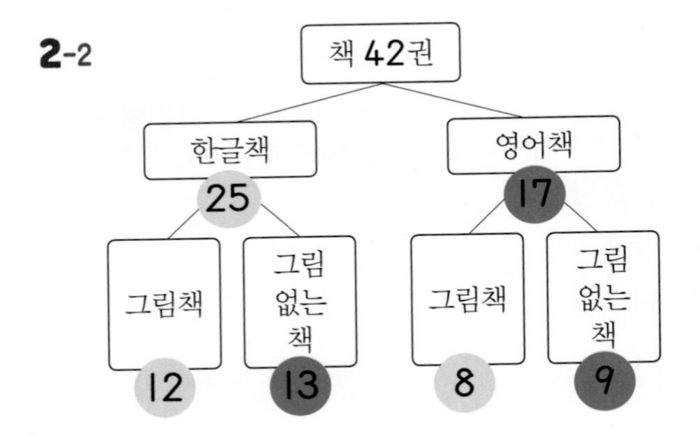


그림 없는 영어책은 9권입니다.

**2**-3

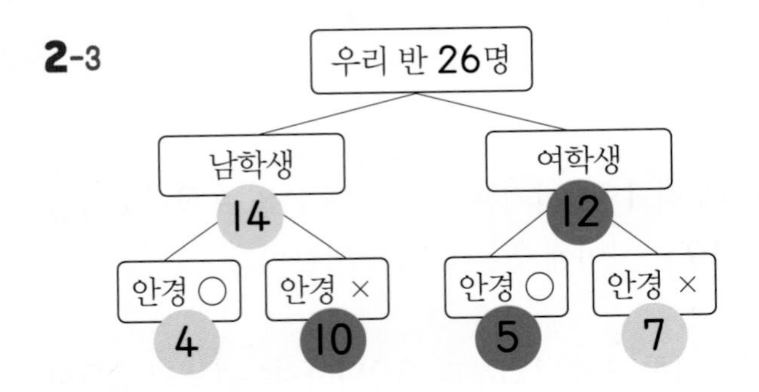


안경을 쓰는 우리 반 학생은 모두 $4+5=9$(명)입니다.

100~101쪽

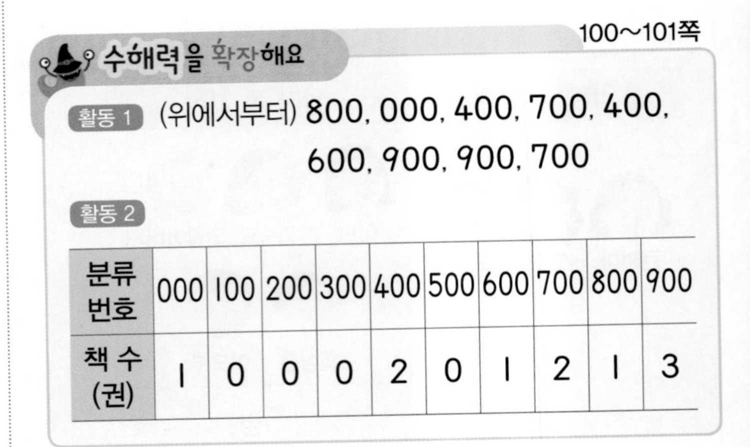

**수해력을 확장해요**

활동 1 (위에서부터) 800, 000, 400, 700, 400, 600, 900, 900, 700

활동 2

| 분류 번호 | 000 | 100 | 200 | 300 | 400 | 500 | 600 | 700 | 800 | 900 |
|---|---|---|---|---|---|---|---|---|---|---|
| 책 수 (권) | 1 | 0 | 0 | 0 | 2 | 0 | 1 | 2 | 1 | 3 |

활동 1 '콩쥐 팥쥐'는 [800 문학]입니다.
'어린이 백과사전'은 [000 총류]입니다.
'알을 낳는 동물 모여라!'와 '봄에 피는 식물 알기'는 [400 순수과학]입니다.
'중국어 한 번 배워볼까?'와 '영어 공부 첫걸음!'은 [700 언어]입니다.
'사진 작품 모음집'은 [600 예술]입니다.
'위인전 세종대왕'과 '우리 가족 유럽 여행기', '신라 문화재를 찾아서'는 [900 역사]입니다.

활동 2 책 10권을 분류했으므로 분류한 책 수를 모두 더하면 10이 되어야 합니다.
$1+0+0+0+2+0+1+2+1+3=10$(권)이므로 빠짐없이 분류했습니다.

# 시각과 시간

## 1. 시각 알기

### 수해력을 확인해요 108~109쪽

01 (1) 10 (2) 10, 5
02 (1) 7 (2) 7, 15
03 (1) 8, 30 (2) 8, 35
04 (1) 2, 30 (2) 2, 43
05 (1) 9, 30 (2) 9, 52
06 (1) 5 (2) 5, 14
07 (1) 6, 30 (2) 6, 52

08 4, 50, 5, 10
09 8, 55, 9, 5
10 1, 50, 2, 10
11 5, 45, 6, 15
12 12, 55, 1, 5
13 11, 45, 12, 15
14 9, 50, 10, 10
15 7, 53, 8, 7
16 6, 57, 7, 3

### 수해력을 높여요 110~111쪽

01 5, 35
02 8
03 (위에서부터) 10, 15
04 13분
05 1시 29분
06 2시 37분
07 (1)  (2) 
08 예 5, 4
09 예 9시 5분 전이에요. / 5분이 지나면 9시가 돼요. / 9시가 되려면 5분이 남았어요.
10 9

01 **해설 나침반**

짧은바늘이 5와 6 사이를 가리키면 5시는 지났고 6시는 아직 되지 않은 것이므로 5시 몇 분입니다.

시계의 짧은바늘은 5와 6 사이를 가리키고, 긴바늘은 7을 가리키므로 5시 35분입니다.

02 35분에서 5분이 더 지나면 40분이고, 그때의 긴바늘은 8을 가리킵니다.

03 긴바늘이 가리키는 숫자가 1씩 커질 때마다 나타내는 시각은 5분씩 커집니다.

04 9시에서 13분이 지나면 9시 13분이 됩니다.

05 짧은바늘이 1과 2 사이에 있으면 1시이고, 긴바늘이 5에서 작은 눈금 4칸 더 간 곳을 가리키고 있으면 29분이므로 설명하는 시각은 1시 29분입니다.

**해설 플러스**

긴바늘이 5를 가리키면 25분입니다. 작은 눈금 한 칸이 1분을 나타내므로 5에서 작은 눈금 4칸 더 간 곳을 가리키면 25+4=29(분)입니다.

06 짧은바늘이 2와 3 사이에 있으면 2시이고, 긴바늘이 7에서 작은 눈금으로 2칸 더 간 곳을 가리키고 있으면 37분이므로 시계가 나타내고 있는 시각은 2시 37분입니다.

해설 플러스

긴바늘이 7을 가리키면 35분입니다. 작은 눈금 한 칸은 1분을 나타내므로 7에서 작은 눈금 2칸 더 간 곳을 가리키면 35+2=37(분)입니다.

08 긴바늘이 시계 방향으로 5분만큼 더 움직이면 4시가 됩니다.

해설 플러스

3시 55분에서 65분이 지나면 5시가 됩니다.
이와 같이 답이 여러 가지 나올 수 있습니다.

10 긴바늘이 12에서 시계 반대 방향(반시계 방향)으로 15분만큼 움직이면 숫자 3칸만큼 간 것이므로 긴바늘이 가리키는 숫자는 9입니다.

해설 플러스

시계 방향은 시곗바늘이 움직이는 방향이고 시곗바늘이 시계 방향으로 움직이면 시간이 흐른 것입니다. 시곗바늘이 시계 반대 방향(반시계 방향)으로 움직이면 시간이 흐르기 전으로 돌아가는 것입니다.

11 8시 10분 전은 7시 50분과 같고, 8시 5분 전은 7시 55분과 같습니다.

12 5시 10분일 때 긴바늘은 2를 가리킵니다. 여기서 3분이 더 지나면 작은 눈금 3칸만큼 더 움직이게 됩니다.

## 수해력을 완성해요

112~113쪽

대표 응용 1 9, 10, 1, 9, 5 / 9, 10, 3, 9, 15 / 10

1-1 20 1-2 17
1-3 28 1-4 12

대표 응용 2 7, 50 / 8, 15 / 8, 10, 한비

2-1 상우 2-2 도우
2-3 성호 2-4 정민

1-1 왼쪽 시계의 시각은 3시 35분, 오른쪽 시계의 시각은 3시 55분이므로 20분이 지난 것입니다.

1-2 왼쪽 시계의 시각은 11시 10분, 오른쪽 시계의 시각은 11시 27분이므로 17분이 지난 것입니다.

1-3 왼쪽 시계의 시각은 7시 30분, 오른쪽 시계의 시각은 7시 58분이므로 28분이 지난 것입니다.

1-4 왼쪽 시계의 시각은 12시 48분, 오른쪽 시계의 시각은 1시이므로 12분이 지난 것입니다.

2-1
- 지수가 놀이터에 온 시각이 11시이므로 만나기로 한 시각에 딱 맞춰 왔습니다.
- 예지가 놀이터에 온 시각이 10시 59분이므로 만나기로 한 시각보다 먼저 왔습니다.
- 상우가 놀이터에 온 시각이 11시 3분이므로 만나기로 한 시각보다 늦게 왔습니다.

따라서 11시보다 늦게 온 친구는 상우입니다.

해설 플러스

11시에서 시계 반대 방향으로 긴바늘이 움직인 시각에 왔다면 11시보다 먼저 온 것이고, 시계 방향으로 긴바늘이 움직인 시각에 왔다면 11시보다 늦게 온 것입니다.

2-2
- 도우가 편의점에 온 시각이 6시 25분이므로 만나기로 한 시각보다 늦게 왔습니다.
- 진서가 편의점에 온 시각이 6시 5분이므로 만나기로 한 시각에 딱 맞춰 왔습니다.
- 은지가 편의점에 온 시각이 5시 6분이므로 만나기로 한 시각보다 먼저 왔습니다.

따라서 6시 5분보다 늦게 온 친구는 도우입니다.

**2-3** • 유리가 도서관에 온 시각이 11시 52분이므로 만나기로 한 시각보다 먼저 왔습니다.
- 민재가 도서관에 온 시각이 11시 50분이므로 만나기로 한 시각보다 먼저 왔습니다.
- 성호가 도서관에 온 시각이 11시 57분이므로 만나기로 한 시각보다 늦게 왔습니다.

따라서 11시 55분보다 늦게 온 친구는 성호입니다.

**2-4** • 10시 3분 전은 9시 57분입니다. 정민이는 9시 55분보다 늦게 왔습니다.
- 현아는 9시 50분에 왔으므로 9시 55분보다 일찍 왔습니다.
- 10시 10분 전은 9시 50분입니다. 윤지는 9시 55분보다 일찍 왔습니다.

따라서 9시 55분보다 늦게 온 친구는 정민입니다.

## 2. 시간 알기

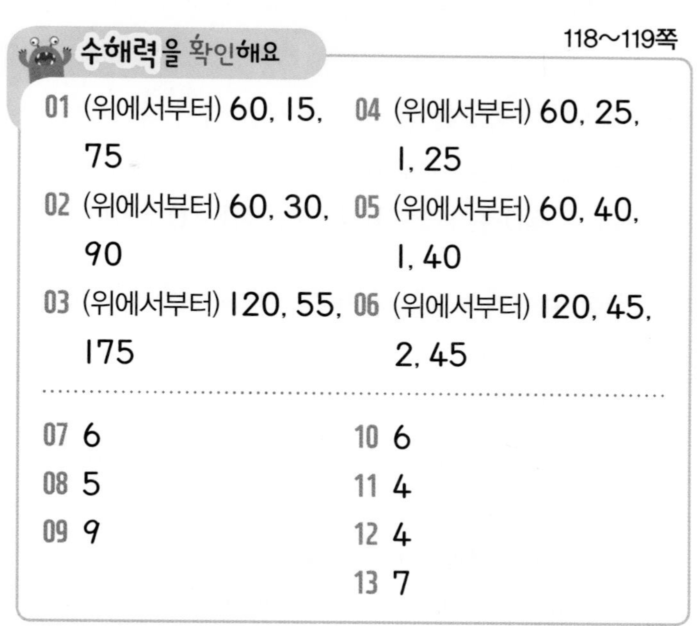
**수해력을 확인해요** 118~119쪽

01 (위에서부터) 60, 15, 75
02 (위에서부터) 60, 30, 90
03 (위에서부터) 120, 55, 175
04 (위에서부터) 60, 25, 1, 25
05 (위에서부터) 60, 40, 1, 40
06 (위에서부터) 120, 45, 2, 45

07 6
08 5
09 9
10 6
11 4
12 4
13 7

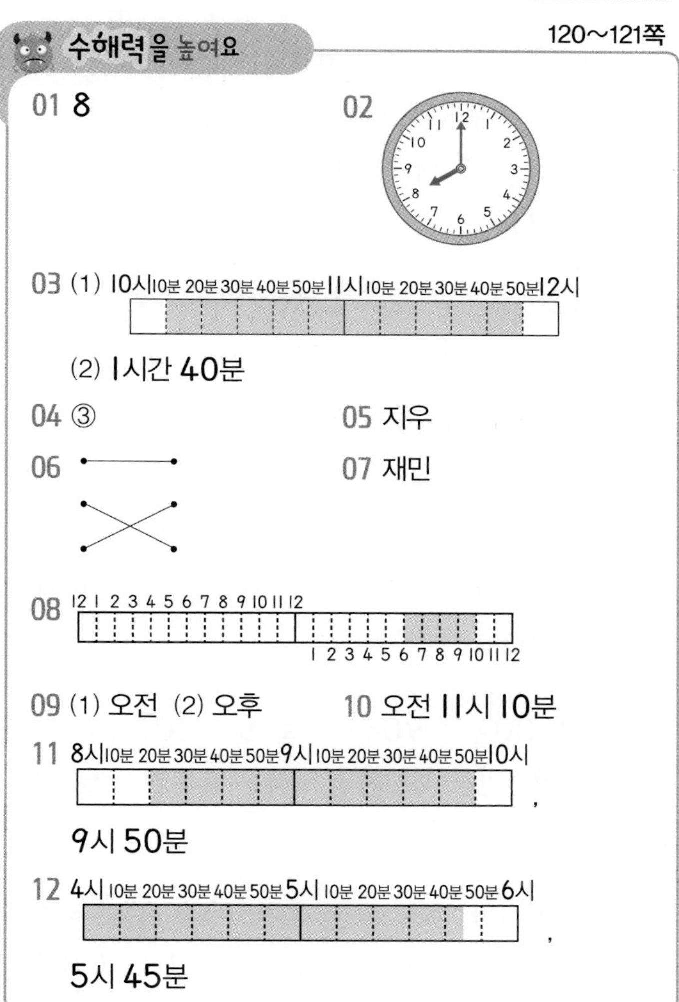
**수해력을 높여요** 120~121쪽

01 8
02
03 (1) 10시 10분 20분 30분 40분 50분 11시 10분 20분 30분 40분 50분 12시
(2) 1시간 40분
04 ③
05 지우
06
07 재민
08 12 1 2 3 4 5 6 7 8 9 10 11 12 / 1 2 3 4 5 6 7 8 9 10 11 12
09 (1) 오전 (2) 오후
10 오전 11시 10분
11 8시 10분 20분 30분 40분 50분 9시 10분 20분 30분 40분 50분 10시, 9시 50분
12 4시 10분 20분 30분 40분 50분 5시 10분 20분 30분 40분 50분 6시, 5시 45분

01 시간 띠의 한 칸은 10분을 나타냅니다. 7시 50분에서 10분이 더 지나면 8시가 됩니다.

**해설 플러스**

10분씩 6번 긴바늘이 움직이면 1시간이 지난 것입니다.

**03** 세윤이가 축구를 한 시간을 시간 띠에 나타내면 모두 10칸이 색칠됩니다. 6칸이 60분(1시간)이고 4칸이 40분이므로 10칸은 1시간 40분입니다.

**05** 서하: 4시에서 긴바늘이 한 바퀴 움직이면 5시가 됩니다.

지우: 30분씩 2번 지나면 1시간이 지난 것이므로 30분씩 4번 지나면 2시간이 지난 것입니다.

슬찬: 긴바늘이 3바퀴 움직이면 $60+60+60=180$(분)이 지난 것입니다.

따라서 바르게 말한 사람은 지우입니다.

**07** 연도와 날짜는 모두 같으므로 시각이 빠른 사람을 찾으면 됩니다. 오전이 오후보다 빠르고 8시가 11시 25분보다 빠르므로 가장 먼저 출발한 사람은 재민입니다.

**08** 낮 12시부터 밤 12시까지를 오후라고 합니다.

**10**

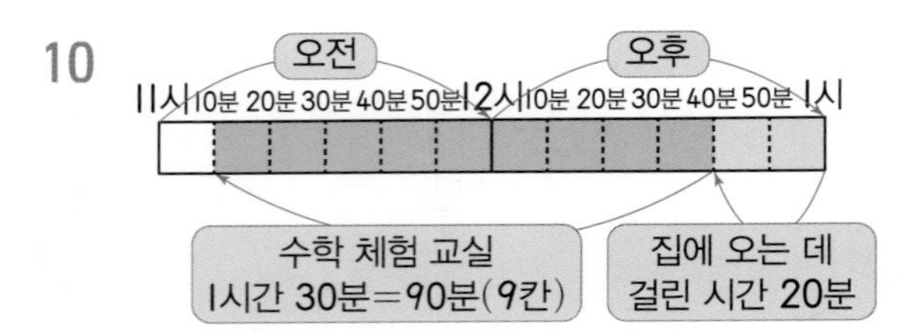


따라서 수학 체험 교실이 시작된 시각은 오전 11시 10분입니다.

**11** 1시간 30분은 90분이므로 8시 20분부터 시간 띠의 9칸만큼 색칠하면 도착 시각은 9시 50분임을 알 수 있습니다.

**12** 전반전 시간, 휴식 시간, 후반전 시간을 모두 더하면 $45+15+45=105$(분)입니다. 4시부터 100분을 시간 띠에 나타내면 5시 40분이 되고, 여기서 5분만큼 더 색칠하면 5시 45분이 됩니다. 따라서 후반전이 끝난 시각은 5시 45분입니다.

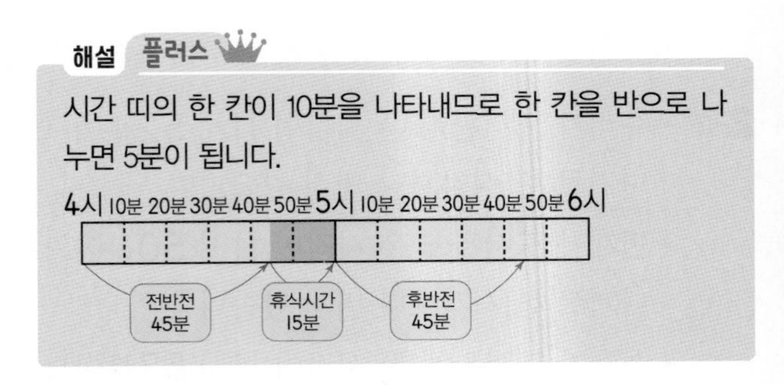
**해설 플러스**

시간 띠의 한 칸이 10분을 나타내므로 한 칸을 반으로 나누면 5분이 됩니다.



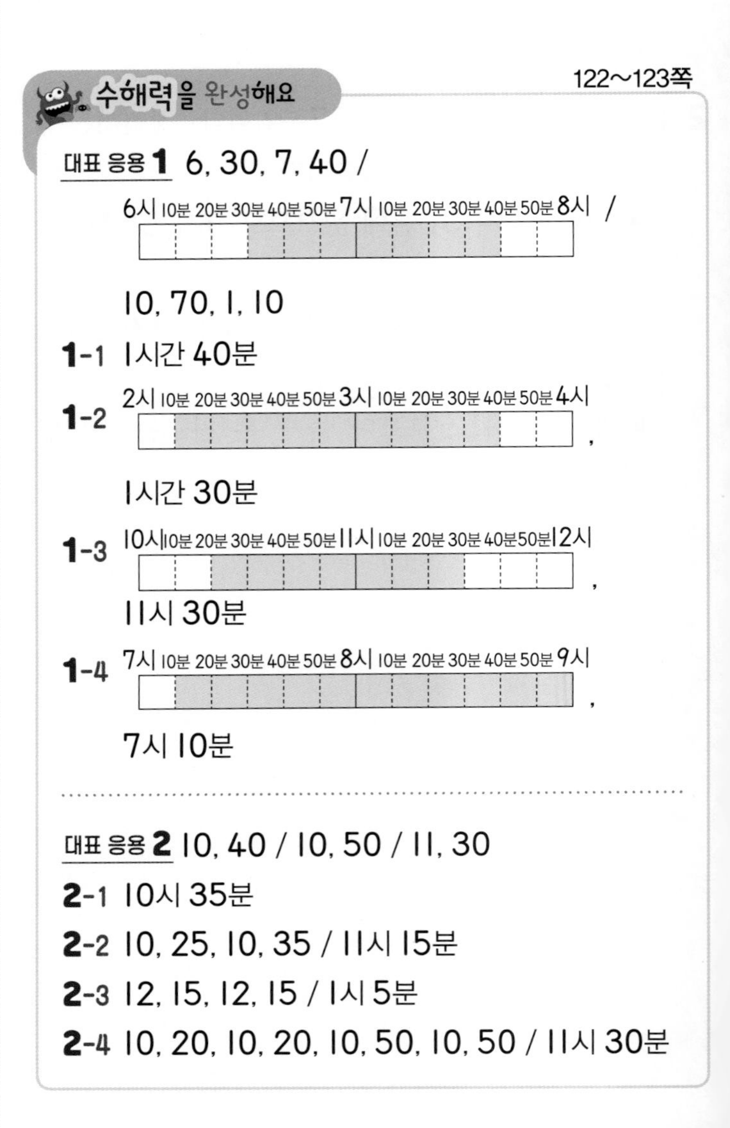
**수해력을 완성해요** 122~123쪽

대표 응용 **1** 6, 30, 7, 40 /



/ 10, 70, 1, 10

**1-1** 1시간 40분

**1-2**

, 1시간 30분

**1-3**

, 11시 30분

**1-4**

, 7시 10분

대표 응용 **2** 10, 40 / 10, 50 / 11, 30

**2-1** 10시 35분

**2-2** 10, 25, 10, 35 / 11시 15분

**2-3** 12, 15, 12, 15 / 1시 5분

**2-4** 10, 20, 10, 20, 10, 50, 10, 50 / 11시 30분

**1-1** 시간 띠의 한 칸은 10분인데 시간 띠가 1시 10분부터 2시 50분까지 10칸이 색칠되어 있습니다. 따라서 공연 시간은 100분, 즉 1시간 40분입니다.

**1-2** 공연이 시작한 시각은 2시 10분이고 끝난 시각은 3시 40분입니다. 시간 띠에 나타내면 9칸이 색칠되므로 공연 시간은 90분, 즉 1시간 30분입니다.

**1-3** 공연이 시작한 시각은 10시 20분이고 공연 시간은 1시간 10분(=70분)이므로 10시 20분부터 7칸을 색칠하면 됩니다. 시간 띠가 끝나는 곳의 시각을 읽으면 11시 30분이므로 공연이 끝난 시각은 11시 30분입니다.

**1-4** 공연 시간은 1시간 50분(110분)이고, 공연이 끝난 시각은 9시이므로 9시부터 왼쪽으로 시간 띠를 11칸 색칠하면 됩니다. 시간 띠가 시작하는 곳의 시각을 읽으면 7시 10분이므로 공연이 시작한 시각은 7시 10분입니다.

**2-1** 수업 시간은 40분이고 2교시 수업이 9시 55분에 시작하므로 2교시 수업이 끝나는 시각은 10시 35분입니다.

**2-2** 수업 시간은 40분이고 2교시 수업이 9시 45분에 시작하므로 2교시 수업이 끝나는 시각은 10시 25분입니다. 10분 동안 쉬고 3교시 수업이 시작하므로 3교시 수업이 시작하는 시각은 10시 35분입니다. 따라서 3교시 수업이 끝나는 시각은 10시 35분에서 40분이 지난 11시 15분입니다.

**2-3** 수업 시간은 40분이고 4교시 수업이 11시 35분에 시작하므로 4교시 수업이 끝나는 시각은 12시 15분입니다. 12시 15분부터 50분 동안 점심시간이므로 점심시간이 끝나는 시각은 1시 5분입니다.

**2-4** 2교시 수업이 40분이고 9시 40분에 시작되므로 끝나는 시각은 10시 20분입니다. 바로 중간 놀이 시간 30분을 가지므로 중간 놀이 시간은 10시 20분부터 10시 50분까지입니다. 3교시 수업이 끝나는 시각은 10시 50분에서 40분이 지난 11시 30분입니다.

## 3. 달력 알기

### 수해력을 확인해요 127~129쪽

01 (1) 8 (2) 23
02 (1) 11, 18 (2) 19, 26
03 (1) 6, 27 (2) 14, 21, 28
04 (1) 12 (2) 9
05 (위에서부터) (1) 14, 15 (2) 11, 17, 18
06 (위에서부터) (1) 14, 21 (2) 22, 23, 29
07 (위에서부터) (1) 13, 15, 20, 21 (2) 16, 18, 23, 24, 25
08 (위에서부터) (1) 9, 17 (2) 14, 30

09 (1) 14 (2) 21
10 (1) 2 (2) 3
11 (1) 13 (2) 20
12 (1) 목 (2) 금
13 (1) 수 (2) 금
14 (1) 9 (2) 16
15 (1) 19 (2) 26

16 (위에서부터) 12, 10, 22
17 (위에서부터) 12, 8, 20
18 (위에서부터) 24, 8, 32
19 (위에서부터) 12, 4, 1, 4
20 (위에서부터) 12, 11, 1, 11
21 (위에서부터) 24, 1, 2, 1

### 수해력을 높여요 130~131쪽

01 8월
02 토요일
03 예 달력은 가로 한 줄이 7칸입니다. / 아래쪽으로 7씩 커집니다. / 위쪽으로 7씩 작아집니다. / 오른쪽으로 1씩 커집니다. / 왼쪽으로 1씩 작아집니다. 등
04 1일, 8일, 15일, 22일, 29일
05 8일
06 4월 29일
07 ㉡
08 4월, 11월 / 1월, 7월, 12월
09 지아
10
11 3월 24일
12 1, 6

02 12일을 먼저 찾고 12에서 위로 올라가면 무슨 요일인지 알 수 있습니다.

03 수의 배열에서 규칙을 찾아 표현할 때는 '왼쪽 / 오른쪽 / 위쪽 / 아래쪽으로 □씩 커진다 / 작아진다'와 같이 표현할 수 있습니다.

**해설 플러스**

8월 달력의 수에서 찾은 규칙이 8월 달력에만 적용되는 것은 아닙니다. 다른 달력의 수에서도 같은 규칙을 찾을 수 있습니다.

05 승우는 수요일, 목요일마다 줄넘기를 하러 공원에 가므로 줄넘기를 하러 공원에 가는 날은 6일, 7일, 13일, 14일, 20일, 21일, 27일, 28일로 모두 8일입니다.

07 5월 13일이 월요일이면 위쪽 또는 아래쪽으로 적힌 날은 모두 월요일입니다. 아래쪽으로 7씩 커지므로 20일, 27일도 월요일입니다. 위쪽으로 7씩 작아지므로 5월 6일도 월요일입니다. 5월 7일은 화요일입니다.

09 1년 중 날수가 가장 적은 달은 2월입니다.

11 **해설 나침반**

1주일이 지날 때마다 달력의 아래 칸으로 한 줄씩 내려옵니다. 따라서 7씩 커지므로 3일 → 10일 → 17일 → 24일이 됩니다.

3월 3일의 1주일 후는 3월 10일, 2주일 후는 3월 17일, 3주일 후는 3월 24일입니다.

12 설악산에 첫 단풍이 2일에 들고 한라산에는 15일에 들므로 13일 차이가 납니다. 13일은 1주일 6일입니다. 따라서 설악산에 첫 단풍이 들고 1주일 6일 후에 한라산에 첫 단풍이 들 것으로 예상할 수 있습니다.

## 수해력을 완성해요

132~133쪽

대표 응용 1 31 / 17, 24, 31 / 토

| | |
|---|---|
| 1-1 일요일 | 1-2 화요일 |
| 1-3 월요일 | 1-4 화요일 |

대표 응용 2 9, 27 / 18 / 18

| | |
|---|---|
| 2-1 23일 | 2-2 26일 |
| 2-3 31일 | 2-4 월요일 |

1-1 5일을 기준으로 아래쪽으로 7씩 커지므로 12일, 19일, 26일은 토요일입니다. 19일이 토요일이므로 20일은 일요일입니다.

1-2 12월의 마지막 날은 31일입니다. 7일을 기준으로 아래쪽으로 7씩 커지므로 14일, 21일, 28일은 토요일입니다. 28일이 토요일이므로 31일은 화요일입니다.

1-3 28일을 기준으로 위쪽으로 7씩 작아지므로 21일, 14일은 일요일입니다. 14일이 일요일이므로 15일은 월요일입니다.

1-4 31일을 기준으로 위쪽으로 7씩 작아지므로 24일, 17일, 10일, 3일은 목요일입니다. 3일이 목요일이므로 1일은 화요일입니다.

2-1 4월 첫째 토요일은 4월 3일이고, 4월 넷째 월요일은 4월 26일입니다. $26-3=23$이므로 4월 첫째 토요일에서 23일이 지나면 4월 넷째 월요일이 됩니다.

2-2 11월 첫째 일요일은 11월 1일이고, 11월 넷째 금요일은 11월 27일입니다. $27-1=26$이므로 11월 첫째 일요일에서 26일이 지나면 11월 넷째 금요일이 됩니다.

2-3 6월 둘째 월요일은 6월 13일이고, 7월 둘째 목요일은 7월 14일입니다. 6월 13일에서 4주(28일) 후는 7월 11일입니다. 7월 11일에서 3일이 더 지나면 7월 14일이므로 6월 둘째 월요일에서

28+3=31(일)이 지나면 7월 둘째 목요일이 됩니다.

2-4 9월 첫째 수요일이 9월 1일입니다. 9월 1일에서 19일이 지나면 9월 20일이 됩니다. 9월 1일, 8일, 15일이 수요일이므로 9월 20일은 월요일입니다.

## 수해력을 확장해요

134~135쪽

활동 1 오전에 ○표, 3, 오전에 ○표, 5

활동 2 술, 개

활동 3 자, 쥐

활동 1 인시는 오전 3시부터 오전 5시까지입니다.

활동 2 오후 7시 30분은 19시 30분입니다.
19시부터 21시까지는 술시이므로 오후 7시 30분은 술시입니다.

활동 3 날짜가 바뀌는 때는 24시이므로 자시입니다.

## 인용 사진 출처

ⓒ Historic Images / Alamy Stock Photo
칸딘스키 〈원속의 원〉 34쪽
ⓒ The Picture Art Collection / Alamy Stock Photo
칸딘스키 〈여러 개의 원〉 34쪽, 칸딘스키 〈구성 8〉 35쪽
ⓒ History & Art Collection / Alamy Stock Photo
몬드리안 〈빨강, 노랑, 파랑, 검정이 있는 구성〉 35쪽
ⓒ Heritage Image Partnership Ltd / Alamy Stock Photo
칸딘스키 〈마음 속의 축제〉 35쪽

초등 수해력 2단계

수·연산 도형·측정

EBS

'초등 수해력'과 함께하면
다음 학년 수학이 쉬워지는 이유

1. 기초부터 응용까지 체계적으로 구성된
문제 해결 능력을 키우는 단계별 문항 체제

2. 학교 선생님들이 모여 교육과정을 기반으로
학습자가 걸려 넘어지기 쉬운 내용 요소 선별

3. 모든 수학 개념을 이전에 배운 개념과 연결하여
새로운 개념으로 확장 학습 할 수 있도록 구성

# 정답과 풀이

## EBS 초등 수해력 시리즈

| 권장 학년 | 예비 초등 | 초등 1학년 | 초등 2학년 | 초등 3학년 | 초등 4학년 | 초등 5학년 | 초등 6학년 |
| --- | --- | --- | --- | --- | --- | --- | --- |
| 수·연산 | P단계 | 1단계 | 2단계 | 3단계 | 4단계 | 5단계 | 6단계 |
| 도형·측정 | P단계 | 1단계 | 2단계 | 3단계 | 4단계 | 5단계 | 6단계 |